Veröffentlichungen aus dem Archiv der Max-Planck-Gesellschaft

Begründet von Eckart Henning
Herausgegeben von Lorenz Friedrich Beck und Marion Kazemi

Band 20

Max Planck, ca. 1936, Fotografie von Hugo Erfurth.

Max Planck und die Max-Planck-Gesellschaft

Zum 150. Geburtstag am 23. April 2008
aus den Quellen zusammengestellt

vom
Archiv der Max-Planck-Gesellschaft,
herausgegeben von Lorenz Friedrich Beck

Berlin 2008

REDAKTION:
Dr. rer. nat. Marion Kazemi
(Anschrift s. Auslieferung)

ISBN: 978-3-927579-24-8

ISSN: 0935-7459

Herstellung: mhv, Zerpenschleuser Ring 30, 13439 Berlin
Tel.: (030) 53 33 44 43

Satz: dmp digital- & offsetdruck gmbh, Zerpenschleuser Ring 30, 13439 Berlin
Tel.: (030) 530 08-100

Druck: dmp digital- & offsetdruck gmbh, Zerpenschleuser Ring 30, 13439 Berlin
Tel.: (030) 530 08-100

Auslieferung: Archiv der Max-Planck-Gesellschaft,
Boltzmannstraße 14, 14195 Berlin-Dahlem
Tel.: (030) 84 13-37 01; Fax: (030) 84 13-37 00;
e-mail: mpg-archiv@archiv-berlin.mpg.de
www.archiv-berlin.mpg.de

Inhalt

Bildnachweis:
Die Fotografien stammen aus der VI. Abteilung des Archivs der Max-Planck-Gesellschaft, Berlin-Dahlem. Die Abbildungen 89, 92, 93, 94, 95 und 96 sind 2008 im Auftrag des Archivs der Max-Planck-Gesellschaft von Dietmar Katz/Berlin aufgenommen worden.

Herrn Roland Eikel (Tel.: +49-(0)2206-864732; E-mail: roland_eikel@freenet.de, Internet: www.eikelgalerie.de) danken wir für die Abdruckgenehmigung für die Kalligrafie auf S. 290.

Vorbemerkung

Die vorliegende Publikation wendet sich zum 150. Geburtstag Max Plancks nicht nur an die Mitglieder, Mitarbeiter und Freunde der Max-Planck-Gesellschaft, sondern auch an alle an Planck Interessierten. Die Person Max Plancks und sein Jubiläumstag 2008 werden keine so raumgreifende öffentliche Resonanz wie das Gedenken an Albert Einstein und den hundertsten Jahrestag seines *annus mirabilis* im Jahr 2005 erzielen. Dennoch ist Plancks wissenschaftliches Werk, die Revolutionierung der klassischen Physik, in ihrer Wirkung kaum zu unterschätzen und bisher nicht überall in vollem Ausmaß angemessen gewürdigt. In seinem Lebensweg in vier deutschen Staaten spiegelt sich deutsche und europäische Geschichte, zumal Planck in wichtigen Positionen Einfluss auf wissenschaftspolitische Entwicklungen genommen hat. Seine Persönlichkeit und sein Schicksal repräsentieren Mitgestaltung und Widerstand im Deutschland des 20. Jahrhunderts in nicht untypischer Weise. Eine wirklich umfassende, seine Person und Leistung hinreichend würdigende *aktuelle* Biographie fehlt bisher.
Die Max-Planck-Gesellschaft begeht den Jahrestag ihres Namenspatrons 2008 gemeinsam mit den Planck ebenfalls verbundenen Kooperationspartnern mit einem Festakt im Konzerthaus am Gendarmenmarkt und einer großen Ausstellung im Deutschen Technikmuseum in Berlin. Der Beitrag ihres Archivs im Jubiläumsjahr kann nur der Fingerzeig auf die Quellen zu Person und Wirken Max Plancks, berufsgemäß also der Ruf *ad fontes*, sein. Nach der Vernichtung von Plancks eigenen Aufzeichnungen und Briefen bei Bombenangriffen auf sein Berliner Wohnhaus und weiteren kriegsbedingten Verlusten existiert ein „Nachlass Max Planck" leider nicht. Das Archiv der Max-Planck-Gesellschaft hat es sich daher zur Aufgabe gemacht, Dokumente zu Max Planck, vor allem autographe Schriften und Bildmaterial, zusammenzutragen und der Forschung zugänglich zu machen. Dabei steht Plancks Tätigkeit für die Kaiser-Wilhelm- und Max-Planck-Gesellschaft natürlich im Mittelpunkt der Bemühungen. Auf weiteres Material zu seiner Tätigkeit in anderen Wissenschaftseinrichtungen in den Archiven der Humboldt-Universität, der Berlin-Brandenburgischen Akademie der Wissenschaften, der Deutschen Physikalischen Gesellschaft, der Deutschen Akademie der Naturforscher Leopoldina u.a. sei hier nur verwiesen, ebenso auf die Briefe Max Plancks in der Handschriftenabteilung der Staatsbibliothek zu Berlin Preußischer Kulturbesitz. Ein umfassendes Quelleninventar für die zugängliche Überlieferung hat Dirk Ullmann 1996 zusammengestellt.[*]

Kann eine auf die Quellen des Archivs gestützte und an der Tätigkeit Plancks für die Kaiser-Wilhelm- und Max-Planck-Gesellschaft orientierte Zusammenstellung auch nicht alle Fragen des an Max Planck Interessierten beantworten, so bietet sie doch Quellen- und Informationsmaterial, das andernorts auf einen Blick so nicht ohne weiteres greifbar ist. Die Dokumentation soll als handliches Nachschlagewerk, als kleines Max-Planck-Handbuch, dienen, das Plancks Wirken in der und für die Kaiser-Wilhelm-Gesellschaft und bei der Gründung der Max-Planck-Gesellschaft illustriert. Die Bilder und Texte möchten aber auch zum Blättern und Nachschlagen anregen und zugleich auf die vielfältige Planck-Überlieferung des Archivs aufmerksam machen. Dabei stellen die Dokumente gleichzeitig die verschiedenen Bestandsabteilungen des Archivs vor.
Für weiterführende Recherchen zu spezielleren Fragen stehen weiterhin die von Petra Hauke erarbeiteten Bibliographien zur Verfügung: Die „Literatur über Max Planck" in der Schriftenreihe des Archivs, und die Werke Max Plancks in Gestalt der „Planck-Bibliographie" in der Reihe Max-Planck-Gesellschaft. Berichte und Mitteilungen.[**] Für die Neuerscheinungen seither sei auf den Online-Katalog des Archivs hingewiesen.
Zu herzlichem Dank verpflichtet ist das Archiv Dieter Hoffmann, Max-Planck-Institut für Wissenschaftsgeschichte, der als Physik-Historiker gern bereit war, aus seinen langjährigen Planck-Studien einen Beitrag zum wissenschaftlichen Werk Max Plancks beizusteuern – ein neuerliches Zeichen für die gute Zusammenarbeit zwischen dem Archiv und dem seit Kurzem benachbarten Max-Planck-Institut. Dem Fritz-Haber-Institut der Max-Planck-Gesellschaft gebührt Dank für die Ermöglichung der Abbildung des in seinem Besitz befindlichen Porträts Max Plancks von Eugen Spiro.
Dieser Band ist ein Gemeinschaftswerk aller Mitarbeiter des Archivs, die aus ihren Arbeitsbereichen dazu beigetragen haben. Daher sei an dieser Stelle auch den beiden im Inhaltsverzeichnis nicht genannten, Joachim Japp und Evelyn Schülke, für ihre Mitwirkung herzlich gedankt.

Berlin-Dahlem, im Februar 2008 Lorenz Friedrich Beck

[*] Dirk Ullmann: Quelleninventar Max Planck. Berlin 1996 (= Veröffentlichungen aus dem Archiv der Max-Planck-Gesellschaft, Bd. 8). Eine erweiterte Version in Internet-Präsentation ist geplant.

[**] Petra Hauke: Literatur über Max Planck. Bestandsverzeichnis. Berlin 2001 (= Veröffentlichungen aus dem Archiv der Max-Planck-Gesellschaft, Bd. 14) und Dies.: Planck-Bibliographie. München 1997 (= Max-Planck-Gesellschaft. Berichte und Mitteilungen, Heft 4/97). Alle Bände sind über das Archiv kostenfrei zu beziehen.

Geleitworte

Max Planck

Deutschlands Ruhm als Wissenschaftsnation hat Tradition – und man kann ohne Übertreibung sagen, dass wir einen guten Teil dieses Erfolgs einem Mann zu verdanken haben, der vor 149 Jahren in Kiel geboren wurde und vor 60 Jahren in Göttingen starb. Die Max-Planck-Gesellschaft begeht im Jahr 2008 den 150. Geburtstag ihres Namensgebers und würdigt seine Lebensleistung in gebührendem Rahmen. Neben dem Festakt im Konzerthaus am Gendarmenmarkt und der großen Ausstellung im Deutschen Technikmuseum in Berlin, die den Rahmen schlägt von der Zeit und Wissenschaft Plancks zu der Max-Planck-Gesellschaft von heute, ist es in der Öffentlichkeit aber eher ruhig um Max Planck – kein Vergleich zum Einstein-Jahr 2006.
Max Planck selbst wäre das wahrscheinlich ganz recht gewesen: Max Planck war und ist kein „Popstar der Wissenschaft". Von ihm gibt es nur Bilder mit steifem Kragen und keine mit herausgestreckter Zunge wie von seinem Zeitgenossen und Fachkollegen Albert Einstein. Wie Einstein prägte Planck das „Goldene Zeitalter der deutschen Physik" im letzten Jahrhundert. Auch Planck war ein Grenzgänger zwischen Naturwissenschaft und Philosophie. Was die beiden aber vor allem unterscheidet, ist ihre Einstellung zu Autorität und Konvention. Während Planck gewissermaßen wider Willen mit der Quantentheorie die Physik revolutionierte, hatte Einstein große Freude am Bruch mit dem Überkommenen – in der Wissenschaft genauso wie im gesellschaftlichen Leben. Planck war der Wissenschaft verpflichtet, und zwar auf eine Weise, die schon manchen Zeitgenossen „konservativ" erschien: Seine nüchterne Leidenschaft für die Forschung, sein beharrliches Engagement für die Wissenschaft, ihre Institutionen und Vertreter, aber auch seine Bereitschaft, auf der Suche nach Erkenntnis neben der Wissenschaft auch den anderen großen Weg – die Religion – zu respektieren: All das macht ihn auch und gerade heute zu einem Vorbild. Aktueller denn je ist seine Überzeugung, dass moderne Wissenschaft auf Wegweiser und ethische Grundsätze angewiesen ist – oder, wie er es einmal ausdrückte: „Die Naturwissenschaft braucht der Mensch zum Erkennen, den Glauben zum Handeln."

Horst Köhler, Bundespräsident

(Auszug aus der Ansprache auf der Festversammlung der Max-Planck-Gesellschaft in Kiel am 29. Juni 2007)

Vom anderen Deutschland

„Mir ist der brennende Wunsch gewachsen, die Krise durchzustehen und so lange zu leben, bis ich den Wendepunkt, den Anfang zu einem Aufstieg werde miterleben können", schrieb Max Planck in einem Brief 1942. Da lagen schwierige Jahre als Präsident der Kaiser-Wilhelm-Gesellschaft (1930–1937) hinter ihm. Noch leidvollere sollten mit der Hinrichtung seines Sohnes Erwin im Januar 1945 im Zusammenhang mit dem Hitler-Attentat vom 20. Juli 1944 folgen. Und dennoch: Trotz gesundheitlicher Einschränkungen hat Max Planck die Krise nicht nur durchgestanden, sondern er hat sich aktiv an dem Anfang zu einem Aufstieg beteiligt, als er sich bereits im Juli 1945 als geschäftsführender Präsident der Kaiser-Wilhelm-Gesellschaft zur Verfügung stellte. Dem 88jährigen gelang es dadurch, die Zerschlagung der Kaiser-Wilhelm-Gesellschaft zu verhindern, bis Otto Hahn im Januar 1946 aus der englischen Internierung zurückkehrte und im April seine Nachfolge antrat. Wenige Monate später – die Briten hatten auf Namensänderung bestanden – erfolgte im September 1946 die Gründung der Max-Planck-Gesellschaft in der Britischen Zone. Im Februar 1948 – wir begingen gerade den 60. Jahrestag – konnte sie als Nachfolgeorganisation der Kaiser-Wilhelm-Gesellschaft etabliert werden.

Max Planck hatte sich erneut als Brückenbauer erwiesen, dem es durch seine persönliche Integrität und Würde gelungen war, die deutsche Wissenschaft in eine neue Zeit mit neuen Aufgaben zu führen. Die internationale wissenschaftliche Community sah in Max Planck aufgrund seiner wissenschaftlichen Leistungen und seiner vorsichtigen, wenngleich eigenständigen Haltung als Präsident der Kaiser-Wilhelm-Gesellschaft das andere, bessere Deutschland verkörpert. So reiste Planck 1946 auf Einladung der Londoner Royal Society als einziger Deutscher zum Newton-Jubiläum nach England.

Planck hatte sich nach der Machtübernahme Hitlers entschlossen, Präsident der Kaiser-Wilhelm-Gesellschaft zu bleiben, um Schlimmeres zu verhindern. Von seiner Weltanschauung, seinem Wesen und der tiefen Religiosität her wurzelte der 1858 in Kiel geborene Planck in den bürgerlichen Wertvorstellungen des 19. Jahrhunderts. Die Jahre bis zur Amtsübergabe 1937 waren von schwierigem Lavieren mit den neuen Machthabern bestimmt. Planck konnte nicht verhindern, dass über vierzig Direktoren und wissenschaftliche Mitarbeiter Deutschland auf Grund ihrer jüdischen Herkunft verlassen mussten. Gleichzeitig äußerte sich Planck immer wieder gegen die Politik der National-

sozialisten, etwa 1935 mit der Gedenkfeier für den ehemaligen Direktor Fritz Haber, der als Jude 1933 in die Emigration gezwungen worden war.
Planck konnte dabei auf seine langjährige Erfahrung als Wissenschaftsorganisator zurückblicken. So war er 26 Jahre Sekretar der Preußischen Akademie der Wissenschaften, Professor an der Friedrich-Wilhelms-Universität zu Berlin, Rektor, Mitglied der Deutschen Akademie der Naturforscher Leopoldina und Vorsitzender der Deutschen Physikalischen Gesellschaft.
Im Herzen wertkonservativ, hat Planck fast wider Willen die moderne Physik revolutioniert mit seinen Erkenntnissen zur Thermodynamik, vor allem aber mit der Begründung der Quantentheorie. Diese rückte ab 1911 in den Vordergrund physikalischer Forschung, bis den Physikern allmählich deutlich wurde, dass die von Planck beschriebene Größe „h" nicht nur für das Strahlungsproblem von Bedeutung war, sondern den Schlüssel für das Verständnis atomarer Prozesse lieferte.
Der vorliegende Band des Archivs der Max-Planck-Gesellschaft erscheint zum 150. Geburtstag unseres Namenspatrons und gibt einen Einblick in Leben und Werk dieses bedeutenden Mannes. Sein Name ist uns zum einen wegen seiner großen Forschungsleistungen Verpflichtung, zum anderen aber wegen der großen geistigen Freiheit und Seelenstärke, die Max Planck auszeichnete. Schon in Plancks Telegramm zur Namensgebung der Max-Planck-Gesellschaft heißt es, dass die Gesellschaft „unabhängig von den Strömungen der Zeit nur der Wahrheit und der Wissenschaft dienen" (solle). An diesem Grundsatz hat sich bis heute nichts geändert.

Peter G r u s s, Präsident der Max-Planck-Gesellschaft

Leben und Werk

Zeittafel

bearbeitet von Marion K a z e m i

23. April 1858	Max (Karl Ernst Ludwig) Planck in Kiel geboren als 4. Kind von Johann Julius Wilhelm v. Planck (1817–1900), Professor der Rechtswissenschaft, und Emma geb. Patzig (1821–1914); Geschwister: Hermann (1851–1870), Adalbert (1852–1930), Hildegard (1854–1915)
1887	Heirat mit Marie Merck (1861–1909), Tochter des Münchener Bankiers Heinrich Merck (1822–1907) Kinder: Karl (1888–1916 ✠), Zwillinge Emma (1889–1919) und Grete (1889–1917), Erwin (1893–1945, hingerichtet am 23.1.)
1911	Heirat mit Marga(rethe) von Hoeßlin (1882–1949), Tochter des Münchener Malers Georg von Hoeßlin (1851–1921), Nichte seiner ersten Frau Kind: Hermann (1911–1954)
bis 1874	Schulbesuch in Kiel und seit Frühjahr 1867 in München, Abitur am Maximilians-Gymnasium
1874–1878	Studium der Physik und Mathematik an den Universitäten München und Berlin, hier bei Hermann v. Helmholtz, Gustav Kirchhoff und Karl Weierstraß Examen für das höhere Lehramt (Mathematik und Physik) in München
1879	Promotion zum Dr. phil. in Physik „Über den zweiten Hauptsatz der mechanischen Wärmetheorie“
1880	Habilitation für Physik „Über Gleichgewichtszustände isotroper Körper in verschiedenen Temperaturen“ und Privatdozent ebenda, Arbeit an der Preisaufgabe der Göttinger philosophischen Fakultät

	für 1887 über das Prinzip der Erhaltung der Energie, für die er den 2. Preis erhält
1885	außerplanmäßiger Professor für mathematische (theoretische) Physik an der Universität Kiel
1889	außerplanmäßiger Professor für mathematische (theoretische) Physik an der Universität Berlin als Nachfolger Gustav Kirchhoffs
1892–1926	Ordinarius für Physik ebenda und Direktor des Instituts für theoretische Physik, 1913–1914 Rektor
1899	Entdeckung der Naturkonstanten h, des sog. Planckschen Wirkungsquantums
1900	Begründung der Quantentheorie durch Vorstellung seiner Strahlungsformel vor der Deutschen Physikalischen Gesellschaft am 19.10. bzw. deren theoretischer Ableitung am 14.12. ebenda
1912-1938	Beständiger Sekretar der Physikalisch-mathematischen Klasse der Preußischen Akademie der Wissenschaften
1919	Eintritt in die Deutsche Volkspartei
1930–1937	Präsident der Kaiser-Wilhelm-Gesellschaft
seit 1930	Kanzler des Orden Pour le mérite für Wissenschaften und Künste
1943 u. 1944	Plancks Wohnhaus in Berlin-Grunewald durch Bombenangriffe beschädigt bzw. zerstört
1943	Evakuierung nach Rogätz/Elbe
1945	bei Kriegsende vor Eintreffen der Roten Armee von amerikanischen Offizieren nach Göttingen gebracht
1945–1946	erneut Präsident der ebenfalls dorthin verlegten Kaiser-Wilhelm-Gesellschaft, anschließend Ehrenpräsident
1946	Teilnahme an der Feier der Royal Society London zum 300. Geburtstag Isaac Newtons als einziger Deutscher
4. Oktober 1947	Tod in Göttingen, bestattet auf dem Friedhof Göttingen-Grone

Max Planck im Kaiserreich und in der Weimarer Republik

Lorenz Friedrich Beck

Max Planck, geboren am 23. April 1858 in Kiel, war in seinem Denken und Sein von den Maßstäben des 19. Jahrhunderts geprägt. Dass er ein hohes Lebensalter erreichte und aufgrund seiner wissenschaftlichen Leistungen und seines menschlichen Formats in den so veränderten Zeiten des 20. Jahrhunderts Verantwortung zu tragen hatte, darf als Tragik seines Lebens angesehen werden. Aus Pflicht- und Verantwortungsgefühl gegenüber der Wissenschaft und den seiner Führung anvertrauten Einrichtungen und Menschen zog er sich auch nach persönlichen Schicksalsschlägen und in für ihn ausweglose Situation nicht aus Amt und Aufgabe zurück. Die politische Seite dieser Haltung gründete auf einer starken und traditionell verbreiteten Loyalität gegenüber den Einrichtungen des Staates, die freilich diesem Anspruch nicht immer entsprachen. Max Planck stammte aus einer schwäbischen Familie, die bedeutende Theologen und Juristen hervorgebracht hatte. Der Vater, Johann Julius Wilhelm (1817–1900), war Professor der Rechtswissenschaft an der Kieler Universität.[1] Kiel, das Max Planck auch in späteren Jahren als seine Heimatstadt ansah, blieb er Zeit seines Lebens verbunden. Nach dem Umzug der Familie mit der Berufung des Vaters 1867 nach München war die bayerische Hauptstadt mit ihren geistigen und künstlerischen Einflüssen prägend für den jungen Max Planck. Er galt als fleißiger und begabter Schüler mit einem früh ausgeprägten Pflichtbewusstsein und wurde wegen seiner warmherzigen und den Menschen zugewandten Art geschätzt. Das Elternhaus – formvollendet, aber schlicht, nicht gründerzeitlich aufwendig ausgestattet – und seine Atmosphäre prägten Plancks eigenen, persönlich einfachen Lebensstil ebenso wie seine Lebenshaltung: die ethisch grundierte Pflichterfüllung, Ordnungsbewusstsein und Religiosität.[2] Aus dieser Umge-

---

[1] Die Angaben zu Familie und Leben Max Plancks folgen den Biografien: Armin Hermann: Max Planck. Mit Selbstzeugnissen und Dokumenten. 6. Auflage Reinbek 1995; John L. Heilbron: Max Planck. Ein Leben für die Wissenschaft 1858-1947. 2. Auflage Stuttgart 2006 und Hans Hartmann: Max Planck als Mensch und Denker (Ullstein Buch Nr. 490). Berlin 1964.

[2] Günther Graßmann: Max Planck. In: Mitteilungen aus der Max-Planck-Gesellschaft, 1973 Heft 1, S. 91-104, hier S. 91 (Vortrag aus persönlichen Erinnerungen und Erzählungen aus der Familie. Graßmann war Plancks Nichte Luise verheiratet).

bung und den Einflüssen Münchens und seiner Umgebung stammten ferner Plancks Begabung und Zuneigung zur Musik sowie seine Liebe zum Bergwandern, pflegte doch schon Vater Planck mit den Seinen und Freunden für mehrere Sommerwochen ein einsames Gebirgstal aufzusuchen.

Nach dem Abitur am Maximilians-Gymnasium bezog er 1874 die Münchner Universität. Nach eigener Aussage hätte er ebenso gut Philologe oder Historiker werden mögen, doch führte ihn ein mathematisches Kolleg zur exakten Naturwissenschaft, so dass er bis 1878 Physik bei Philipp Jolly und Wilhelm Beetz sowie Mathematik bei Gustav Bauer und Ludwig Seidel studierte. Bei Jolly, der ihm das Fach Physik als wenig aussichtsreich schilderte, arbeitete er das einzige Mal in seinem Leben experimentell.[3] Bei einem Studienaufenthalt im wissenschaftlich führenden Berlin hörte Planck, nunmehr zwanzigjährig, Vorlesungen bei den namhaften Physikern seiner Zeit, Hermann von Helmholtz, Gustav Kirchhoff und Karl Weierstraß. Hier erhielt er wichtige Eindrück und die Anregung zu seiner Doktorarbeit.

Wieder in München, wurde er 1879 mit einer Arbeit „Über den zweiten Hauptsatz der mechanischen Wärmetheorie“ mit dem Prädikat „summa cum laude“ zum Dr. phil. promoviert und legte im Anschluss das Examen für das höhere Lehramt ab. Es folgte eine wissenschaftliche Laufbahn mit raschem, folgerichtigem Aufstieg. Bereits 1880, mit 22 Jahren, habilitierte sich Max Planck in München über das Thema „Über Gleichgewichtszustände isotroper Körper in verschiedenen Temperaturen“ im Fach Physik und lehrte unbesoldet als Privatdozent. Dies war eine lange Zeit des Wartens. Die noch junge theoretische Physik begann sich an den Universitäten erst zu etablieren, so dass Planck erwog, auf die angestrebte Hochschullaufbahn zu verzichten. Helmholtz' Rat ließ ihn durchhalten, obwohl seine ersten Schriften in der physikalischen Öffentlichkeit ohne Nachhall geblieben waren. Er setzte seine Arbeiten auf dem Gebiet der Wärmetheorie fort und reichte 1887 eine Arbeit für eine Preisaufgabe der Göttinger philosophischen Fakultät über das Prinzip der Erhaltung der Energie ein, für die er den zweiten Preis erhielt. 1885, nach fünf Jahren, entdeckte der maßgebliche Ministerialdirektor im preußischen Kultusministerium, Friedrich Althoff, den jungen Privatdozenten und berief ihn zum außerordentlichen Professor für theoretische Physik an die Kieler Universität.[4] Vier Jahre später war sein wissenschaftliches Ansehen so gewachsen,

---

3 „Ich war zu ungeschickt, um zu experimentieren.“ Max Planck in einem Interview des Hannoverschen Tageblattes vom 1. November 1931, S. 14. In: Archiv der Max-Planck-Gesellschaft (künftig: Archiv der MPG) IX. Abt., Rep. 1, Max Planck.

4 Vgl. Plancks Erinnerung im Interview des Hannoverschen Tageblattes vom 1. November 1931 (wie Anm. 3).

dass er 1889 als Extraordinarius die Nachfolge Kirchhoffs in Berlin antreten konnte und hier 1892 zum Ordentlichen Professor ernannt, zum Direktor des Instituts für theoretische Physik und 1894 in die Preußische Akademie der Wissenschaften berufen wurde. Seine wichtigste wissenschaftliche Leistung gelang ihm 1899 mit der Entdeckung der Naturkonstanten, dem sogenannten „Planckschen Wirkungsquantum", aus der er das Plancksche Gesetz der Wärmestrahlung entwickelte und damit die Quantentheorie begründete, die die moderne Physik revolutionierte.[5] Seine neue Strahlungsformel stellte er in der Sitzung der Deutschen Physikalischen Gesellschaft erstmals am 19. Oktober 1900 in außerordentlich lebhafter Diskussion vor. Den anschließenden Vortrag seiner ausgearbeiteten Theorie am 14. Dezember 1900 bezeichnete Max von Laue später als die Geburtstunde der Quantenphysik.[6] Auch Planck selber war sich der Bedeutung seiner Entdeckung bewusst. Als 42jähriger hatte er seine wissenschaftliche Hauptleistung vollbracht. Die entsprechende Anerkennung in der Welt der Physik und der Öffentlichkeit brachte die Auszeichnung mit dem Nobelpreis für 1918 (bekannt gegeben 1919).

Auch im Privatleben erfuhr Planck in den Jahren um die Jahrhundertwende Wohlergehen. Aus seiner ersten Ehe (1887) mit der Münchner Bankierstochter Marie Merck (1861–1909) gingen vier Kinder hervor. Das Ehepaar führte im Berliner Villenvorort Grunewald in der Wangenheimstraße ein lebhaftes musikalisch-gesellschaftliches Leben. Das 1905 bezogene eigene Wohnhaus stellte für den noch am Anfang seiner Laufbahn stehenden Gelehrten die Einrichtung einer wichtigen Konstante des persönlichen Lebens dar. Berichten zufolge eher spartanisch eingerichtet, war es doch für den Austausch mit den in der Nachbarschaft lebenden Gelehrtenfamilien Harnack, Delbrück, Bonhoeffer u. a. wichtiges Zentrum.[7] „Planck liebte heitere ungezwungene Geselligkeit, und sein Heim war der Mittelpunkt einer solchen Geselligkeit", schrieb seine Assistentin Lise Meitner über die Gastlichkeit der Plancks.[8]

---

5 Vgl. im Einzelnen den Beitrag von Dieter Hoffmann in diesem Band: Der Physiker Max Planck; ferner Jost Lemmerich: Ein reiner Theoretiker. Der Beginn von Max Plancks akademischer Laufbahn im Spiegel der Quellen. In: Physik-Journal 7 (2008), S. 35-37; Ingo Müller: Ein Leben für die Thermodynamik. Vom Zweiten Hauptsatz der Thermodynamik zum Planckschen Wirkungsquantum. In: Ebda., S. 39-45.

6 Max von Laue: Zu Max Plancks 100. Geburtstage. Vortrag, gehalten in Berlin am 24. April 1958. In: Max Planck (1858-1947). Zum Gedenken an seinen 50. Todestag am 4. Oktober 1997 (= Max-Planck-Gesellschaft. Berichte und Mitteilungen 3/97), S. 23-34, hier S. 32 (erstmals in: Die Naturwissenschaften 45 (1958), S. 221-226).

7 Vgl. die diesbezüglichen Erinnerungen von Plancks Haushälterin Elfriede Gornig in diesem Band (S. 350).

8 Lise Meitner: Max Planck als Mensch. Vortrag, gehalten am 24. April 1958 in Berlin zur Feier von Max Plancks 100. Geburtstag. In: Max Planck (1858-1947). Zum Gedenken an seinen 50. Todestag am 4. Okto-

Die Musik bedeutete Planck mehr als ein Akzidenz zu gepflegter Geselligkeit. Seine musikalische Begabung trat früh und stark hervor. Er verfügte über das absolute Gehör, erlernte das Klavier-, Orgelspiel, Cello- und Zitherspiel[9] und sang in den Knabenchören der großen Oratorien. In den mit seinen Eltern in München befreundeten Familien Heyse, Hornstein und Wölfflin wurde in Liebhaberaufführungen Theater gespielt, wofür Max Planck Lieder und kleine Stücke komponierte. Insofern schwankte er am Ende seiner Schulzeit, ob er sich nicht dem Musikstudium zuwenden sollte. An der Universität war er Mitglied im Akademischen Gesangverein. Als Chormeister dieser studentischen Verbindung über zwei Jahre hinweg trat er auch während des Studiums als Komponist und Solist in Erscheinung. Von „heiteren und lieblichen Melodien" bei einer „hochbefriedigenden Aufführung" einer eigenen Operette und seiner Mitwirkung in verschiedenen anderen Werken wird berichtet.[10] Ferner versah Planck zeitweise den Organistendienst in Gottesdiensten der Studienkirche. In seinen Berliner Studienjahren vervollkommnete Planck systematisch sein Klavierspiel, so dass er ernstlich über einen beruflichen Wechsel zur Musik nachdachte und – nach München zurückgekehrt – bei Josef Rheinberger Harmonie und Kontrapunkt studierte.[11]

In Plancks eigenem Hausstand in Berlin behielt die Musik einen wichtigen Platz. Sie wurde ernst und anspruchsvoll betrieben. In einem kleinen Liebhaberchor, dem „Heiseren Fasan", wirkten Otto Hahn, Gustav Hertz und Wilhelm Westphal mit.[12] Am Trio-Spiel nahmen Albert Einstein (Violine) und Plancks Sohn Erwin (Cello) teil. Das gemeinsame Musizieren mit namhaften Musikern wie dem befreundeten Geiger Joseph Joachim, den er im Hause Helmholtz kennengelernt hatte, oder dem Streichquartett Karl Klinglers[13] bezeugt dabei den hohen Stand von Plancks musikalischem und pianistischem Vermögen. Das Musizieren war ihm offenbar jedoch nicht nur ein Lebens-

---

ber 1997 (= Max-Planck-Gesellschaft. Berichte und Mitteilungen 3/97), S. 35-40, hier S. 35 (erstmals in: Die Naturwissenschaften 45 (1958), S. 406-408). Vgl. zu den Planck-Feiern 1958 Dieter Hoffmann: Wider die geistige Trennung. Die Max-Planck-Feier(n) in Berlin 1958. In: Deutschland-Archiv 29 (1996), S. 525-534.

9 „jawohl, auch Zither!". Max Planck im Interview des Hannoverschen Tageblattes vom 1. November 1931 (wie Anm. 3).

10 Vgl. Graßmann: Max Planck (wie Anm. 2), S. 92f.

11 Vgl. Otto Hahn: Einige persönliche Erinnerungen an Max Planck. In: Mitteilungen aus der Max-Planck-Gesellschaft 1957, S. 243-246; Hartmann: Max Planck (wie Anm. 1), S. 8f.

12 Graßmann: Max Planck (wie Anm. 2), S. 96.

13 Vgl. die Erinnerung von Plancks Haushälterin und die Pressenotiz vom 26. Juli 1946 (beide in diesem Band: S. 351 und Pressestimmen, S. 332), ferner Hermann: Max Planck (wie Anm. 1), S. 74.

bereich der Entspannung, sondern auch des Ausgleichs – eine Tätigkeit, bei der er die Ausstrahlung seines Wesens weniger kontrollierte.[14] Sein Spiel war leidenschaftlich und von großer Darstellungskraft; Berufsmusiker bewunderten seine feine Einfühlung und den Schwung seiner Begleitung. Planck schätzte und spielte Bach, Mozart und Beethoven, fühlte sich besonders jedoch zur Musik Schuberts und Brahms' hingezogen. Über die Feier zum 100. Todestag Franz Schuberts 1928 schrieb er im Vorfeld an den verwandten Psychologen und Musikwissenschaftler Carl Stumpf: „... ich muß sagen, daß mir diese innerlich eigentlich noch näher [als die Beethoven-Feier 1927] gehen wird. Denn ich kenne keinen Komponisten, der mein musikalisches Empfinden tiefer und nachhaltiger angeregt hat."[15] Ohne Frage bedeuteten das Musik-Hören und das Musizieren für Planck einen im Leben unverzichtbaren Ausgleich und waren für seine seelische Stabilität von großer Bedeutung. Eine Stunde Klavierspiel am Nachmittag, die sich zu freiem Phantasieren steigerte, gehörte zum regelmäßigen Tagesprogramm.
In ähnlicher Weise waren die minutiös eingehaltenen täglichen Spaziergänge und in den Ferien die ausgedehnten Bergwanderungen für Planck körperlicher Ausgleich von geistiger Tätigkeit. Die Gipfelbesteigungen bis ins hohe Alter hinein scheinen zugleich aber auch Ausdruck seines festen Willens gewesen zu sein, selbstgesteckte Ziele zu erreichen und dabei Schwierigkeiten zu besiegen.[16]
Das private Glück allerdings blieb nicht lange ungetrübt: Schon 1909 verlor Planck seine Frau. Sein ältester Sohn Karl (* 1888) fiel 1916 vor Verdun, 1917 und 1919 starben die Zwillingstöchter (* 1889) Grete und Emma bei der Geburt jeweils ihres ersten Kindes. Nach diesen ersten Schicksalsschlägen widmete sich Max Planck mit Zuneigung und großer Zuwendung seinen Enkelinnen. Sein zweiter Sohn Erwin (* 1893) blieb ihm nahe. Bereits 1911 heiratete Max Planck Marga(rethe) von Hoeßlin (1882–1949), Tochter des Münchener Malers und Kunstsammlers Georg von Hoeßlin und Nichte seiner ersten Frau, mit der er einen weiteren Sohn, Hermann (1911–1954), hatte. Marga war ihm seit dieser Zeit eine wertvolle Stütze.
Seine wissenschaftliche Leistung, aber auch seine menschliche Ausstrahlung ließen Planck in Berlin rasch einen geachteten Platz einnehmen und bescherten ihm vielfältige Aufgaben und Ämter.[17] An der Universität entfaltete er eine erfolgreiche Tätigkeit,

[14] Vgl. Hartmann: Max Planck (wie Anm. 1, S. 8f.); Heilbron (wie Anm. 1), S. 51f.
[15] Archiv der MPG, Va. Abt., Rep. 11 Max Planck, Nr. 957 (24. März 1927), abgebildet in: Dahlemer Archivgespräche 12 (2006), S. 315, ferner zitiert in diesem Band S. 299, Nr. 37.
[16] Max von Laue: Große Bergsteiger und Forscher: Max Planck. In: Der Bergsteiger 16 (1949), S. 225-226.
[17] Zu Plancks wissenschaftsorganisatorischer Tätigkeit Dirk Ullmann: Max Planck als Wissenschaftsorganisator im Spiegel der archivalischen Überlieferung. In: Physikalische Blätter 53 (1997), S. 1017f. und die unge-

sowohl in der Lehre, die er sehr ernst nahm,[18] als auch als Dekan der Philosophischen Fakultät 1903/04 und als Rektor 1913/14, und kam in Kontakt mit den führenden Gelehrten auch anderer Fachgebiete. 1894 ernannte ihn die Preußische Akademie der Wissenschaften zu ihrem Ordentlichen Mitglied, 1912 auch zum Beständigen Sekretar der mathematisch-physikalischen Klasse. Von 1905 bis 1909 und noch einmal 1915 bis 1916 war er Vorsitzender der Deutschen Physikalischen Gesellschaft[19] und 1921 bis 1922 schließlich auch Vorsitzender der Gesellschaft Deutscher Naturforscher und Ärzte. 1926 wählte ihn die Deutsche Akademie der Naturforscher Leopoldina zu ihrem Mitglied.[20] In diese Zeit fällt ein engerer Kontakt zu Hermann von Helmholtz, den Planck als Vorbild verehrte. Dessen Bekanntschaft zu machen, war nicht ganz leicht, wie Planck in seinen persönlichen Erinnerungen auf der Festsitzung der Deutschen Physikalischen Gesellschaft 1938 berichtete.[21] Obwohl er früh in die Gesellschaft eingetreten war, „in deren Vorstand die Männer saßen, deren Namen damals als Sterne am Himmel der Physik glänzten, hatte man nicht leicht die Möglichkeit, ihnen persönlich näher zu kommen, da sie die Nachsitzungen im allgemeinen nicht zu besuchen pflegten". Schätzte Planck Helmholtz' Persönlichkeit, sein unbestechliches Urteil, die Würde und Wahrhaftigkeit seiner Wissenschaft und seine menschliche Güte, so kolportiert ein Ausspruch des Malers Max Liebermann bereits die allgemeine Anerkennung seiner eigenen Person in diesen Jahren: „Wenn Sie von Planck kommen, finden Sie in Berlin alle Türen offen; er hat keine Feinde."[22] Einstein teilte Max Born für dessen Rückkehr nach Berlin neben anderen Vorzügen mit: „Hauptsächlich aber: Neben Planck leben ist eine Freude."[23]
Auch im Ausland erwarb Planck bereits in dieser Zeit wissenschaftliche Reputation und Beachtung.[24] 1907 erreichte Planck ein Ruf der Wiener Universität als Nachfolger auf

druckte Diplomarbeit des Autors: Archivalisch-dokumentarische Quellen zum wissenschaftsorganisatorischen Wirken Max Plancks im Berlin-Brandenburger Raum. Potsdam 1994 (im Archiv der MPG).

[18] Zur systematischen Lehrtätigkeit Plancks vgl. Hermann: Max Planck (wie Anm. 1), S. 38 und 48f. und die Zusammenstellung seiner Doktoranden und Habilitanden von Dieter Hoffmann in diesem Band.

[19] Dieter Hoffmann: „Kaum eine Sitzung, die ich versäumt habe". Max Planck und die Physikalische Gesellschaft. In: Physik-Journal 7 (2008), S. 27-33.

[20] Zu den zahlreichen Mitgliedschaften und Ehrungen Plancks vgl. deren Zusammenstellung von Dirk Ullmann in diesem Band.

[21] Zitiert bei Hartmann: Max Planck (wie Anm. 1), S. 14f.

[22] So bei dem etwas kühnen Antrittsbesuch von Günther Graßmann mit einer Empfehlung von Max Planck (Graßmann: Max Planck (wie Anm. 2), S. 98.

[23] Einstein an Hedwig Born am 8. Februar 1918. In: Albert Einstein und Max Born. Briefwechsel 1916-1955. München 1969, S. 23.

[24] Vgl. Hartmann: Max Planck (wie Anm. 1), S. 16f.

Ludwig Boltzmanns Lehrstuhl, den er immerhin ernsthaft erwog, dem er aber – wie er selbst schreibt – „aus vaterländischen Gründen schließlich geglaubt hatte entsagen zu sollen".[25] Im Übrigen führten ihn Vortragsreisen ins Ausland. Bereits vor dem Ersten Weltkrieg suchte er Frankreich und Amerika auf, England und die Niederlande folgten. Regelmäßig besuchte er den Solvay-Kongress in Belgien. In Dänemark traf er Niels Bohr, ferner war er in Wien, Budapest, Graz und Como. Auch die späten Jahre führten ihn zu Vortragsreisen ins Ausland, 1937 nach Riga und Dorpat,[26] ferner in die Schweiz, nach Schweden, Finnland, Italien und Kroatien.
Unter den wissenschaftsorganisatorischen Ämtern Plancks begegnet der Bezug zur Kaiser-Wilhelm-Gesellschaft relativ früh. Bereits im April 1916 wurde Planck zum Senator der 1910/11 gegründeten Gesellschaft gewählt.[27] Seit 1917 war er Mitglied des Direktoriums und Kuratoriums des maßgeblich auf sein Betreiben für Albert Einstein geschaffenen Kaiser-Wilhelm-Instituts für Physik.[28] Planck und Walther Nernst waren mit Einstein 1911 auf dem Solvay-Kongress in Brüssel zusammengetroffen und betrieben in der Folge beim Kultusministerium den Plan, Einstein nach Berlin zu berufen.[29] Da dieser an der Lehre nicht besonders interessiert war, bezogen sich ihre Bestrebungen auf auf eine Forschungsprofessur an der Akademie der Wissenschaften und auf ein Institut

[25] Eigenhändiger Lebenslauf für die Akademie der Wissenschaften in Wien, 1922, zitiert nach Dirk Ullmann: Quelleninventar Max Planck (= Veröffentlichungen aus dem Archiv der Max-Planck-Gesellschaft, 8), Berlin 1996, S. 86-93, hier S. 89.

[26] Vgl. die Anm. 18, S. 354 zu den Erinnerungen von Plancks Haushälterin in diesem Band.

[27] Beschluss der 3. Hauptversammlung der Kaiser-Wilhelm-Gesellschaft vom 29. April 1916. Archiv der MPG, I. Abt. Kaiser-Wilhelm-Gesellschaft, Rep. 1A Generalverwaltung, Nr. 95, Bl. 6 (auszugsweise abgedruckt in diesem Band als Dokument, S. 105).

[28] Vgl. Hermann: Max Planck (wie Anm. 1), S. 51; Horst Kant: Albert Einstein, Max von Laue, Peter Debye und das Kaiser-Wilhelm-Institut für Physik in Berlin (1917-1939). In: Bernhard vom Brocke/Hubert Laitko (Hrsgg.): Die Kaiser-Wilhelm-/Max-Planck-Gesellschaft und ihre Institute. Studien zu ihrer Geschichte: Das Harnack-Prinzip. Berlin 1996, S. 227-243; Giuseppe Castagnetti/Hubert Goenner. Einstein and the Kaiser Wilhelm Institute for Physics (1917-1922). Institutional aims and scientific results (= Preprint. Max-Planck-Institut für Wissenschaftsgeschichte, 261). Berlin 2004; künftig ferner Dieter Hoffmann: Kollegen im Widerstreit. Max Planck und Albert Einstein. In: Spektrum der Wissenschaft 5 (2008).

[29] Vgl. Gedächtnisausstellung zum 100. Geburtstag von Albert Einstein, Otto Hahn, Max von Laue und Lise Meitner in der Staatsbibliothek Preußischer Kulturbesitz, Berlin, 1979, Katalog, Berlin 1979, S. 51f.; Albert Einstein in Berlin 1913-1933, Teil 1 Darstellung und Dokumente, bearb. von Christa Kirsten und Hans-Jürgen Treder (= Studien zur Geschichte der Akademie der Wissenschaften der DDR, 6). Berlin 1979; Hubert Goenner: Einstein in Berlin 1914-1933. München 2005 S. 32-41 und 48-60; Eckart Henning: Einstein in Dahlem. In: Mitteilungsblatt der Landesgeschichtlichen Vereinigung für die Mark Brandenburg e. V. 107 (2006), S. 77-79.

für Physik innerhalb der Kaiser-Wilhelm-Gesellschaft, das bereits bei deren Gründung zur Planung gehört hatte, aber nach Ausbruch des Krieges nicht errichtet werden konnte.[30] Für dieses Kaiser-Wilhelm-Institut für Physik hat Planck sich nachweisbar deutlich engagiert. Nach persönlichen Gesprächen in Zürich und Berlin zog Einstein im April 1914 mit seiner Familie nach Berlin. Als Akademiemitglied war er aktiv und las auch an der Universität über Relativitätstheorie, die seine ersten Arbeitsjahre in Berlin bestimmte. Der Senat der Kaiser-Wilhelm-Gesellschaft beauftragte auf seiner Sitzung vom 11. Mai 1917 Harnack und Planck, die gemeinsam mit der Koppel-Stiftung zur Errichtung des Instituts in Aussicht genommene gemeinsame Beratung mit Sachverständigen nunmehr in die Wege zu leiten.[31] In der Folge tagten am 26. Juni die Berliner Physiker, darunter ohne Zweifel Planck, mit den Vertretern der Koppel-Stiftung, so dass das neue Institut zum 1. Oktober mit einer Zuwendung des Industriellen Franz Stock und einem Jahreszuschuss der Koppelstiftung von 50.000 Reichsmark ins Leben treten konnte. Planck wurde im Oktober 1917 ins Kuratorium des Instituts gewählt.[32] Als nunmehriger Direktor des Kaiser-Wilhelm-Instituts für Physik schrieb Einstein am 6. Oktober 1917 an Präsident Adolf von Harnack wegen Einberufung einer Direktoriumssitzung. Dabei bezieht er sich ausdrücklich auf „den freundlichen Rat von Kollegen Planck".[33] Auch die eigene Korrespondenz Plancks mit Harnack macht deutlich, dass gerade er in Rücksprache mit seinen Direktoriumskollegen Einstein und Nernst maßgeblich an der Gründung des neuen Instituts beteiligt war.[34] Im Direktorium arbeiteten zunächst Planck, Walther Nernst, Fritz Haber, Heinrich Rubens und Emil Warburg mit. Im Kuratorium saßen Vertreter der Regierung, der Kaiser-Wilhelm-Gesellschaft und der Koppel-Stiftung, darunter Haber, Leopold Koppel, Nernst, Planck, später auch Friedrich Glum und Friedrich Schmidt-Ott.[35]

Auch an der Vergabe von Forschungsmitteln durch das Einsteinsche Institut wirkte Planck mit. Die Akten des Instituts-Kuratoriums beinhalten im Wesentlichen Förderanträge und Finanzierungsbewilligungen, unter denen ein entsprechendes Schreiben Einsteins aus dem Jahr 1918 zur Unterstützung eines Antrages von Peter Debye durch die auf

---

[30] Rudolf Vierhaus/Bernhard vom Brocke (Hrsgg.): Forschung im Spannungsfeld von Politik und Gesellschaft. Geschichte und Struktur der Kaiser-Wilhelm-/Max-Planck-Gesellschaft. Stuttgart 1990, S. 157.

[31] Archiv der MPG, Protokoll der Sitzung des Senats vom 11. Mai 1917, S. 5.

[32] Ebda., Protokoll der Sitzung des Senats vom 6. Juli 1917, S. 6f. und vom 19. Oktober 1917, S. 10.

[33] Archiv der MPG, I. Abt. Kaiser-Wilhelm-Gesellschaft, Rep. 1A Generalverwaltung, Nr. 1656/1, Bl. 3 (Dokumente S. 106).

[34] Ebda., Bl. 5 (Dokumente S. 108).

[35] Vgl. Kant: Albert Einstein ... (wie Anm. 28), S. 229.

einem Blatt vertretenen Namen herausragt.[36] Die personelle Vernetzung zeigt sich aber auch in einem Schreiben Plancks zu einem Förderantrag von Arnold Sommerfeld an das Kuratorium „seines“ Kaiser-Wilhelm-Instituts, in dem er selber Sitz und Stimme hatte, geschrieben aber als Funktionsträger der Notgemeinschaft 1923.[37] Auch 1929, bei der Planung des bis dahin nur als Büro Einsteins in seiner Privatwohnung existierenden Instituts zu einem explizit so genannten Kaiser-Wilhelm-Institut für theoretische Physik im Kaiser-Wilhelm-Institut für Physik, ist es Planck, der im Sinne dieses Plans an Harnack schreibt.[38] Plancks persönliche Kontakte zu Harnack mögen als nützlich erschienen sein. Die Initiative zu diesem Ausbau um experimentelle Einrichtungen ging wohl von Max von Laue aus.[39] Dieser war auch als Direktor des Teilinstituts vorgesehen,[40] von Einstein unterstützt, der an eigener Beteiligung an diesen Aktivitäten offenbar kein Interesse hatte.

Der endlich auch gebäudeseitige Ausbau des Kaiser-Wilhelm-Instituts für Physik zu einem experimentell arbeitenden Institut mit Hilfe der bereits 1930 bewilligten Gelder der Rockefeller-Foundation ging wesentlich auf Plancks geduldige Vermittlung zurück. Als Präsident beabsichtigte er, sowohl die Stellung der Physik in Berlin als auch nach der Emeritierung Nernsts an der Universität die Kooperation zwischen dem Physik-Institut der Universität und der Kaiser-Wilhelm-Gesellschaft weiter zu stärken. Zu diesem Zweck sollte der Universitätskandidat zunächst gleichberechtigter Direktor in Laues Institut sein.[41] Die Direktorenposten des Gesamtinstituts und des Universitätsinstituts sollten nach Plancks Vorstellung mit James Franck[42] besetzt werden. Dieser wurde auf Anregung Plancks 1931 bereits in das Kuratorium des Kaiser-Wilhelm-Instituts gewählt.[43] Mit der nationalsozialistischen Machtübernahme scheiterte dieser Plan – Franck emigrierte. Trotz dieser geänderten politischen Rahmenbedingungen sahen die Amerikaner

[36] Ebda., Nr. 1656/3, Bl. 35 (Dokumente, S. 112). Das Institut bestand zunächst praktisch nur in Einsteins privatem Arbeitszimmer, vergab aber auf Antrag Forschungsgelder, vgl. Steffen Schlüter: Albert Einstein als Direktor des Kaiser-Wilhelm-Instituts für Physik in Berlin-Schöneberg. In: Jahrbuch für brandenburgische Landesgeschichte 46 (1995), S. 169-185.

[37] Ebda., Nr. 1659/2, Bl. 40 (Dokumente, S. 114).

[38] Ebda., Nr. 1650/3, Bl. 27 (Dokumente, S. 116ff.).

[39] Kant: Albert Einstein ... (wie Anm. 28), S. 233.

[40] Archiv der MPG, I. Abt. Kaiser-Wilhelm-Gesellschaft, Rep. 1A Generalverwaltung, Nr. 1671, Bl. 16-19.

[41] Ebda., Nr. 1652, Bl. 87f.

[42] Vgl. zu Franck jüngst Jost Lemmerich: Aufrecht im Sturm der Zeit. Der Physiker James Franck (1882-1964), Diepholz 2007.

[43] Archiv der MPG, I. Abt. Kaiser-Wilhelm-Gesellschaft, Rep. 1A Generalverwaltung, Nr. 1655, Bl. 1 und 7.

bei der Bereitstellung der Mittel im November 1934 in Plancks und Otto Warburgs[44] Namen offensichtlich eine Garantie für die sachgerechte Verwendung der Gelder auch unter den Gegebenheiten des nationalsozialistischen Regimes.[45] Der Neubau des Institutsgebäudes gelang nur mit diesen Mitteln – die Kaiser-Wilhelm-Gesellschaft vermochte lediglich den Bauunterhalt zu übernehmen.[46] Seit November 1933 lief die Übernahme der Leitung auf den in Leipzig lehrenden Peter Debye zu, der dann 1936, rückwirkend zum 1. Oktober 1935, berufen wurde. Dieser würdigte Plancks Einsatz für das Institut bei dessen Einweihung 1937 in der ehrenden Benennung als „Max-Planck-Institut"(vgl. Abb. S. 34).[47]

In seinen politischen Anschauungen kann Planck als Kind seiner Zeit angesehen werden. Das gesellschaftliche Umfeld seiner Eltern und das universitäre Milieu der Residenzstadt München wie der Reichshauptstadt Berlin bedingten seine zweifelsohne kaiser- und staatstreue Gesinnung. Die Zeitgenossenschaft zu Einigungskriegen und Reichsgründung verfestigte eine selbstverständlich „vaterländisch"-patriotische Haltung. Max Plancks grundlegend staatsloyale Haltung mag vom theologischen lutherisch-evangelischen Familienerbe – väter- wie mütterlicherseits – bestimmt gewesen sein. Dabei verband sich seine Weltsicht von der Einheit und dem Fortschritt des Wissens mit dem Stolz auf die deutschen Leistungen in der Wissenschaft, auf das deutsche Kulturgut und den Aufstieg Deutschlands überhaupt im Kaiserreich.[48] In diesem Sinne erinnerte seine Rektoratsrede zur Eröffnung des neuen Studienjahres 1913 an der Berliner Universität zur Hundertjahrfeier der Napoleonischen Befreiungskriege an die „großen nationalen Ideen, an die schweren für sie gebrachten Opfer und an die ruhm-

[44] Direktor des im gleichen Zuge von der Rockefeller-Foundation finanzierten Kaiser-Wilhelm-Instituts für Zellphysiologie. Zu seinem Anteil vgl. Eckart Henning: Ein märkisches Herrenhaus im „deutschen Oxford". Zur Baugeschichte des Kaiser-Wilhelm-Instituts für Zellphysiologie in Berlin-Dahlem und seines Vorbildes in Groß Kreutz. In: Ders.: Beiträge zur Wissenschaftsgeschichte Dahlems (= Veröffentlichungen aus dem Archiv der Max Planck-Gesellschaft, 13). 2. Auflage Berlin 2004, S. 94-124, hier S. 98-103, die zugehörigen Quellen im Archiv der MPG, I. Abt. Kaiser-Wilhelm-Gesellschaft, Rep. 1A Generalverwaltung, Nr. 2808.

[45] Heilbron: Max Planck (wie Anm. 1), S. 255-262.

[46] Vgl. die Wiederaufnahme des Institutsplans mit Schreiben an Präsident von Harnack 1929 (wie Anm. 38) und das Schreiben an die Reichs- und preußische Regierung vom 15. März/1. Mai 1933 aus dem folgenden mehrjährigen Schriftwechsel: Archiv der MPG, I. Abt. Kaiser-Wilhelm-Gesellschaft, Rep. 1A Generalverwaltung, Nr. 361/7, Bl. 61.

[47] Vgl. im Beitrag von Eckart Henning S. 49 und das Foto vom Tage der Einweihung in Gegenwart Plancks, Abb. 53, sowie den Artikel im Steglitzer Anzeiger vom 27. März 1937, S. 326 (alle in diesem Band).

[48] Heilbron: Max Planck (wie Anm. 1), S. 5f.; Hermann: Max Planck (wie Anm. 1), S. 8f. und 10.

vollen daraus entsprossenen Siegestaten".[49] In dieser Rede klingt neben dem Patriotismus jedoch ebenso eine persönliche Grundhaltung in bzw. ungeachtet großer Zeiten und Epochenumbrüche an: die zugefallenen besonderen Aufgaben habe jeder nach bester Einsicht in treuer Pflichterfüllung zu lösen bemüht zu sein, ein jeder an dem Platz, auf den ihn sein Beruf und das Schicksal geführt hat.[50] Dieser Gedanke findet sich ebenso in Plancks Rede zur Feier des Universitätsstifters im August 1914, in der ihn die Tagesereignisse zu aktuellem Bekenntnis zwangen. Planck nimmt mit Pathos auf den enthusiastisch begleiteten Kriegsausbruch Bezug. Auch in seiner Rede zum Schluss seines Rektoratsjahres im Oktober 1914 und in seinen Worten in der Gesamtsitzung der Akademie kurz in den ersten Tagen der Novemberrevolution 1918 haben die politischen Ereignisse ihren Platz und klingen Gemeinschaftsgefühl des Volkes und patriotische Opferbereitschaft an. In der allgemeinen Begeisterung der ersten Kriegswochen und der verbreiteten Überzeugung, Deutschland führe einen Verteidigungskrieg, ist es verständlich, dass unter dem viel zitierten „Aufruf an die Kulturwelt" (auch „Aufruf der 93 Intellektuellen"), der am 4. Oktober 1914 in der Zeitung erschien und in zehn Fremdsprachen übersetzt wurde, auch Plancks Name stand.[51] Die Unterzeichner signalisierten dem Ausland die Solidarität der deutschen Kulturelite mit dem Militär und bestritten jegliche deutsche Kriegsverbrechen im besetzten neutralen Belgien. Lise Meitner hat bezeugt, dass dies ohne Zutun Plancks geschah.[52] Einstein wusste, dass Planck den Wortlaut des Aufrufs nicht kannte und während einer reisebedingten Abwesenheit seine Kinder zur Unterzeichnung autorisiert hatte, da ihm eine besondere Dringlichkeit nahe gebracht worden war.[53] Wichtiger dürfte sein, dass Planck sich bereits seit 1915 von den radikalen Aussagen des Aufrufs distanzierte und einen zum Jahreswechsel 1914/15 von Wilhelm Wien lancierten weiterreichenden Aufruf an die deutschen Wissenschaftler, die Zahl der Zitate von englischsprachigen Autoren stets kleiner als jene von deutschen zu halten, zu unterzeichnen ablehnte, ferner 1915 in einer Akademieansprache die Mitschuld Deutschlands am Ausbruch des Krieges andeu-

[49] Hartmann: Max Planck (wie Anm. 1), S. 28f.

[50] Ebda., S. 30 sowie die Zitatauswahl in diesem Band S. 295, Nr. 16 und S. 299, Nr. 38.

[51] Heilbron: Max Planck (wie Anm. 1), S. 101-113.

[52] Meitner: Max Planck als Mensch (wie Anm. 8), S. 37; vgl. auch Hermann: Max Planck (wie Anm. 1), S. 53f.

[53] So Einstein an Lorentz (2. August 1915) und Planck an Klein (13. September 1919). Die Quellennachweise zu den Briefen in der Staatsbibliothek Preußischer Kulturbesitz, Berlin, bei Stefan L. Wolff: Kontrovers, aber kooperativ. Max Planck und Wilhelm Wien – eine Zusammenarbeit über Gegensätze hinweg. In: Physik-Journal 7 (2008), S. 51-55, hier S. 54, Anm. 35.

tete und 1916 in einem offenen Brief Physikern in den Entente-Ländern eine mäßigende Stellungnahme zuleitete. In der Akademie und an der Universität opponierte er gegen den Fanatismus unter Teilen der Kollegenschaft.[54] Sein Anliegen war offensichtlich, gegen den Hass auf beiden Seiten aufzutreten. Für die Akademie konnte er den Abbruch internationaler Beziehungen verhindern.[55]

Der Verlust des ältesten Sohnes Karl im Ersten Weltkrieg und die Kriegserfahrungen seines zweiten, ihm nahestehenden Sohnes Erwin, die für dessen weiteren Lebensweg nicht ganz folgenlos waren,[56] mögen Einfluss auf einen Wandel in Plancks Einstellungen zum Kaiserreich ausgeübt haben. In gleicher Hinsicht könnte sich die Bekanntschaft mit dem Militärhistoriker Hans Delbrück ausgewirkt haben.[57] Niederlage und Revolution 1918 bedeuteten für Planck den Zusammenbruch politischer Selbstverständlichkeit. Jedenfalls wurde er bereits 1919 Mitglied in Gustav Stresemanns Deutscher Volkspartei. Angesichts des engen Verhältnisses zu seinem Sohn Erwin, den sein Berufsweg im Krieg in den Generalstab, danach in die Reichspolitik und schließlich als Staatssekretär ins Reichskanzleramt führen sollte, ist eine Beschäftigung Plancks mit der Politik der jungen Republik wahrscheinlich. Insofern ist die Parallele des Lebensweges der Söhne der beiden im Grunewald benachbarten Familien Harnack und Planck auch mit Blick auf die Väter von Interesse.[58] Der Sohn, Ernst von Harnack (* 1888), hatte bereits 1913 eine Laufbahn im Verwaltungsdienst aufgenommen, trat nach dem Kriegserlebnis 1918 in die SPD ein, wurde 1921 Regierungsrat und 1929 preußischer Regierungspräsident in Merseburg. Im Staatsstreich von Papens in Preußen 1932 abgelöst, nahm er den Weg in den Widerstand und wurde am 5. März 1945, noch zwei Monate nach Erwin Planck, in Plötzensee hingerichtet. Der Vater, Adolf von Harnack (* 1851) war nur wenige Jahre älter als Max Planck. War er konservativer „Vernunftrepublikaner", so hatte Max Planck offenbar sein Staatsverständnis auf die Republik übertragen und

---

[54] Hermann: Max Planck (wie Anm. 1), S. 114-116.

[55] Zur Tätigkeit Plancks in der Akademie vgl. Wolfgang Schlicker: Die Berliner Akademie der Wissenschaften in der Zeit des Imperialismus, Teil 2 1917-1933 (= Studien zur Geschichte der Akademie der Wissenschaften der DDR, 2/II). Berlin 1975; Heilbron: Max Planck (wie Anm. 1), S. 100-116 und 127-130; Dieter Hoffmann: Das Verhältnis der Akademie zur Republik und Diktatur. Max Planck als Sekretar. In: Die Preußische Akademie der Wissenschaften zu Berlin 1914-1945, hrsg. von Wolfram Fischer. Berlin 2000, S. 53-85; vgl. hierzu auch das Zitat von 1926 in diesem Band S. 299, Nr. 36.

[56] Vgl. Astrid von Pufendorf: Die Plancks. Berlin 2006, S. 66-149.

[57] Heilbron: Max Planck (wie Anm. 1), S. 48.

[58] Christian Nottmeier: Adolf von Harnack und die deutsche Politik 1890 bis 1930. Eine biographische Studie zum Verhältnis von Protestantismus, Wissenschaft und Politik (= Beiträge zur historischen Theologie, 124). Tübingen 2004 (= Phil. Diss. Humboldt-Universität zu Berlin 2002).

erkannte deren Staatsgrundlagen an. Diese Grundsätze spiegeln sich im Amtsverständnis als Präsident der Kaiser-Wilhelm-Gesellschaft. Hatte Harnack dem abgedankten Kaiser als ehemaligem Protektor der Gesellschaft zum Geburtstag am 27. Januar jeweils ein Glückwunschtelegramm gesandt und von den kaiserlichen Danktelegrammen regelmäßig in den Senatssitzungen berichtet, lehnte Planck dieses im Januar 1931 ab. Er hielt es erklärtermaßen für seine Pflicht, „nach aussen hin jeden Schritt zu vermeiden, der zu unzutreffenden Schlüssen über eine einseitige politische Einstellung der Kaiser-Wilhelm-Gesellschaft Veranlassung geben könnte".[59]

Freilich litt er in den Jahren nach dem Ende des Ersten Weltkriegs unter der Niederlage Deutschlands und dem Verlust der Geltung der deutschen Wissenschaft durch den und nach dem Krieg. Für ihren Wiederaufstieg unter neuen politischen Bedingungen hat Planck Wesentliches geleistet, nicht zuletzt mit Fritz Haber, Friedrich Schmidt-Ott und Adolf von Harnack in der Gründung der Notgemeinschaft der Deutschen Wissenschaft,[60] in der er dem Elektrophysik-Ausschuss vorstand.[61] Erst langsam normalisierte sich die für Planck selbstverständliche internationale Zusammenarbeit.

Geleitet vom Gedanken der Weltgeltung der Wissenschaft lagen nach dem Kriege Planck die internationalen Verbindungen am Herzen. Darin bestand offenbar eine gewisse Barriere gegen nationalistische Einseitigkeit und Überhebung. Planck genoss wegen dieser seiner Haltung internationales Ansehen, das er zugunsten der Kaiser-Wilhelm-Gesellschaft einsetzte.

Als Max Planck als inzwischen 72jähriger 1930 die Präsidentschaft der Kaiser-Wilhelm-Gesellschaft in der Nachfolge des im Amt verstorbenen Adolf von Harnack antrat, war zunächst nicht an eine siebenjährige Amtszeit gedacht. Seit 1929 wurde intern beraten, wer dem bald achtzigjährigen Harnack folgen könnte. Mit der Nachfolge wurde die Erwartung an eine Modernisierung der Spitze der Kaiser-Wilhelm-Gesellschaft hin zu einer wissenschaftlichen Administration verbunden.[62] Insofern wurde ein Naturwissen-

---

[59] Archiv der MPG, I. Abt. Kaiser-Wilhelm-Gesellschaft, Rep. 1A Generalverwaltung, Nr. 39, Bl. 16 (Dokumente, S. 121); zu Harnacks Telegrammen vgl. Vierhaus/vom Brocke: Forschung im Spannungsfeld (wie Anm. 30), S. 283.

[60] Vgl. entsprechende Passagen in Plancks Reden dieser Zeit bei Hartmann: Max Planck (wie Anm. 1), S. 35-37; zur Notgemeinschaft im Überblick Hermann: Max Planck (wie Anm. 1), S. 61-64; Heilbron: Max Planck (wie Anm. 1), S. 130-136; Aus dem Werden der Notgemeinschaft. In: Bericht der Notgemeinschaft der Deutschen Wissenschaft. Deutsche Forschungsgemeinschaft 1930, S. 1-33.

[61] Vgl. das Schreiben Plancks in Anm. 37.

[62] Vierhaus/vom Brocke: Forschung im Spannungsfeld (wie Anm. 30), S. 344-348; Hubert Markl: Unverlierbarer geistiger Besitz der Menschheit. In: Max Planck. Vorträge und Ausstellung zum 50. Todestag. München 1997, S. 7-9.

schaftler nicht nur von hohem wissenschaftlichem Renommee, sondern auch mit organisatorischen Fähigkeiten und sicherem Gespür für Verwaltung und Politik gesucht. Planck galt in seinen Ämtern in der Deutschen Physikalischen Gesellschaft und als Akademie-Sekretar als hervorragender Administrator[63] und er besaß die Integrität und Souveränität seiner Persönlichkeit.[64] Nachdem er Harnack bereits als Kanzler des Ordens Pour le mérite gefolgt war, benötigte Planck längere Bedenkzeit für sein Einverständnis zur Nachfolge im Präsidentenamt. Er war mit Ämtern in der Notgemeinschaft, der Akademie der Wissenschaften, der Mitarbeit in der Deutschen Physikalischen Gesellschaft, in der Schriftleitung der „Annalen der Physik" und bei der Gründung des Deutschen Museums auch nach seiner Emeritierung an der Universität 1926 stark belastet. Er hielt weiterhin Vorlesungen an der Universität und nahm an Fakultäts- und Kommissionsitzungen teil. Darüber hinaus war die Nachfolge Plancks auch in der politischen Öffentlichkeit nicht unumstritten.[65] Der Senat der Gesellschaft verfolgte zudem zunächst einen anderen Personalvorschlag.[66] Friedrich Glum, Generaldirektor der Kaiser-Wilhelm-Gesellschaft, mit dem Planck in seiner Amtszeit erfreulich und vertrauensvoll zusammenarbeiten sollte, erinnerte sich, dass Planck „schon lange dem Senat der Gesellschaft angehört" habe, „ohne daß man viel von ihm gemerkt hätte. Jeder wußte, daß es sich hier um eine der Größen der internationalen Wissenschaft handelte ... und daß er vielleicht vor der Nachwelt, verglichen mit Harnack, als der Größere erscheinen würde. Aber er war unendlich bescheiden und meldete sich eigentlich nie zum Wort".[67] Planck war neben seiner Tätigkeit in den Gremien des Kaiser-Wilhelm-

---

63 Heilbron: Max Planck (wie Anm. 1), S. 91.

64 Fritz Stern: Max Planck: Größe des Menschen und Gewalt der Geschichte. In: Max Planck. Vorträge und Ausstellung zum 50. Todestag. München 1997, S. 34-51, hier S. 45; zu Harnack und Planck ferner Jürgen Renn/Giuseppe Castagnetti/Simone Rieger: Adolf von Harnack und Max-Planck. In: Kurt Nowak/Otto Gerhard Oexle (Hrsgg.): Adolf von Harnack. Theologe, Historiker, Wissenschaftspolitiker (Veröffentlichungen des Max-Planck-Instituts für Geschichte, 161). Göttingen 2001, S. 127-155.

65 Vgl. zum Versuch des preußischen Kultusministers Carl Heinrich Becker, Harnack als Präsident nachzufolgen, Vierhaus/vom Brocke: Forschung im Spannungsfeld (wie Anm. 30), S. 344f. und die zeitgenössischen Zeitungsmeldungen, etwa des Berliner Tageblattes vom 15. Juli 1930, des Vorwärts vom 16. Juli 1930 und des 8-Uhr-Abendblattes vom 24. Juli 1930 in diesem Band (Pressestimmen). „Der Jungdeutsche" vom 16. Juli 1930 unterstützte den Personalvorschlag Planck gegen die Kandidaturen des Vizepräsidenten Krupp und des Ministers Becker, damit „die Wissenschaft weder an die Plutokratie noch an die Parteipolitik bedingungslos verkauft wird".

66 Vgl. Heilbron: Max Planck (wie Anm. 1), S. 304.

67 Friedrich Glum: Zwischen Wissenschaft, Wirtschaft und Politik. Erlebtes und Erdachtes in vier Reichen. Bonn 1964, S. 378.

Instituts für Physik bei weiteren Kaiser-Wilhelm-Instituten Mitglied im Verwaltungsrat bzw. im Wissenschaftlichen Beirat.[68] Von 1925 bis 1930 versah er ferner das Amt des 2. Schriftführers der Kaiser-Wilhelm-Gesellschaft.[69] Im Senat wirkte Planck am Neuentwurf der Statuten und bei der Erhaltung des Namens der Gesellschaft mit.[70] Nach seiner Bereitschaft, 1930 ein Jahr als Interimspräsident bis zum Ablauf der regulären Wahlperiode zur Verfügung zu stehen, willigte er 1931 in eine volle dreijährige Amtsperiode. Planck hat sich in einem Rundfunkgespräch Ende 1932 programmatisch zur Aufgabe der Kaiser-Wilhelm-Gesellschaft aus seiner Sicht geäußert.[71] Die Gesellschaft solle eine unabhängige Stätte freier Forschung sein, frei von der Tagesaufgabe der Ausbildung des wissenschaftlichen Nachwuchses und frei vom materiellen Interesse der Industrie. In voller organisatorischer Freiheit sollen Gelehrte auf den wichtigsten Gebieten wissenschaftlicher Forschung weiter vorstoßen können. Ihre große wissenschaftspolitische Aufgabe sei die Gestaltung des Verhältnisses der Natur- und Geisteswissenschaften. Allerdings zeichnete sich bald nach Plancks Amtsantritt eine erhebliche Verschlechterung der Finanzierungssituation der Kaiser-Wilhelm-Gesellschaft in der Folge der Weltwirtschaftskrise ab. Im Haushaltsjahr 1932/33 entfielen fast 50 % der Zuschüsse.[72] Den Forschungsbetrieb dennoch aufrechtzuerhalten, erforderte höchste Anstrengungen und stellte eine beachtliche Leistung dar.
Im achten Lebensjahrzehnt ereilten den Verantwortungsbereiten und Pflichtbewussten Ereignisse und Entscheidungssituationen, die er so nicht erwartet haben dürfte. Vor allem aber entzogen die neuen Machthaber seit 1933 dem Staat, auf den Plancks politisches Denken stets bezogen war und an dessen Maßstäben er sich zu orientieren gewohnt war – und zwar genauso in der Republik wie zuvor im Kaiserreich – seine ethischen Grundlagen. „Der Staat als Verbrecher war für Planck ein undenkbares Unding.“[73]

[68] Vgl. die Zusammenstellung in diesem Band S. 103f.

[69] Vgl. zur Wahl das Protokoll der Senatssitzung vom 7. Dezember 1925, Bl. 45f.

[70] Protokoll der Senatssitzung vom 3. Juni 1919, S. 15f.

[71] Der Text bei Hartmann: Max Planck (wie Anm. 1), S. 59.

[72] Vierhaus/vom Brocke: Forschung im Spannungsfeld (wie Anm. 30), S. 331-335 und Plancks Bericht über die Hauptversammlung 1933 in der Berliner Börsenzeitung vom 23. Mai 1933 in diesem Band (Pressestimmen, S. 320).

[73] Fritz Stern: Max Planck: Größe des Menschen und Gewalt der Geschichte. In: Max Planck. Vorträge und Ausstellung zum 50. Todestag. München 1997, S. 34-51, hier S. 45.

Inschrift über dem Eingang des 1938 eingeweihten Kaiser-Wilhelm-Instituts für Physik in Berlin-Dahlem, dem ersten Max-Planck-Institut.

Max Planck im „Dritten Reich“

Eckart Henning

Am 2. Mai 1933 hatte Max Planck als Präsident der Kaiser-Wilhelm-Gesellschaft (KWG) in einem Dankschreiben für die Glückwünsche des Reichskanzlers zu seinem 75. Geburtstag bei Adolf Hitler um eine Audienz nachgesucht, die ihm am 16. Mai um 11.00 Uhr auch gewährt wurde. Sie endete mit einem Eklat, bei dem ihm Hitler im Weggehen noch „Armer Wirrkopf“ nachrief – so wurde aus der Reichskanzlei berichtet.[1] Plancks Unterredung mit Hitler, in der er „über die augenblickliche Lage und die weiteren Pläne der Gesellschaft“[2] berichten wollte, verlief für beide Seiten unerwartet, sowohl für Hitler, der es noch nicht erlebt haben dürfte, dass sich jemand persönlich bei ihm für einen Juden[3]

---

1 Freundliche Mitteilung von Pfarrer i. R. Walter Boeckh, Berlin-Kladow, vom 3./4.6.2004. Danach erfuhr Max Planck von diesem „Nachruf“ Hitlers, den er selbst nicht mehr hören konnte, weil er schon draußen war, erst durch einen Gewährsmann seines Sohnes Erwin. Das ist gut vorstellbar, da Erwin Planck, der bis zu seinem Ausscheiden (auf eigenen Wunsch am 30.1.1933) „den einflussreichen Posten des Staatssekretärs in der Reichskanzlei“ innehatte und somit noch über Verbindungen zu seiner alten Dienststelle verfügt haben dürfte. Vgl. dazu Hermann Weiß (Hrsg.): Biographisches Lexikon zum Dritten Reich, Frankfurt/M. 1998, S. 350 (We), den Leserbrief Boeckhs: Von Hitler schon 1933 „armer Wirrkopf“ genannt, In: Frankfurter Allgemeine Zeitung vom 29.11.1997, S. 13, sowie nunmehr zusammenfassend von dems.: Erinnerungen an Max Planck (1858-1947). In: Dahlemer Archivgespräche 12 (2006), S. 255-260, hier S. 258.

2 Vgl. auch Anm. 3 und Helmuth Albrecht: „Max Planck. Mein Besuch bei Adolf Hitler“ – Anmerkungen zum Wert einer historischen Quelle. In: H. A. (Hrsg.), Naturwissenschaft und Technik in der Geschichte. 25 Jahre Lehrstuhl für Geschichte der Naturwissenschaft und Technik am Historischen Institut der Universität Stuttgart. Stuttgart 1993, S. 41-63, hier S. 47.

3 Fritz Haber war, wie er selbst in einem bemerkenswerten Brief einem Freund gestand, „ein getaufter Jude“, blieb aber aus der Sicht Hitlers auch als Konvertit ein „Jude“, wie übrigens selbst aus der des orthodoxen Judentums, dem es genügt, dass ein Proband Kind einer jüdischen Mutter ist und bleibt (so hat es beispielsweise Habers Kollege Otto Warburg immer bestritten, „Jude“ zu sein, da er nicht Sohn einer jüdischen Mutter war, wohl aber eines jüdischen Vaters). Der üblich gewordene Surrogatbegriff „Nichtarier“ wird von mir wegen seiner Verhaftung in der NS-Terminologie vermieden. Zum Haber-Zitat vgl. Eckart Henning: „Man will in den hervorragenden Stellen keinen Juden...“. Ein unveröffentlichter Brief des späteren Nobelpreisträgers Fritz Haber aus dem Jahre 1905 an Martin Freund. In: Chemie – Kultur – Geschichte, Festschrift für Hans-Werner Schütt anlässlich seines 65. Geburtstages, hrsg. von Astrid Schürmann und Burkhard Weiss. Diepholz 2002, S. 187-193, hier S. 188.

einsetzte, als auch für Planck, der bei dieser Gelegenheit das Äußerste wagte, um sich für Fritz Haber zu verwenden. Planck provozierte unabsichtlich seinen Hinauswurf, als er Hitler an Habers große Leistung, die Ammoniaksynthese und ihre nationale Bedeutung bereits im Ersten Weltkrieg, erinnerte. Da dies bei Hitler nicht verfing, der sich in allgemeinen antisemitischen Tiraden erging und alle Juden bezichtigte, Kommunisten zu sein, versuchte Planck schon aus taktischen Gründen zu differenzieren, indem er kulturelle Unterschiede zwischen Juden verschiedenen Standes geltend machte, die Hitler bestritt. So verblieb ihm nur das Zweckargument, „dass es aber geradezu eine Selbstverstümmelung wäre, wenn man wertvolle Juden nötigen würde, auszuwandern, weil wir ihre wissenschaftliche Arbeit nötig brauchen und diese sonst in erster Linie dem Ausland zugute komme..." Doch auch mit diesem sozusagen volkswirtschaftlichen Argument vermochte Planck für Haber nichts zu retten, Hitler flüchtete sich stattdessen in einen seiner gefürchteten Erregungszustände, der Planck zum Rückzug zwang.

Nach dem Zweiten Weltkrieg, am 6. Mai 1947, sandte Planck wunschgemäß darüber einen mit Unterstützung seiner Ehefrau Marga abgefassten Bericht an die Redaktion der „Physikalischen Blätter", weil einerseits „die Aussprache zwischen Max Planck und Adolf Hitler im Frühjahr 1933" selbst bei „vielen Naturwissenschaftlern nicht einmal als Tatsache bekannt geworden" sei, andererseits „über den Inhalt und Verlauf... durch ‚Flüsterpropaganda' Berichte entstanden (seien), die kaum mehr an die Wirklichkeit erinnerten". Über das Zustandekommen dieses noch im gleichen Monat[4] veröffentlichten Textes (Abb. 1), des sogen. Interviews, gibt ein Begleitbrief Marga Plancks an den Redakteur Ernst Brüche Aufschluss: „Das Interview, wie ich es anbei schicke, ist authentisch – ich habe es oft von meinem Mann erzählen hören, genauso, wie er es mir berichtet hat, als er von dem Interview nachhause kam damals. Es waren keine SS-Leute dabei, mein Mann war allein bei Hitler und Fragen und Antwort sind nahezu wörtlich wiedergegeben. Unsere Fassung können Sie getrost abdrucken."[5] Der Bericht selbst galt lange Zeit als wichtiges Zeugnis intellektueller Opposition gegen Hitler, bis sein

[4] Max Planck: Mein Besuch bei Adolf Hitler. In: Physikalische Blätter 3 (1947), S. 143, wieder abgedruckt bei Eckart Henning u. Marion Kazemi: Chronik der Kaiser-Wilhelm-Gesellschaft zur Förderung der Wissenschaften. Berlin 1988, S. 71 (= Veröffentlichungen aus dem Archiv der Max-Planck-Gesellschaft, 1), desgl. bei John L. Heilbron: Max Planck. Ein Leben für die Wissenschaft 1858-1947. Mit einer Auswahl der allgemeinverständlichen Schriften von Max Planck. Stuttgart 1988, S. 253. Zur veränderten Einschätzung des Verf. von Plancks Hitleraudienz vgl. das Nachwort zur 2. korrig. u. erg. Aufl. Stuttgart 2006, S. 300-325.

[5] Zitiert aus dem im Landesmuseum für Technik und Arbeit in Mannheim befindlichen Nachlass von Ernst Brüche, vgl. Helmuth Albrecht (wie Anm. 2), S. 56.

Geheimrat Prof. Dr. Max Planck

Mein Besuch bei Adolf Hitler

Die Aussprache zwischen Max Planck und Adolf Hitler im Frühjahr 1933 war bisher bei vielen Naturwissenschaftlern nicht einmal als Tatsache bekannt geworden. Ueber den Inhalt und Verlauf waren durch ‚Flüsterpropaganda' Berichte entstanden, die kaum mehr an die Wirklichkeit erinnerten. Die Phys. Bl. haben daher Herrn Geheimrat Planck um eine authentische Darstellung gebeten. Mit Datum vom 6. Mai 1947 erhielten wir folgenden Bericht:

Nach der Machtergreifung durch Hitler hatte ich als Präsident der Kaiser-Wilhelm-Gesellschaft die Aufgabe, dem Führer meine Aufwartung zu machen. Ich glaubte, diese Gelegenheit benutzen zu sollen, um ein Wort zu Gunsten meines jüdischen Kollegen Fritz Haber einzulegen, ohne dessen Verfahren zur Gewinnung des Ammoniaks aus dem Stickstoff der Luft der vorige Krieg von Anfang an verloren gewesen wäre. Hitler antwortete mir wörtlich: „Gegen die Juden an sich habe ich gar nichts. Aber die Juden sind alle Kommunisten, und diese sind meine Feinde, gegen sie geht mein Kampf." Auf meine Bemerkung, daß es doch verschiedenartige Juden gäbe, für die Menschheit wertvolle und wertlose, unter ersteren alte Familien mit bester deutscher Kultur, und daß man doch Unterschiede machen müsse, erwiderte er: „Das ist nicht richtig. Jud ist Jud; alle Juden hängen wie Kletten zusammen. Wo ein Jude ist, sammeln sich sofort andere Juden aller Art an. Es wäre die Aufgabe der Juden selber gewesen, einen Trennungsstrich zwischen den verschiedenen Arten zu ziehen. Das haben sie nicht getan, und deshalb muß ich gegen alle Juden gleichmäßig vorgehen." Auf meine Bemerkung, daß es aber geradezu eine Selbstverstümmelung wäre, wenn man wertvolle Juden nötigen würde auszuwandern, weil wir ihre wissenschaftliche Arbeit nötig brauchen und diese sonst in erster Linie dem Ausland zugute komme, ließ er sich nicht weiter ein, erging sich in allgemeinen Redensarten und endete schließlich: „Man sagt, ich leide gelegentlich an Nervenschwäche. Das ist eine Verleumdung. Ich habe Nerven wie Stahl." Dabei schlug er sich kräftig auf das Knie, sprach immer schneller und schaukelte sich in eine solche Wut hinauf, daß mir nichts übrig blieb, als zu verstummen und mich zu verabschieden.

Abb. 1.

Quellenwert von Herbert Mehrtens und Helmuth Albrecht 1992/93 in verschiedenen Beiträgen, u. a. wegen des Greisenalters seines Verfassers (89 Jahre) und des großen zeitlichen Abstands zwischen Ereignis und Bericht (14 Jahre) angezweifelt wurde.[6] Mehrtens kommt zu dem Schluss: „Das Dokument ist alles andere als ein objektiver Bericht über ein Ereignis, das 1933 stattgefunden hat, es ist vor allem ein Dokument aus dem und über das Jahr 1947. Dass der Besuch stattgefunden hat, steht außer Zweifel, wie er verlief, ist allerdings völlig unklar"[7], und Albrecht glaubt, dass „von einer ‚nahezu wörtlichen' oder authentischen Wiedergabe des Gesprächs zwischen Planck und Hitler im Jahre 1933 im Interview also keine Rede sein kann"[8]. Dieser quellenkritischen Bewertung steht entgegen, dass auch heute noch glaubwürdige Zeitzeugen leben, die Plancks mündlichen Bericht schon in den dreißiger Jahren gehört und seine Übereinstimmung mit der schriftlichen Version bestätigt haben.[9] Auch gibt es zumindest für die Wirkung des Besuchs auf Planck ein Zeugnis Werner Heisenbergs, der sich 1933 mit Rücktrittsgedanken trug: „Ich besuchte ihn in seiner Villa im Grunewald. Ich fand ihn zutiefst deprimiert vor. Er kannte mein Problem schon und berichtete mir mit großem Kummer, dass er wenige Tage vorher Hitler besucht habe, um in der gleichen Sache zu intervenieren, dass er aber seitdem eigentlich überhaupt keine Hoffnung mehr hätte, dass an dieser Stelle etwas Vernünftiges geschehen könnte. Er sagte etwa: Die Revolution wird zu einem entsetzlichen Unglück für Deutschland führen, aber wir können gar nichts ändern und Sie können durch eine Demonstration auch gar nichts helfen. Was jetzt geschieht, ist wie eine Lawine, die den Berg herunterrast, da kann sich kein Einzelner dagegenstellen; man muß warten, bis die Lawine unten angekommen

---

[6] Herbert Mehrtens: Kollaborationsverhältnisse: Natur- und Technikwissenschaften im NS-Staat und ihre Historie. In: Christoph Meinel und Peter Voswinckel (Hrsg.): Medizin, Naturwissenschaft, Technik und Nationalsozialismus. Kontinuitäten und Diskontinuitäten. Stuttgart 1994, S. 13-32 und Albrecht (wie Anm. 2), dem noch nicht diese gemilderte Druck-, sondern die Jenenser Vortragsfassung vorlag, vgl. dessen Anm. 8 und meine abschließenden Bemerkungen zur Planck-Forschung.

[7] Mehrtens (wie Anm. 6), S. 16.

[8] Albrecht (wie Anm. 2), S. 58.

[9] Vgl. den von Walter Boeckh in Anm. 1 genannten Leserbrief, dem ich auch für verschiedene Familienauskünfte dankbar bin. Von seiner Mutter, der Bildhauerin Gisela Boeckh-v. Tzschoppe, stammt die heute in vielen Max-Planck-Instituten der hinzugekommenen Bundesländern aufgestellte Planck-Büste.

[10] Zit. nach der frühen Darstellung von Werner Heisenberg: Max Planck. Ein Festvortrag am Max-Planck-Tag 1958 des Maximilians-Gymnasiums, München. In: Anregung 5 (1959), H. 1, S. 7. Die spätere, sehr viel ausführlichere Darstellung Heisenbergs findet sich in seinem Werk: Der Teil und das Ganze. Gespräche im Umkreis der Atomphysik. München 1969, S. 206-212. Im einzelnen vgl. auch Margit Szöllösi-Janze: Fritz Haber, eine Biographie. München 1998, S. 659ff.

ist. Dem Einzelnen bleibt im Augenblick nur die Wahl, auszuwandern oder das Unglück mitzuerleiden", und er fügte hinzu: „aber ich bitte Sie, hierzubleiben."[10] Auch wenn solche Nachkriegsniederschriften als zeitbezogene Selbstrechtfertigungen gewertet werden können, werden sie letztlich durch Plancks eigenes Verhalten im Jahre 1933 beglaubigt, der in seinem Kampf um jüdische Wissenschaftler, insbesondere um Haber, nicht nachließ. Dieser hatte zwar empört über das Berufsbeamtengesetz vom 7. April, das auch auf Kaiser-Wilhelm-Institute anzuwenden war, am 30. April 1933 dem preußischen Kultusministerium sein Rücktrittsgesuch (zum 1. Oktober) eingereicht, in dem er mitteilte, dass ihm seine Tradition vorschreibe, dass er „bei der Auswahl von Mitarbeitern nur die fachlichen und charakterlichen Eigenschaften der Bewerber berücksichtige, ohne nach ihrer rassenmäßigen Beschaffenheit zu fragen".[11] Allerdings änderte der als ehemaliger Frontkämpfer zunächst nicht selbst betroffene Haber seine Absicht, als er „mit Verbitterung die Demontage seines Instituts beobachten musste" und gab Planck schließlich „sein Einverständnis, Minister Rust zur Ablehnung des Rücktrittsgesuchs zu bewegen".[12] Auch nach der Intervention bei Hitler gab Planck daher nicht auf. Nur eine Woche nach dem vergeblichen Besuch in der Reichskanzlei berief er sich am 23. Mai in seiner Eröffnungsansprache zur 22. Hauptversammlung der Kaiser-Wilhelm-Gesellschaft im Goethe-Saal des Harnack-Hauses in Berlin-Dahlem auf die von Hitler selbst geforderte „Zusammenballung aller verfügbaren Kräfte zur aktiven Mitarbeit an dem Aufbau des Vaterlandes" und bezog dabei die Wissenschaft mit ein.[13] Als deren Vertreter stellte er öffentlich in Anwesenheit der Reichsminister Rust und Frick erneut die Juden Fritz Haber und Heinrich Hertz neben Conrad Roentgen und Carl Bosch heraus, die dem „deutschen Namen zu Ehre und Ansehen in

[11] Das Gesetz zur Wiederherstellung des Berufsbeamtentums ist abgedruckt im Reichsgesetzblatt Teil I, Nr. 34, S. 175-177. Zu den unterschiedlichen Finanzierungskategorien der Kaiser-Wilhelm-Institute (wichtig für den Geltungs- und Anwendungsbereich des Gesetzes) vgl. Peter-Christian Witt: Wissenschaftsfinanzierung zwischen Inflation und Deflation: Die Kaiser-Wilhelm-Gesellschaft 1918/19 bis 1934/35. In: Forschung im Spannungsfeld von Politik und Gesellschaft. Geschichte und Struktur der Kaiser-Wilhelm-/Max-Planck-Gesellschaft. Aus Anlass ihres 75jährigen Bestehens hrsg. von Rudolf Vierhaus und Bernhard vom Brocke. Stuttgart 1990, S. 579-656, hier S. 619f. Fritz Habers Rücktrittsgesuch ist abgedruckt In: 50 Jahre Kaiser-Wilhelm-Gesellschaft und Max-Planck-Gesellschaft zur Förderung der Wissenschaften 1911-1961. Beiträge und Dokumente, hrsg. von der Max-Planck-Gesellschaft. Göttingen 1961, S. 190 (= Dokument Nr. 52). Vgl. Szöllösi-Janze (wie Anm. 10), S. 656ff.

[12] Ulrike Kohl: Die Präsidenten der Kaiser-Wilhelm-Gesellschaft im Nationalsozialismus. Max Planck, Carl Bosch und Albert Vögler zwischen Wissenschaft und Macht. Stuttgart 2002, S. 91 (= Pallas Athene, 5).

[13] Vgl. dazu die Interpretation eines Vortrags von Rüdiger Hachtmann über „Die Generalverwaltung der Kaiser-Wilhelm-Gesellschaft: Eine Erfolgsgeschichte" aus dem Mitarbeiterkreis der MPG-Präsidentenkommis-

der ganzen Welt“ verholfen hätten; er forderte – für alle unüberhörbar – dass diese Forscher „sich in ihrer Arbeit von den höchsten Behörden geschützt fühlen dürfen vor unsachlichen Beunruhigungen durch Ereignisse der Tagespolitik“.[14] Auch wenn sich dieser Appell, von dem sich Planck ein für das Regime ähnlich unliebsames Auslandsecho wie im Falle Einsteins und womöglich ein Einlenken versprochen haben mochte, als politisch erfolglos erwies, so tröstete er doch den tief betroffenen Fritz Haber, der ihm am 27. Mai schrieb: „Diese Zeilen sind in erster Linie bestimmt, um dem Danke für die Worte Ausdruck zu geben, die Sie nach dem Berichte von Ohrenzeugen mir anlässlich meines Scheidens aus meinem Amte bei Gelegenheit der letzten Hauptversammlung der KWG gewidmet haben. Die Zeit, die wir erleben, schärft das Gehör für die Töne, die den Abgang aus einer Lebenstätigkeit begleiten und Ihre Worte klingen in diesem mannigfaltigen Tongemisch mit einer Stärke und Reinheit an mein inneres Ohr, die mir für den Rest meines Lebens nicht aus dem Gedächtnis kommen werden.“[15] Plancks Bemühungen scheiterten, als das Ministerium am 6. Juni Habers Rücktrittsgesuch genehmigte. Das hielt Planck freilich nicht davon ab, Fritz Haber und seine beiden Abteilungsleiter Herbert Freundlich und Michael Polanyi, die als Juden nach dem Beamtengesetz sofort ausscheiden mussten, noch zu Auswärtigen Wissenschaftlichen Mitgliedern ihres Kaiser-Wilhelm-Instituts für physikalische Chemie und Elektrochemie vorzuschlagen, eine trotzige Ehrung, der der Verwaltungsausschuss am 18. Oktober und der Wissenschaftliche Rat der Kaiser-Wilhelm-Gesellschaft am 30. November 1933 zustimmten.[16]

---

sion „Kaiser-Wilhelm-Gesellschaft im Nationalsozialismus“ durch Jürgen Kaube. In: Frankfurter Allgemeine Zeitung vom 10. 11. 2003, S. 40 sowie meine abschließenden Bemerkungen über den Häme-Ton in der Planck-Forschung, ferner Walter Boeckhs Hachtmann-Kritik. In: Erinnerungen (wie Anm. 1), S. 258f. Zu R. Hachtmann: Eine Erfolgsgeschichte? Schlaglichter auf die Geschichte der Generalverwaltung der Kaiser-Wilhelm-Gesellschaft im Dritten Reich. Berlin 2004, S. 15 (MPG-Präsidentenkommission: Geschichte der Kaiser-Wilhelm-Gesellschaft im Nationalsozialismus. Ergebnisse 19).

[14] Vgl. die Presseinformation zur 22. Hauptversammlung der Kaiser-Wilhelm-Gesellschaft im Harnack-Haus in Berlin-Dahlem. Archiv der Max-Planck-Gesellschaft, Berlin-Dahlem (künftig MPG-Archiv), I. Abt., Rep. 1A, Nr. 127/3.

[15] MPG-Archiv, I. Abt., Rep. 1A, Nr. 541/3, Bl. 27. Vgl. dazu das ergreifende „persönliche Wort des Lebewohls“ Plancks an Haber vom 1. August 1933 über die „Katastrophenzeit“, in der sie leben: Va Abt., Rep. 5, Nr. 1153 = Dokument in diesem Band, S. 144.

[16] MPG-Archiv: Verwaltungsratsprotokoll der Kaiser-Wilhelm-Gesellschaft vom 18. 10. 1933, S. 2 und I. Abt., Rep. 1A, Nr. 182, Bl. 32 ff., insbes. Schreiben Plancks vom 3. November 1933 an die Sektionsvorsitzenden: „Da die Herren Haber, Freundlich und Polanyi ausgeschieden sind und für sie nicht, wie dies sonst üblich ist,

Planck hielt nach seiner Erfahrung mit der Hitler-Audienz wenig von einer von Otto Hahn im Sommer 1933 vorgeschlagenen Protestresolution der Kaiser-Wilhelm-Gesellschaft gegen die Entlassung aller jüdischen Mitarbeiter an Kaiser-Wilhelm-Instituten. Plancks realistische Erwiderung auf Hahns Vorschlag ist bekannt: „Wenn heute dreißig Professoren aufstehen, dann kommen morgen 150 Personen, die sich mit Hitler solidarisch erklären, weil sie die Stellen haben wollen.“[17] Bald kam es zu Auseinandersetzungen aufgrund von Angriffen nationalsozialistischer Mitarbeiter gegen jüdische Institutsdirektoren, die sich keineswegs nur am Kaiser-Wilhelm-Institut für physikalische Chemie und Elektrochemie abspielten, sondern auch die Kaiser-Wilhelm-Institute für Biochemie, für Biologie, für Hirnforschung, für medizinische Forschung, für Strömungsforschung und für Züchtungsforschung erfassten. In diesen Fällen versuchte Planck mit ausdauerndem Geschick und Diplomatie, aber auch mit tatkräftiger Unterstützung durch KWG-Generaldirektor Friedrich Glum, die Betroffenen vor Verleumdungen und Denunziationen zu schützen, indem er sich vor sie stellte, staatliche Stellen zum Eingreifen aufforderte und gegen politische Willkürmaßnahmen des Reichserziehungsministeriums protestierte.[18] Insgesamt zog Planck, der das Beamtengesetz ablehnte und deswegen auf Zeit spielte, eine halbherzige bzw. oberflächliche Umsetzung der völligen Obstruktion vor; entsprechend bemängelte der Stellvertretende Gauleiter Görtner, dass weder die vorgeschriebenen Fragebögen von der Kaiser-Wilhelm-Gesellschaft verwendet noch Nachweise erbracht worden wären bzw. dass gar eine eidesstattliche Erklärung ausgereicht hätte, ob eine arische oder nichtarische Herkunft vorläge.[19] Daneben leistete Planck in vielen Einzelfällen wirksame Hilfe, so auch in dem seiner früheren Assistentin Lise Meitner, deretwegen er u. a. bei Theodor Vahlen am 30. August 1933 zu

der Direktor den Antrag stellen kann, möchte ich hiermit den Antrag stellen, die Genannten zu Auswärtigen Wissenschaftlichen Mitgliedern zu ernennen“. Vgl. Dokument in diesem Band, S. 150.

17 Vgl. Otto Hahn: Persönliche Erinnerungen. In: Mitteilungen aus der Max-Planck-Gesellschaft 1957, S. 244, vgl. dazu Heilbron (wie Anm. 4), S. 156.

18 Vgl. die ausführlichen Nachweise bei Kohl (wie Anm. 12), S. 89f. mit Anm. 306. Man denke auch an Plancks Eintreten für den Göttinger Mathematiker Richard Courant; um ihn zu schützen, schickte Planck gemeinsam mit Sommerfeld, v. Laue, Schrödinger, Heisenberg und Prandtl eine Protestresolution an Reichsminister Rust.

19 Vgl. Bundesarchiv Berlin (künftig BAB), R 1501, Nr. 267821/4, Bl. 34-101 und Nr. 5328, Bl. 179-192 und MPG-Archiv I. Abt., Rep.1A, Nr. 545: Schreiben Plancks vom 15. Oktober 1933 an das Reichserziehungsministerium, in dem er die Weitergabe eines Erlasses über jüdische Beamte ablehnt und darauf hinweist, dass „die Institute der Kaiser-Wilhelm-Gesellschaft ebenso wie die Gesellschaft selber nicht zu den Körperschaften des öffentlichen Rechts gehören“.

intervenieren versuchte, um sie als Hochschullehrerin an der Berliner Universität zu halten[20] – stellte doch ihre Entfernung aus der Lehre einen glatten Rechtsbruch gegenüber einer Ausländerin dar. Das gelang aber nur hinsichtlich ihres Hauptamtes als Abteilungsleiterin am Kaiser-Wilhelm-Institut für Chemie, wo sie ihr österreichischer Pass noch bis zum Sommer 1938 schützte, bis Österreich als Ostmark „angeschlossen" wurde und sie als Jüdin heimlich über die Niederlande ins neutrale Ausland fliehen musste.[21] Auch Plancks Intervention für die Tierpsychologin Mathilde Hertz, Tochter von Heinrich Hertz und zugleich Cousine von Nobelpreisträger Gustav Hertz, die in der Abteilung des Zoologen Richard Goldschmidt im Kaiser-Wilhelm-Institut für Biologie als Assistentin arbeitete, war nur ein Teilerfolg beschieden; sie musste zum 31. Dezember 1933 ausscheiden.[22] Ähnlich erging es der Gärtnerin Fanny du Bois-Reymond, Enkelin von Emil du Bois-Reymond, die für Hans Stubbe im Kaiser-Wilhelm-Institut für Züchtungsforschung arbeitete, wo Plancks Einspruch nur einen Aufschub bis März 1934 bewirkte, ehe sie aufgrund der NS-Rassegesetze entlassen werden musste.[23] Mehr als solche Ausnahmeregelungen zu erwirken, übrigens auch für Ministerialrat Erich Leist, der als Sozialdemokrat kommunistischer Umtriebe beschuldigt wurde[24], war Planck als Präsident der Kaiser-Wilhelm-Gesellschaft nicht möglich; er hatte sich – wie diese Beispiele zeigen – keineswegs nur für Spitzenforscher wie den Biochemiker Carl Neuberg (bis 1936), den Privatrechtler Ernst Rabel (bis 1937) oder den Physiologen und Nobelpreisträger Otto Meyerhof (bis 1938) eingesetzt[25]. Doch solche Einzelfälle,

---

[20] Vgl. neben anderen Eingaben das Originalschreiben Plancks an Vahlen im Geheimen Staatsarchiv Preußischer Kulturbesitz (z. Zt. I. Stock, Gangvitrine), der als Beauftragter des preußischen Kultusministeriums (Amt Wissenschaft) für die Kaiser-Wilhelm-Gesellschaft ab 1. März 1933 fungierte, bis ihn 1937 Otto Wacke und 1939 Rudolf Mentzel im Reichserziehungsministerium ablösten. – Ausstellungskatalog Lise Meitner zum 125. Geburtstag, Staatsbibliothek zu Berlin, bearb. von Jost Lemmerich. Berlin 2003, S. 68ff.

[21] Vgl. Ruth Sime: Lise Meitner. Ein Leben für die Physik. Frankfurt/M. 2001, S. 237ff; Lemmerich (wie Anm. 20) S. 86ff.

[22] Annette Vogt: Wissenschaftlerinnen in Kaiser-Wilhelm-Instituten. Berlin 1999, S. 56 (= Veröffentlichungen aus dem Archiv der Max-Planck-Gesellschaft, 12), 2. erw. Aufl. im Druck. Vgl. dazu BAB, R 1501, Nr. 26782/3, Bl. 127 und 165 sowie Dokument in diesem Band, S. 151.

[23] Vogt (wie Anm. 22), S. 36

[24] Kohl (wie Anm. 12), S. 89 mit Anm. 302.

[25] Zu Otto Meyerhof vgl. David Nachmansohn, Severo Ochoa and Fritz Lipmann. In: Biographical memoirs. National Academy of Sciences of the United States of America 34 (1960), S. 165-182, zu Ernst Rabel und das Kaiser-Wilhelm-Institut für ausländisches und internationales Privatrecht, 1926-1945, die Darstellung von Rolf U. Kunze, Göttingen 2004; zu Carl Neuberg: Hinderk Conrads u. Brigitte Lohff: Carl Neuberg – Biochemie, Politik und Geschichte. Lebenswege und Werk eines fast verdrängten Forschers. Unter Mitwirkung von Tim Ripperger. Stuttgart 2006 (= Geschichte und Philosophie der Medizin, 4).

deren Zahl sich erhöhen ließe und Planck selbst in Gewissenskonflikte zu seiner staatsloyalen Grundeinstellung brachten, mit der er zunächst jede vom Volk gewählte Regierung akzeptierte, führten 1933/34 auch zu äußeren Angriffen gegen ihn persönlich, sei es von Außenstehenden, wie dem Ingenieur Ewald Reche, sei es von Vertretern der Nationalsozialistischen Betriebsorganisation in Berlin-Dahlem um Erwin Giersch[26], sei es gar von Direktoren wie dem NSDAP-Mitglied Wilhelm Eitel (Silikatforschung), der in einer Denkschrift die Führung der Kaiser-Wilhelm-Gesellschaft scharf angriff[27]. Schließlich sah sich Philipp Lenard, Hauptvertreter der „Deutschen Physik", veranlasst, als Amtssenator zum 1. September 1933 beim Reichsinnenminister wegen Plancks judenfreundlichem Verhalten um seine Entlassung aus dem Senat der Kaiser-Wilhelm-Gesellschaft zu bitten[28]: „Ich kann es nicht für richtig halten, noch weiter unter dem Vorsitz des Herrn Planck mich zu betätigen, dessen mir geradezu unwürdig erscheinendes Nichtverstehen des minderwertigen, verderblichen jüdischen Einflusses in der Naturwissenschaft ich schon durch viele Jahre zu sehr zu beobachten Gelegenheit hatte."[29] Bei Lenard wie bei Johannes Stark, dem anderen Nobelpropagator der arischen Physik, spielte aber auch Plancks vermeintlich „jüdisches" Bekenntnis zur Relativitätstheorie Albert Einsteins eine Rolle. Beide hatten es ihm nicht vergessen, dass er als Sekretar der Physikalisch-mathematischen Klasse der Preußischen Akademie der Wissenschaften schon am 11. Mai – nach Einsteins Austritt am 28. März 1933 – im Plenum betont hatte, Einsteins Bedeutung könne „nur an den Leistungen Johannes Keplers und Isaac Newtons gemessen werden", und er müsse dies aussprechen, damit die Nachwelt nicht auf den Gedanken komme, „dass die akademischen Fachkollegen nicht im Stande waren, seine Bedeutung für die Wissenschaft voll zu begreifen".[30] Im übrigen scheiterte im November 1933 die Zuwahl Starks in die Akademie auf Betreiben

[26] Kohl (wie Anm. 12), S. 82ff.

[27] BAB, R 1501, Nr. 5328; Historisches Archiv Krupp, FAH 4E, Nr. 251, vgl. Anm. 34.

[28] Vgl. Alan D. Beyerchen: Wissenschaftler unter Hitler, Physiker im Dritten Reich. Köln 1980, S. 172.

[29] Schreiben Lenards vom 1.9.1933 an Reichsinnenminister Wilhelm Frick, s. BAB, R 1501, Nr. 26782/3, Bl. 86-88. Ich verdanke den Hinweis auf dieses Schreiben Dirk Ullmann.

[30] Planck hatte Einstein abwägend, wenn auch nicht ohne „Schuldgefühle" (U. Kohl, wie Anm. 12, S. 60) geraten, die Akademie von sich aus zu verlassen, um sie vor weit reichenden politischen Konsequenzen zu bewahren. Vgl. Armin Hermann: Max Planck in Selbstzeugnissen und Bilddokumenten. Reinbek 1997, S. 79 (= Rowohlts Bildmonographien, 198) und Protokolle der Preußischen Akademie der Wissenschaften vom 11.5.1933. In: Christa Kirsten u. Hans-Jürgen Treder: Einstein in Berlin, Bd. I, S. 267, ferner Dieter Hoffmann: Das Verhältnis der Akademie zur Republik und Diktatur. Max Planck als Sekretar. In: Die Preußische Akademie der Wissenschaften zu Berlin 1914-1945, hrsg. von Wolfram Fischer. Berlin 2000, S. 53-85, hier S. 69ff.

Max v. Laues, der daraufhin seine Beraterstelle in der Physikalisch-Technischen Reichsanstalt verlor. Beide, Planck und Laue, lehnten es übrigens – wie auch Heisenberg – nach Hindenburgs Tod im August 1934 ab, Starks „Aufruf der deutschen Nobelpreisträger" zur Unterstützung des zum 1. August selbsternannten „Führers" Adolf Hitler zu unterschreiben.[31]

Fritz Haber hatte Deutschland im August 1933 als Verfemter mit dem Ziel verlassen, zunächst in Großbritannien eine neue Existenz zu begründen[32], doch starb er unerwartet Ende Januar 1934 in Basel, schon halb auf dem Wege nach Palästina, wohin ihn Weizmann gerufen hatte; in Deutschland wurde amtlich davon keine Notiz genommen. Bestärkt durch Otto Hahn und Max v. Laue, aber auch von Generaldirektor Friedrich Glum, entschloss sich Planck, eine „Gedächtnisfeier für Fritz Haber" – wie zuvor für Adolf v. Harnack (1930) oder Erwin Baur (1933) – am 29. Januar 1935 im Harnack-Haus gemeinsam mit der Deutschen Chemischen und der Deutschen Physikalischen Gesellschaft abzuhalten, die zu einer eindrucksvollen Kundgebung intellektuellen Widerstandes gegen das NS-Regime geriet.[33] Mit einem ministeriellen Teilnahme- und Redeverbot für alle Hochschulangehörigen (mit namentlicher Präsenzkontrolle am Eingang) versuchte die Regierung vergeblich, eine Würdigung dieses „jüdischen" Nobelpreisträgers zu verhindern. Auch in der Presse durfte über das Ereignis, das bereits im Vorfeld eskalierte und Züge eines Kampfes um die Selbstbehauptung der Kaiser-Wilhelm-Gesellschaft annahm, nicht berichtet werden, um deren – inzwischen misstrauisch betrachtete – Führung möglichst mundtot zu machen. Von dieser Verhärtung zeugt eine durch Lise Meitner überlieferte Bemerkung Plancks, der getreu seiner Maxime, „jeden Schritt vorher überlegen, dann aber, wenn man ihn verantworten zu können glaubt, sich nichts gefallen zu lassen"[34], am Vorabend

---

[31] Schreiben Max v. Laues an Albert Einstein vom 21.8.1934, zit. nach Armin Hermann: Die Jahrhundertwissenschaft. Werner Heisenberg und die Physik seiner Zeit. Stuttgart 1977, S. 124f.

[32] Siehe Fritz Habers letzte Englandbriefe, ein Geschenk seiner Tochter Eva Lewis an das MPG-Archiv Va. Abt., Rep. 5; vgl. auch Eckart Henning: Die „Haber-Sammlung" im Archiv zur Geschichte der Max-Planck-Gesellschaft in Berlin-Dahlem. In: Berichte zur Wissenschaftsgeschichte 13 (1990), S. 34-37.

[33] Otto Hahn: Einige persönliche Erinnerungen an Max Planck. In: Mitteilungen aus der Max-Planck-Gesellschaft 1957, S. 242-246, hier: S. 245; vgl. auch vom dems.: Zur Erinnerung an die Haber-Gedächtnisfeier vor 25 Jahren am 29. Januar 1935 im Harnack-Haus in Berlin-Dahlem. In: ebenda 1960, S. 3-13, ferner: Szöllösi-Janze (wie Anm. 10), S. 692ff. und die Niederschrift von Max Planck: Persönliche Erlebnisse bei den Vorbereitungen zur Gedächtnisfeier für Fritz Haber am 29. Januar 1935, angefertigt am 12. Februar 1935. In: Krupp-Archiv FAH 4E, Nr. 251, Bl. 34-45, Anl. Bl. 46-57 und Dokument in diesem Band S. 160 mit der Wiedergabe der Einladung.

[34] So wörtlich Planck an Max v. Laue am 22.3.1934, zit. nach Hermann: (wie Anm. 30), S. 86.

der Veranstaltung bekannte: „Diese Feier werde ich machen, außer man holt mich mit der Polizei heraus“ und seine einleitenden Worte anderntags mit dem Satz beschloss: „Haber hat uns die Treue gehalten, wir werden ihm die Treue halten.“[35] Otto Hahn schilderte den ungestörten Verlauf aus der Erinnerung wie folgt: „Ich konnte als nicht der Universität Angehöriger meine Rede halten; Professor Bonhoeffer, der dies nicht durfte, schickte mir seine Rede, damit ich sie ablese. Drei Tage vor der Feier verschickte der Verein Deutscher Chemiker an alle seine Mitglieder ein Rundschreiben, daß die Teilnahme allen Mitgliedern untersagt sei. Obgleich auch den Angehörigen der Universität und der Kaiser-Wilhelm-Institute die Teilnahme verboten war, verlief die Feier im vollbesetzten Harnack-Haus vor vielen Professorenfrauen, vor einigen das Verbot mißachtenden Professoren, vor Vertretern der Industrie würdig und sehr stimmungsvoll. Teilgenommen haben u. a. Max Delbrück, Wolfgang Heubner, Johannes Jaenicke, Hermann Mark, Lise Meitner, Georg Melchers, Elisabeth Schiemann, Friedrich Schmidt-Ott, Fritz v. Wettstein, Richard Willstätter sowie Carl Bosch mit mehreren Direktoren der I.G. Farben sowie Alfred Petersen für die Vereinigten Stahlwerke. Alle bewunderten Planck, daß er den Mut gehabt hatte, die Feier durchzuführen.“[36]
Nur zwei Monate später, am 6. März 1935, sprach Max Planck wieder im Harnack-Haus in einem öffentlichen Vortrag über „Die Physik im Kampf um die Weltanschauung“, wobei er „Wahrhaftigkeit“ und „Gerechtigkeit“ für alle verlangte. „Daß er mit der ersten Forderung die lügnerische Propaganda des NS-Staates und mit der zweiten die Gewaltmaßnahmen gegen Andersdenkende und Andersrassige anprangerte, war damals jedem Hörer klar.“[37] Wenn Planck darin urteilte: „Eine Wissenschaft, die nicht fähig oder willens ist, über das eigene Volk hinaus zu wirken, verdient nicht ihren Namen“, so war dies auf die „deutsche Physik“ gemünzt, wenn er aber sagte: „Wie die Naturgesetze ehern und folgerichtig wirken, im Großen nicht anders als im Kleinen, so verlangt auch das Zusammenleben der Menschen gleiches Recht für alle, für Hoch und Niedrig, Vornehm und Gering“, dann war dies gegen rassische Vorurteile und Verfolgung gerichtet. Mutig warnte Planck vor „einem Gemeinwesen, wenn in ihm das Gefühl der

[35] Lise Meitner: Max Planck als Mensch. In: Die Naturwissenschaften 45 (1958), S. 407, und mit weiteren Nachweisen Helmuth Albrecht u. Armin Hermann: Die Kaiser-Wilhelm-Gesellschaft im Dritten Reich. In: Vierhaus u. vom Brocke (wie Anm. 11), S. 356-406, bes. S. 372-375, und Hubert Laitko: Wissenschaft im Rückspiegel. Gedanken. In: Jahrbuch für brandenburgische Landesgeschichte 43 (1992), S. 137-153, hier S. 152f.

[36] Hahn (wie Anm. 33), S. 245.

[37] Leserbrief Walter Boeckhs: „Wachstum dank professionellem Networking“. In: Neue Zürcher Zeitung vom 22.1.2004, S. 48.

Rechtssicherheit ins Wanken kommt, wenn bei Rechtsstreitigkeiten die Rücksicht auf Stellung und Herkunft eine Rolle spielt, wenn der Wehrlose sich nicht mehr von oben geschützt weiß vor dem Zugriff des mächtigeren Nachbars, wenn offenbare Rechtsbeugungen mit fadenscheinigen Nützlichkeitsgründen bemäntelt werden."[38]
Planck war als Präsident der Kaiser-Wilhelm-Gesellschaft weitgehend geschützt durch sein internationales Ansehen als Nobelpreisträger und Sekretar der Preußischen Akademie der Wissenschaften sowie als Kanzler des Ordens Pour le mérite; seine wissenschaftliche und moralische Integrität war unbestritten, doch wurden seine öffentlichen Äußerungen gerade wegen seiner Autorität, die er in weiten Teilen der Bevölkerung und im Ausland genoss, vom Regime argwöhnisch verfolgt. Insgeheim recherchierte 1936 sogar der NS-Dozentenbund im Auftrage des unter Leitung von Alfred Bäumler stehenden Amtes Wissenschaft der Dienststelle Rosenberg, ob Planck nicht gar mit einer Jüdin verheiratet sei. Plancks zweite, 1882 geborene, aus dem Augsburger Patriziat stammende Ehefrau Margarete v. Hoeßlin, genannt „Marga", steht zwar im sogen. Semigotha, doch nur, weil ihr 1790 geborener Urgroßvater Wilhelm v. H. mit einer Karoline Freiin v. Eichthal aus jüdischem Hause verheiratet war (im Druck durch einen „Davidsstern" gekennzeichnet) – zu wenig selbst für einen Erpressungsversuch des „Beauftragten des Führers für die gesamte geistige und weltanschauliche Erziehung der NSDAP".[39]
Als es im Januar 1936 galt, in Berlin das 25jährige Bestehen der Kaiser-Wilhelm-Gesellschaft feierlich zu begehen,[40] suchte Planck zwar keine öffentliche Konfrontation mit dem Regime, die der Gesellschaft nur hätte schaden können, unterließ es aber nicht, an ihre verstorbenen Wissenschaftlichen Mitglieder zu erinnern: „Manche von ihnen gehören heute bereits der Geschichte an, und wenn ich hier die Namen Emil Kraepelin, Carl Correns, Fritz Haber, Erwin Baur nenne, so gedenke ich mit dem Gefühl schuldiger Ehrerbietung der Männer, welche in vorderster Reihe als Pioniere der Wissenschaft durch Erschließung neuer Anwendungsgebiete sich unvergängliche Verdienste um das Vaterland und um unsere Gesellschaft erworben haben und damit

[38] Vgl. den derzeit letzten Nachdruck von Max Planck: Die Physik im Kampf um die Weltanschauung. In: M. P. Vorträge, Reden, Erinnerungen, hrsg. von Hans Roos und Armin Hermann. Berlin 2001, S. 119-136, hier S. 135.

[39] BAB, NS 15, Nr. 36, Bl. 22 vom 30.3.1936. Vgl. Semigothaisches Genealogisches Taschenbuch ari(st)okratisch-jüdischer Heiraten. Mit Enkel-Listen. Bd. 3, München 1914, S. 191f. und dazu Hanns Jäger-Sunstenau: Über den „Semigotha". In: Wappen, Stammbaum und kein Ende. Wien 1986, S. 144-157.

[40] 25 Jahre Kaiser-Wilhelm-Gesellschaft zur Förderung der Wissenschaften, hrsg. von Max Planck. 1. Handbuch, 2. Naturwissenschaften, 3. Geisteswissenschaften. Berlin 1936 u. 1937.

zugleich auch die Achtung vor der deutschen Wissenschaft in alle Länder der Welt getragen haben."[41] Die New York Times würdigte die Rede folgendermaßen: „... Max Planck, to his everlasting honor, went as far as common sense permitted in defending the original policies and in reiterating his conviction that personalities and brains count for more in scientific research than race or totalitarianism. Will the Gesellschaft be able to carry on its work in the old spirit of freedom? It is no longer a private institution. Government funds support it in part and Government officials sit on its administrative boards. Despite Max Planck's influence it has lost its outstanding figures. Where is Fritz von Haber, for twenty years director of the Kaiser Wilhelm Institute for Physical and Electro Chemistry? Dead in an exile's grave. Where are Einstein, Frank, Plaut, Fajans, Freundlich? Banished or forced out. Where are the obscure 'non-Aryan' assistants to the great? No one knows. The fate of even such eminences as the physiologists Otto Warburg (supported by the Rockefeller Foundation) and Otto Meyerhof is avowedly precarious. That a few outstanding ‚non-Aryans' are left we have Max Planck to thank. With the fate of the universities before us the future of the Kaiser Wilhelm Gesellschaft and its institutes is dark. An organization that reckons only with ability, that declines to be influenced by considerations of race and religion, and that believes in the right of genius to go its own way has no place in a totalitarian State dominated by fanatics. As it is, German science takes its last stand in defending the integrity of the Kaiser Wilhelm Gesellschaft."[42]
Mit Erreichen seines 78. Lebensjahres im April 1936 sollte Plancks Präsidentschaft enden, doch musste er noch bis zur Wahl seines Nachfolgers, des Chemie-Nobelpreisträgers und Wirtschaftsführers Carl Bosch, im Jahre 1937 im Amt ausharren, das er zuletzt nur noch kommissarisch ausübte. Als sich Plancks Gegner Johannes Stark vergeblich auch um dieses Amt bewarb, um künftig „die Wissenschaft vom jüdischen Geist zu säubern", brandmarkte er enttäuscht Max Planck, Arnold Sommerfeld und Werner Heisenberg im „Schwarzen Korps", dem Organ der SS, als „weiße Juden" bzw. adelte sie unfreiwillig als „Statthalter Einsteins im deutschen Geistesleben", die ihrerseits gezwungen werden müssten, zu „verschwinden". In einem weiteren Artikel unter dem Titel „Die Kehrseite der [Max-Planck-] Medaille", die die Deutsche Physikalische Gesellschaft 1933 dem emigrierten Ernst Schrödinger verliehen hatte, machte das „Schwarze Korps" Planck auch dafür verantwortlich: „Professor Planck kann nun ein-

41 MPG-Archiv, I. Abt., Rep. 1A, Nr. 134.
42 The last stand, New York Times vom 13.1.1936, S. 16 o. Verf. (MPG-Archiv I. Abt., Rep. 1A, Nr. 210-1/6, Bl. 411b-c) u. Presseartikel in diesem Band, S. 324.

wenden, daß die Politik mit theoretischer Physik nichts zu tun habe. Das mag, vom sachlichen Standpunkt aus betrachtet, stimmen, vom staatspolitischen jedoch nicht. Professor Schrödinger hat sich demonstrativ in politischer Hinsicht gegen Deutschland gestellt; einen solchen Mann wegen etwaiger sachlicher Verdienste auch noch zu ehren, ist ein Zeichen nationaler Entwürdigung, wie es instinktloser nicht gedacht werden kann."[43]

Blickt man an dieser Stelle einmal auf die Entwicklung der Kaiser-Wilhelm-Gesellschaft unter Plancks Präsidentschaft zurück, so lässt sich zusammenfassend sagen, dass er sowohl 1933/34 Auflösungsversuche der Gesellschaft bzw. die Einsetzung eines Reichskommissars verhinderte, als auch Pläne zur weiteren Zentralisierung der NS-Wissenschaftsorganisationen vereitelte, jedenfalls soweit diese die Kaiser-Wilhelm-Gesellschaft betrafen. Man denke an Ansprüche des Reichsgesundheitsamtes (Hans Reiter) auf das Kaiser-Wilhelm-Institut für Biochemie, an Bestrebungen des Reichsernährungsministeriums (Herbert Backe), sich das Kaiser-Wilhelm-Institut für Züchtungsforschung gefügig zu machen, oder an das Verlangen des Reichsluftfahrtministeriums (Adolf Baeumker), die Aerodynamische Versuchsanstalt vom Kaiser-Wilhelm-Institut für Strömungsforschung zu trennen – diese und andere Versuche scheiterten (bzw. letzterer glückte erst 1937).[44] So gelang es Planck, die Selbständigkeit der Kaiser-Wilhelm-Gesellschaft trotz gesteigerter staatlicher Auftragsforschung zu wahren und damit die relative Unabhängigkeit der Forschung gegenüber der Reichsregierung zu sichern.[45] Das Mittel dafür bildete nicht, wie Generaldirektor Glum in seinen nach dem Zweiten Weltkrieg veröffentlichten „Erinnerungen"[46] und mit ihm auch ein Teil der neueren Forschung behauptete, die Selbstgleichschaltung der Kaiser-Wilhelm-Gesellschaft, wohl aber Bekundungen von Vaterlandsliebe und politischer Zuverlässigkeit, insbesondere Plancks „Taktik der Anpas-

---

[43] Das Schwarze Korps vom 15.7.1937, S. 6, zit. nach León Poliakov u. Josef Wulf (Hrsg.): Das Dritte Reich und seine Denker. Berlin 1959, S. 307f. Vgl. auch Dieter Hoffmann: Johannes Stark. Eine Persönlichkeit im Spannungsfeld von wissenschaftlicher Forschung und faschistischer Ideologie. Berlin 1982, S. 99f. und Andreas Kleinert: Lenard, Stark und die Kaiser-Wilhelm-Gesellschaft. In: Physikalische Blätter 36 (1980), S. 36. – Der zweite Angriff auf Planck vom 18.11.1937 ist auch als Faksimile des Artikels im Planck-Inventar von Dirk Ullmann (wie Anm. 85), S. 106 abgebildet.

[44] Kohl (wie Anm. 12), S. 78f.

[45] Vgl. Max Plancks Denkschrift aus dem Jahre 1935 zur „Berufung eines nationalen Forschungsrats" im MPG-Archiv, I. Abt., Rep. 1A, Nr. 202, Bl. 27-30.

[46] Der immer wieder zitierte Satz lautet: „Als die Gleichschaltung kam, konnten wir sagen, daß wir davon nicht betroffen würden, da wir uns schon gleichgeschaltet hatten" (als 1937 in der Kaiser-Wilhelm-Gesellschaft das Führerprinzip eingeführt wurde) bei Friedrich Glum: Zwischen Wissenschaft, Wirtschaft und Politik. Erlebtes und Erdachtes in vier Reichen. Bonn 1964, S. 443.

sung und Konsenssuche", eine Art von „Bambusstrategie"[47]. Wenn er dem politischen Druck bis 1937 widerstand, so ist dies in meinen Augen weniger ein Zeichen der Selbstaufgabe als der Selbstbehauptung, „um größeren Schaden von der Kaiser-Wilhelm-Gesellschaft abwehren zu können".[48] Das erforderte freilich nicht nur in Formfragen und Gesten Konzessionen – wie etwa bei den Senatswahlen im Jahre 1933 oder aber in der Haber-Nachfolge durch Gerhart Jander/Peter Adolf Thießen 1934/35 –, um noch die Errichtung des Kaiser-Wilhelm-Instituts für Physik in Berlin-Dahlem mit amerikanischen Geldern (360.000 Dollar) absichern zu können. Sie bildete Plancks wichtigstes, auch gegen die Anfeindung von Johannes Stark – inzwischen Präsident der Physikalisch-Technischen Reichsanstalt – durchgesetztes Anliegen seiner Amtszeit; doch konnte Albert Einstein, der Deutschland schon 1932 verlassen hatte, die Leitung ebenso wenig übernehmen wie James Franck, den Planck trotz seiner jüdischen Herkunft noch im Mai 1933 vergeblich als Direktor vorgeschlagen hatte, bis er schließlich 1935 den in Leipzig lehrenden Niederländer Peter Debye für diese Aufgabe gewann (1936 ausgezeichnet mit dem Chemie-Nobelpreis). Planck und Debye konnten damals noch die Befürchtungen der Rockefeller Foundation zerstreuen, dass das neue Institut womöglich zu Kriegsvorbereitungen missbraucht würde bzw. schienen die Unabhängigkeit des Forschungsbetriebes zu verbürgen. So konnte das Kaiser-Wilhelm-Institut für Physik in den Jahren 1936/38 gebaut und am 30. Mai 1938 – mit seinen am Gebäude heute noch lesbaren, wenn auch etwas verwitterten Keramikbuchstaben – als „Max-Planck-Institut" (Vgl. Abb. S. 34) von seinem Nachfolger Carl Bosch eingeweiht werden – eine Ehrung, die auf die 1937 mit Planck ausgeschiedenen Vorstandsmitglieder der Kaiser-Wilhelm-Gesellschaft (Friedrich Glum und Gustav Krupp v. Bohlen u. Halbach) sowie auf Albert Vögler als 1. Schatzmeister zurückging, aber sogleich auf den Widerstand der Reichsregierung stieß – keiner ahnte damals freilich, dass es einmal fast 80 Max-Planck-Institute geben würde.[49]

---

[47] Politische Metapher Fritz v. Wettsteins (1895-1945), Direktor des Kaiser-Wilhelm-Instituts für Biologie, gebraucht gegenüber seinem Abteilungsleiter Max Hartmann und dem Verf. übermittelt am 8. Juni 2004 durch dessen Enkel, Prof. Dr. Karl M. Hartmann (Erlangen). Vgl. Kohl (wie Anm. 12), S. 87.

[48] Kohl (wie Anm. 12), S. 85.

[49] Kohl (wie Anm. 12), S. 96-105, sowie MPG-Archiv, I. Abt., Rep. 1A, Nr. 17 (= Einweihung 1938). Vgl. Peter Debye: Das Kaiser-Wilhelm-Institut für Physik. In: Die Naturwissenschaften 25 (1937), S. 257-260. Zur Inschrift „Max-Planck-Institut" vgl. MPG-Archiv, I. Abt., Rep.1A, Nr. 1657, Schreiben von Carl Sattler vom 20.2.1936. Bei der geplanten Schlüsselübergabe und Eröffnung des Kaiser-Wilhelm-Instituts für Physik durfte jedoch auf Veranlassung von Staatsminister Otto Wacker im Reichserziehungsministerium vom 28. April 1938 „in den offiziellen Reden die Bezeichnung ‚Max-Planck-Institut' nicht gebraucht werden. (Für

Wie förderlich gute Auslandsbeziehungen für die Kaiser-Wilhelm-Gesellschaft waren,[50] lässt sich gerade am Beispiel des Kaiser-Wilhelm-Instituts für Physik mit Händen greifen, da ohne Rockefeller-Gelder weder das Grundstück in Dahlem noch der Institutsneubau zu finanzieren gewesen wären. So ist es verständlich, wenn sich Planck nur einen Monat vor der Einweihung, nämlich anlässlich seines 80. Geburtstages am 23. April 1938, auch für gute deutsch-französische Beziehungen einsetzte. Sie lagen ihm, der seit 1919 Mitglied in Stresemanns Partei (und nicht nur konservativer „Vernunftsrepublikaner" wie Harnack) gewesen ist, besonders am Herzen, als er kurz vor Ausbruch des Zweiten Weltkriegs auf einer für ihn eigens veranstalteten Festsitzung der Berliner Physikalischen Gesellschaft im Harnack-Haus dem französischen Botschafter André François-Poncet stellvertretend für seinen erkrankten Kollegen, den Fürsten Louis-Victor de Broglie, die Max-Planck-Medaille als Ehrenvorsitzender dieser Gesellschaft mit folgenden Worten überreichte: „Nach allen meinen persönlichen Erfahrungen, im Inland und im Ausland, besteht bei dem französischen Volke nicht minder als bei dem deutschen der ehrliche und sehnliche Wunsch nach einem dauernden Frieden, der beiden Teilen ungestörte produktive Arbeit ermöglicht. Möge ein gütiges Schicksal es fügen, daß Frankreich und Deutschland zusammenfinden, ehe es für Europa zu spät wird."[51] Solche selbst in einem Filmdokument überlieferten patriotischen Mahnungen, die von der Achtung auch gegenüber anderen Völkern zeugen, machten Planck weiterhin „bei den Nazis verhaßt" (Boeckh). Er ließ auch bei der physikalischen Würdigung der Broglie-Wellen nicht unerwähnt, dass dabei „eine wesentliche Rolle die Bezugnahme auf die Relativitätstheorie" gespielt habe und er selbst an einen „tiefgreifenden Zusammenhang zwischen Quantentheorie und Relativitätstheorie" glaube. Wenn Planck auch Einstein, ebenfalls Preisträger der Physikalischen Gesellschaft, nicht nannte, so stand doch sein Name bei dieser Geburtstagsfeier unausgesprochen im Raume. Eine

---

die Presse beachten!) Von einer besonderen Ehrung des Geheimrats Planck anläßlich der Eröffnung soll abgesehen werden", vgl. Vermerk vom 2. Mai 1938 in Nr. 1142 ebenda von Ernst Telschow über seinen Besuch im Ministerium u. Dokument in diesem Band S. 186. Peter Debye scheute sich jedoch in späteren Schreiben seines Instituts nicht, jeweils mit dem Zusatz „Direktor des Max-Planck-Instituts" zu unterzeichnen (vgl. beispielsweise ebenda Nr. 1662, Bl. 42 im Schreiben vom 4. Januar 1939).

[50] Vgl. Eckart Henning: Auslandsbeziehungen der Kaiser-Wilhelm-/Max-Planck-Gesellschaft im Überblick (1911-1998). In: Dahlemer Archivgespräche 5 (1999), S. 95-118.

[51] Vgl. die Verhandlungen der Deutschen Physikalischen Gesellschaft Reihe 3, Bd. 19 (1938), S. 63ff., hier S. 66. Der erwähnte 8-Minuten-Film befindet sich im MPG-Archiv, VII. Abt. unter Nr. F 68 und V 7 (= Kopie): Rede zur Feier des 80. Geburtstages von Max Planck am 23.4.1938 im Harnack-Haus in Berlin-Dahlem anlässlich der Übergabe der Max-Planck-Medaille an Louis de Broglie.

Episode am Rande illustriert vielleicht am besten, wie Planck von Kollegen gesehen wurde: Der zu Tisch gebetene Rektor der Berliner Universität, Willy Hoppe, sagte nämlich seine Teilnahme am Festessen im letzten Moment deswegen ab, weil er „gehört hatte, daß auch Juden eingeladen wären" – und so blieb, wie der Berichterstatter lakonisch hinzufügte, „der Platz neben meiner Mutter, deren Tischherr er hätte sein sollen, leer".[52]

Nachdem Max Planck zum 22. Dezember 1938 sein Amt als Sekretar der Preußischen Akademie der Wissenschaften ebenso wie seine Kollegen aufgeben musste, da nun auch die Akademie auf das „Führerprinzip" umgestellt wurde, ergriff er als „Rufer in der Wüste", so sein Biograph J. L. Heilbron, vollends den Beruf eines „Wanderpredigers"[53], wobei er in öffentliche Vorträge über Wissenschaft, Philosophie und Religion immer auch Mahnungen und versteckte Kritik am NS-Regime einflocht. Das galt bereits für Plancks oben schon erwähnten Vortrag über die „Physik im Kampf um die Weltanschauung" (1935), ferner für Ansprachen zum Leibniz- und zum Friedrichtag (1935, 1937) oder anlässlich von Würdigungen von Kollegen (Laue, 1937; Sommerfeld, 1937; Broglie, 1938). Als Lutheraner (und Kirchenältester seiner Gemeinde in Berlin-Grunewald 1920-1945) verwies er aber auch auf die Vereinbarkeit von „Religion und Naturwissenschaft" (1937ff.) – ein erstaunlich häufig wiederholter und oft aufgelegter, optimistischer Vortrag Plancks. Anders verhielt es sich mit seinen eher resignierten wiederholten Ausführungen in der Kriegszeit über „Sinn und Grenzen in der exakten Wissenschaft" (1941), in denen er zweimal öffentlich im überfüllten Harnack-Haus auf die Entdeckung der Uranspaltung durch Otto Hahn und Fritz Straßmann im Dezember 1938 einging, die nicht nur eine Aussicht auf die preiswertere Kernenergie in der Zukunft eröffne, sondern auch schon vor den Gefahren einer Atombombe warnte: „Wenn auch zur Zeit noch nicht die Rede davon sein kann, einen solch stürmischen Aufspaltungsprozeß technisch verwertbar zu gestalten, so öffnet sich hier doch eine ernsthafte Möglichkeit, ... so werden wir auch den Gedanken an die Konstruktion einer Uranmaschine nicht zu den bloßen Utopien rechnen. Vor allem käme es darauf an, den Prozeß nicht explosionsartig erfolgen zu lassen, sondern seinen Zeitablauf durch geeignete chemische Mittel so zu bremsen, daß die Geschwindigkeit der Energieabgabe nicht über ein bestimmtes Maß hinausgeht. Sonst könnte es passieren, daß sie für die betref-

[52] Vgl. dazu weitere Leserbriefe Walter Boeckhs: 1. In der Nazizeit durchaus Zivilcourage gezeigt. In: Der Tagesspiegel vom 19.10.1997, 2. Bei den Nazis verhaßt. In: Frankfurter Allgemeine Zeitung vom 27.10.2003.

[53] Heilbron (wie Anm. 4), S. 185, 189.

fende Örtlichkeit, ja für unseren ganzen Planeten, zu einer gefährlichen Katastrophe werden würde."[54] Unter seinen Zuhörern saß damals auch Gerhart Hauptmann, der diese Warnung literarisch verwertete.[55]

Plancks Vortragserfolge im In- und Ausland waren staatlichen Stellen zwar teils suspekt,[56] trotzdem erschienen sie aber auch von einem gewissen propagandistischem Wert, sonst hätte man ihm nicht Reisen von Norwegen bis Italien und Kroatien, von Schweden bis in die Schweiz, vom Baltikum bis nach Belgien gestattet. Inwieweit er dadurch über NS-Gräuel unterrichtet war, wissen wir nicht, doch legt seine Äußerung gegenüber Lise Meitner bei seinem Stockholm-Besuch 1943 dies nahe: „Es müssen schreckliche Dinge geschehen, wir haben schreckliche Dinge getan."[57] Aufschlussreich für die Einschätzung Plancks durch das NS-Regime ist eine Tagebuchäußerung des Reichspropagandaministers Joseph Goebbels vom 12. Mai 1942; darin heißt es: „Der Führer ist ein begeisterter Anhänger der reinen Wissenschaft. Wir haben in der Heranführung der Wissenschaft an den neuen Staat sehr viel versäumt. Daß Männer wie Planck uns wenigstens reserviert gegenüberstehen, ist ein Verschulden von Rust, das gar nicht wiedergutgemacht werden kann. Man möchte traurig werden, wenn man sich vorstellt, wie stark der Führer an den Aufgaben und Forschungen der Wissenschaft innerlich beteiligt ist und wie wenig unsere Forscher und Wissenschaftler sich darüber klar werden können, weil sie es nicht wissen."[58] Dieser Tagebucheintrag zeigt einmal Hitlers gewachsenes Interesse an der Grundlagenforschung (damals meist „reine Wissenschaft" genannt), macht zum andern aber selbst aus der Sicht des Regimes deutlich, dass Planck mit ihm nicht kollaborierte. Vielmehr setzte er sich weiterhin für Einstein ein, zuletzt 1943 oder 1944 gar namentlich (und nicht nur unter lobender Erwähnung der Relativitätstheorie) vor Beamten des Auswärtigen Amtes, wie ein schwedischer Journalist notierte: „Er erwähnte den Juden Einstein als führende und

[54] Jahrbuch der KWG 1942, S.120f.

[55] Vgl. Hauptmann-Zitate und Nachweise bei Eckart Henning: Das Harnack-Haus in Berlin-Dahlem (1929-1995). In: Fixpunkte. Wissenschaft in der Stadt und der Region. Festschrift für Hubert Laitko anlässlich seines 60. Geburtstages, hrsg. von Horst Kant. Berlin 1996, S. 209-234, hier S. 225 mit Anm. 42. Vgl. auch Erdmanns entstehungsgeschichtliche Übersicht zu Gerhart Hauptmann: Der neue Christophorus, Berlin 1976, S. 469f. u. 517 sowie die Dauerausstellung der Hauptmann-Gedenkstätte in Erkner b. Berlin.

[56] Zu Plancks unerwünschtem Vortragswesen aus der Sicht der Dienststelle Rosenberg vgl. BAB, NS 15, Nr. 226, Bl. 10-12.

[57] Zit. nach Fritz Stern: Max Planck. Größe des Menschen und Gewalt der Geschichte. In: F. St.: Das feine Schweigen. München 1999, S. 35-63, hier S. 61: Meitner an Schiemann am 3.11.1946.

[58] Goebbels Tagebücher aus den Jahren 1942-1943. Mit anderen Dokumenten hrsg. von Louis Paul Lochner. Zürich 1948, S. 342.

wegweisende Persönlichkeit in unserer Gedankenwelt, er hatte einen Blick, der weit über die primitiven Vorurteile sowie Fanatiker hinausreichte, ganz ohne Rücksicht auf den Ort, in dem er sich befand."[59] Noch einmal nahm Planck Stellung zur Relativitätstheorie, als er bald nach Kriegsausbruch dem Dresdner Oberkirchenrat Arthur Neuberg zu dessen Buch „Das neue Weltbild der Physik" schrieb: „Diese Theorie hat den Bau der theoretischen Physik so ungemein vervollkommnet und zugleich vereinfacht, daß sie aus ihm nicht mehr wegzudenken ist. Daß sie von jüdischer Seite ausgegangen ist, mag ja betrüblich erscheinen, ist aber nicht zu ändern. In jedem Falle ist der Versuch, ihre Bedeutung mit Rücksicht auf diesen Umstand herabzusetzen, abwegig und lächerlich. Im übrigen haben Sie ja selber auf S. 60 mit erfreulicher Deutlichkeit hervorgehoben, daß es unsinnig ist, sachliche Fragen mit rassenbiologischen Gesichtspunkten zu verquicken."[60] Da dieser – allen Gefahren der Postkontrolle durch die Gestapo spottende – Brief vom 10. November 1939 von der Forschung bisher wenig beachtet worden ist, sei auch noch aus Einsteins ebenfalls weitgehend unbekannter Entgegnung vom Februar 1952 zitiert, als ihm das Autograph von einem Sammler zur Stellungnahme vorgelegt wurde, zumal sie gut geeignet erscheint, das Verhältnis beider zu charakterisieren. Einstein sprach darin zunächst von Plancks „Blick für das Wesentliche" und auch von der wichtigen „musikalischen Seite seines Wesens", um dann Folgendes auszuführen: „Als ich Planck persönlich näher kennenlernte, war er schon etwa 50 Jahre alt, ein nobel denkender und fühlender Mensch, der dabei große Zurückhaltung in seinen menschlichen Beziehungen übte. Ich habe kaum einen tief ehrlichen und wohlwollenden Menschen gekannt, dessen Herz so weit von der Zunge entfernt war. Stets setzte er sich für das ein, was er für recht hielt, auch wenn es in Universität und Akademie nicht sonderlich bequem für ihn war. Er hat mich in Berlin auch einige Male eigens besucht, um mir ins Gewissen zu reden, wenn ich Dinge tat, die für ihn tabu waren. Er war stark traditionsgebunden in seiner Beziehung zu seinem Staate und zu seiner Kaste, aber er war stets willens und fähig, meine ihm fernliegenden Überzeugungen aufzunehmen und zu würdigen, so dass es nicht ein einziges Mal zu einer Verstimmung kam. Was mich mit ihm verband, über alle gegensätzlichen Überzeugungen hinweg, das war unsere wunschlose und aufs Dienen gerichtete Einstellung zu menschlichen Problemen und Aufgaben.

---

[59] Gunnar T. Pihl: Germany. The last Phase. New York 1944, S. 128f.

[60] Teilweise faksimilierter Briefabdruck bei Rudolf F. Kallir: Autographensammler – lebenslänglich. Geleitwort von Gottfried v. Einem. Zürich 1977, S. 24f. Das Buch von Arthur Neuberg: Das neue Weltbild der Physik. In seinen Grundzügen und Hauptergebnissen betrachtet von A. N., erschien 1939, 3. durchgesehene Aufl. Göttingen 1941, S. 60ff. (= Das naturwissenschaftliche Weltbild der Gegenwart, 1).

So kam es, dass er, ein an einen engeren und weiteren Kreis stark gebundener, ernster Mann mit einem Zigeuner, wie ich es war, einem Unverbundenen, der allem gern die komische Seite abgewann, durch fast zwanzig Jahre in schönster Eintracht lebte."[61]

Planck setzte auch in den letzten Kriegsjahren von 1943 bis 1945 seine die Hörer ermunternden und Trost vermittelnden Vortragsreisen fort, obwohl dies lebensgefährlich wurde: in Kassel war er nicht nur Zeuge der Stadtzerstörung durch Bombenangriffe (1943), sondern selbst in einem Luftschutzkeller verschüttet, in Berlin wurde sein Haus in der Wangenheimstraße erst beschädigt, dann gänzlich zerstört. Seine sämtlichen Aufzeichnungen gingen verloren (1943/44). Von seinem Notquartier bei Freunden auf dem Gut Rogätz an der Elbe aus blieben einzelne Berlinbesuche möglich, zuletzt zu einer Gastvorlesung in Sauerbruchs Charité-Hörsaal am 18. Januar 1945.[62] Selbst in der Untergangsphase des Dritten Reiches misstraute das Regime noch dem hochbetagten Planck. Als die Stadt Frankfurt am Main ihm 1944 den Goethe-Preis verleihen wollte, ließ das Reichserziehungsministerium den Oberbürgermeister am 22. Juli wissen, dass es der Auszeichnung Plancks „nicht zustimmen" könne: „In den Reihen der jüngeren deutschen Wissenschaftler von einwandfreier nationalsozialistischer Gesinnung befinden sich zweifellos solche, die auf Grund ihres erfolgreichen schöpferischen Wirkens als Forscher einer Auszeichnung durch den Goethe-Preis würdig sind."[63]

Außer einem Selbstmordversuch seiner Enkelin Emma erschütterte Planck am 23. Juli die Nachricht von der Verhaftung seines ältesten noch lebenden (zweiten) Sohnes im Zusammenhang mit dem Attentat auf Hitler vom 20. Juli 1944. Erwin Planck wurde gemeinsam mit dem Freund aus Kindertagen, Ernst v. Harnack, am 23. Oktober 1944 vom Volksgerichtshof zum Tode verurteilt. Erwin hatte sich – einst einflussreicher Staatssekretär der Regierung des Generals Kurt v. Schleicher (ermordet am 30. Juni 1934) – dem aktiven Widerstand gegen Hitler angeschlossen, wo er durch Vermittlung seines Freundes, des preußischen Finanzministers Johannes Popitz, zum Goerdelerkreis

[61] Kallir (wie Anm. 59), S. 24-29. Vgl. dazu weitere Texte Albert Einsteins über Max Planck, zusammengestellt von Eckart Henning. In: Dahlemer Archivgespräche 11 (2005), S. 207-225.

[62] D. Bachmann u. W. Trummert: Max Planck in der Vorlesung von Sauerbruch. In: Münchener Medizinische Wochenschrift 112 (1970), S. 158 – 161.

[63] Vgl. Faksimile der Ablehnung in Dirk Ullmanns Planck-Inventar (wie Anm. 85) Abb. 6 nebst Quellennachweisen im Bestand des Kulturamtes der Stadt Frankfurt/M. (Nr. 145/146) beim Institut für Stadtgeschichte, S. 53. Die Preisverleihung an Planck wurde nach Kriegsende zur Freude von Albert Schweitzer, der ebenfalls Preisträger war, nachgeholt (vgl. sein Schreiben an Planck vom 20.1.1946); siehe auch Hans Kangro: Vorgeschichte des Planckschen Strahlungsgesetzes. Wiesbaden 1970, S. 235.

fand und „sich an der Ausarbeitung von Verfassungsplänen beteiligte“[64]. Auch stand er auf Goerdelers Personalliste von Anhängern, die nach einem erfolgreichen Umsturz politische Ämter übernehmen sollten. Nach Meinung Heilbrons „besteht kein Zweifel“, dass Max Planck, der mit seinem Sohn noch ausgedehnte Bergwanderungen unternahm und gemeinsam Zusammenkünfte der Mittwochs-Gesellschaft besuchte, „über die kompromittierenden Diskussionen in etwa Bescheid wusste“[65]; angemerkt sei hier nur als Indiz für den frühen Kenntnisstand des Vaters die Information eines Verwandten: „Vom Widerstand in München erfuhren meine Eltern und damit auch wir Brüder zuerst durch Plancks bereits Wochen vor der Verhaftung der Geschwister Scholl: Jetzt ist München Hauptstadt der Gegenbewegung!“[66] Um das Todesurteil seines Sohnes wenigstens in eine Freiheitsstrafe umzuwandeln, setzte Planck, wie er an Max v. Laue am 2. November 1944 schrieb, „Himmel und Hölle“ in Bewegung; so richtete er Gnadengesuche an Reichsjustizminister Otto Thierack und bat bereits am 25. Oktober 1944 Hitler persönlich, dem „im 87sten Lebensjahr Stehenden Gehör“ zu schenken: „Als Dank des deutschen Volkes für meine Lebensarbeit, die ein unvergänglicher geistiger Besitz Deutschlands geworden ist, erbitte ich das Leben meines Sohnes.“[67] Doch alle Interventionsbitten, die u. a. bei Himmler aussichtsreich erschienen,[68] als er ihm schrieb, dass „Erwin an Charakter und Gaben alles verkörpert, was unsere Familie in Generationen geworden ist“,[69] erwiesen sich entgegen seinen Hoffnungen als ergebnislos: Erwin Planck wurde am 23. Januar 1945 in Berlin-Plötzensee hingerichtet, womit sich sein Vater, wie er an Arnold Sommerfeld schrieb, seines „nächsten und besten Freundes beraubt“ sah: „Mein Schmerz ist nicht mit Worten auszudrücken. Ich ringe nur um die Kraft, mein zukünftiges Leben durch gewissenhafte Arbeit sinnvoll zu gestalten.“[70] Er suchte Zuflucht zu den Lieblingsmelodien seines Sohnes am Klavier und Trost, wie er

---

[64] Weiß (wie Anm. 1), S. 350.

[65] Heilbron (wie Anm. 4), S. 199.

[66] Walter Boeckh: Erinnerungen (wie Anm. 1), S. 258.

[67] Aus dem Nachlass Erwin Plancks der Staatsbibliothek Preußischer Kulturbesitz/Handschriftenabt. abgedr. bei Astrid v. Pufendorf: Die Plancks. Eine Familie zwischen Patriotismus und Widerstand. Berlin 2006, S. 459. Rez. von E. Henning. In: Herold-Jahrbuch N.F. 11 (2006), S. 252-254.

[68] Planck an Max v. Laue am 2.11.1944, vgl. diverse Nachweise bei Heilbron (wie Anm. 4), S. 200 mit Anm. 109. Vgl. auch Hans Roos: Persönliche Erinnerungen an Max Planck (1942-1947). In: Dahlemer Archivgespräche 3 (1998), S. 144-153, hier S. 149.

[69] Wie Anm. 67, S. 451.

[70] Planck an Sommerfeld vom 4.2.1945, Archive of History of Quantum Physics, Berkeley, Kalifornien/USA. Vgl. auch Axel v. Harnack. In: Max Planck zum Gedächtnis. In: Physikalische Blätter 4 (1948), S. 170f.

Anton Kippenberg am 14. März 1945 schrieb, im „Glauben an das Ewige“.[71] Nach Hörensagen berichtete Max Born, dass Max Planck noch in letzter Minute nahegelegt worden sei, eine Loyalitätserklärung gegenüber dem NS-Regime abzugeben, um damit seinen Sohn zu retten, der sie aber aus Gewissensgründen abgelehnt habe.[72] Das scheint in dieser Form nicht zuzutreffen, wohl aber, dass Max Planck von der Reichskulturkammer gemahnt worden war, ein schon früher angefordertes „Bekenntnis zum Führer“ abzulegen, das er bis zum 15. Oktober 1944 zu liefern gehabt hätte, worauf er in seiner Bedrängnis, wie Entwürfe bezeugen, erwiderte, dass er „in Anbetracht der Verhaftung meines Sohnes zur Zeit nicht die Worte finden kann, die dem Zweck der Broschüre entsprechen würden.“[73]

Den Zusammenbruch des Deutschen Reiches erlebten Planck und seine Frau Marga im Kampfgebiet der Alliierten an der Elbe, wo sie von dem nördlich von Magdeburg gelegenen Rogätz aus in die Wälder flüchten mussten, aber auf einen Hinweis des Experimentalphysikers Robert Pohl von amerikanischen Offizieren nach Göttingen in britisches Besatzungsgebiet und bei einer Nichte in Sicherheit gebracht wurden. Trotz Altersbeschwerden und Krankheit nahm Planck weitere Vortragslasten auf sich, wurde als einziger Deutscher von der Royal Society zur 300. Geburtstagsfeier Isaac Newtons eingeladen und mit einer englischen Militärmaschine nach London eingeflogen, stellte sich nach dem Freitod von Albert Vögler am 14. April 1945 auf Bitten des Generalsekretärs Ernst Telschow nochmals kommissarisch der Kaiser-Wilhelm-Gesellschaft als Präsident für den Wiederaufbau zur Verfügung und leitete schließlich am 1. April 1946 noch die Wahl Otto Hahns zum neuen Präsidenten der Gesellschaft. Die Amerikaner wollten sie als Naziorganisation bekanntlich auflösen, während die Engländer ihre Weiterführung unter Plancks Namen vorschlugen, wobei angeblich – neben seiner Auslandsreputation – der „Hinweis auf das Schicksal seines Sohnes, der den Nazis zum Opfer gefallen war“, zuletzt den Ausschlag gegeben habe.[74] Tatsächlich konnte am 11. September 1946 mit Plancks Einverständnis in Bad Driburg die „Max-Planck-Gesellschaft zur Förderung der Wissenschaften“ in der Britischen Zone gegründet werden, geleitet u. a. von Männern, die Planck stets ermuntert hatte, durchzuhalten, nämlich von Otto Hahn, Werner Heisen-

[71] Nachlass Anton Kippenberg, Brief vom 14.3.1945, im Deutschen Literaturarchiv Marbach/Neckar.

[72] Wie Anm. 66, S. 542.

[73] Vgl. Max Born: Max Planck 1858-1947. In: Die Großen Deutschen, hrsg. von Hermann Heimpel, Theodor Heuß und Benno Reifenberg. Nachdr. der überarbeiteten Aufl. von 1966, 4. Bd. der Lizenzausgabe Gütersloh 1978, S. 229ff., bes. S. 238f.

[74] Heilbron (wie Anm. 4), S. 204.

berg und Max v. Laue. Als ihr Ehrenpräsident starb er im 90. Lebensjahr am 4. Oktober 1947 in Göttingen. Die Lawine war unter beträchtlichem Schaden – auch für die Kaiser-Wilhelm-Gesellschaft – zu Tale gestürzt, und nun galt es zu stabilisieren, was ihre Zerstörungsspur übrig gelassen hatte bzw. Zerstörtes wiederaufzubauen.[75] Max Planck hat der Kaiser-Wilhelm-Gesellschaft geholfen, als Max-Planck-Gesellschaft zu überleben.[76]

*

Ein abschließender Blick auf die bisherige Planck-Forschung lässt erkennen, dass mit dem oben erwähnten Vortrag von Herbert Mehrtens über „Kollaborationsverhältnisse" auf der Jahrestagung der Deutschen Gesellschaft für Geschichte der Medizin, Naturwissenschaft und Technik in Jena im Jahr 1992 eine Neubewertung einsetzte. Er untersuchte darin „Natur- und Technikwissenschaften im NS-Staat und ihre Historie" und kam zu dem Ergebnis: „Das Verhalten von Planck oder Prandtl mag in der einen oder anderen Weise menschlich verständlich sein, aber es ist ein Zeugnis des Versagens politischer und auch wissenschaftlicher Institutionen und Traditionen vor der Etablierung eines zynischen und inhumanen Willkürregimes."[77] An diese Bewertung knüpfte Helmuth Albrechts eingangs ebenfalls zitierter Vortrag auf der 57. Tagung der Deutschen Physikalischen Gesellschaft in Mainz im Jahr 1993 an, wo er seine „Anmerkungen zum Wert einer historischen Quelle" vortrug – nämlich zu Plancks Darstellung seines Hitler-Besuchs. Darin kritisierte Albrecht dessen „Kollaborationsbereitschaft" und resümierte: „Es gilt hier nüchtern festzuhalten, dass seine Weltanschauung ihn keinesfalls von einer Zusammenarbeit mit den Nationalsozialisten zurückgehalten hat",[78] ferner behauptete er: „Planck wurde und ließ sich so von den Nationalsozialisten zum Aushängeschild einer deutschen Wissenschaft instrumentalisieren, die sich schon bald darauf vorbehaltlos in den Dienst der NS-Vernichtungsmaschinerie stellen sollte".[79] Beide, Mehrtens und Albrecht, haben einen Forschungstrend begründet, dem sich schließlich

[75] Otto Gerhard Oexle: Wie in Göttingen die Max-Planck-Gesellschaft entstand. In: Jahrbuch der Max-Planck-Gesellschaft 1994, S. 43-60.

[76] Für den weiteren Verlauf vgl. Eckart Henning u. Marion Kazemi: Chronik der Max-Planck-Gesellschaft zur Förderung der Wissenschaften 1948-1998. Berlin 1998 (= 50 Jahre Max-Planck-Gesellschaft zur Förderung der Wissenschaften, 1).

[77] Mehrtens (wie Anm. 6), S. 27.

[78] Albrecht (wie Anm. 2), S. 53.

[79] Ebenda, S. 54.

auch der – neben Armin Hermann – gegenwärtig meist gelesene Planck-Biograph J. L. Heilbron in einem eher widersprüchlichen Nachwort zur englischen Taschenbuchausgabe „The Dilemma of an upright Man, Max Planck and the Fortunes of German Science“ (2000) anschloss.[80] Andere Autoren, wie unlängst noch Ernst Peter Fischer in seiner neuen Planck-Biographie, sind diesem Trend gefolgt und haben die Kollaborationsformel weitgehend ungeprüft übernommen.[81] Daher erscheint eine Wiederaufnahme des Verfahrens in der Tat wünschenswert, wozu dieser Beitrag anregen soll. „Alles zu verstehen“ heißt auch in der Geschichtswissenschaft „nicht alles verzeihen“, doch sollte möglichst der von Günther Grass in einem Pressegespräch („Wir waren keine Hellseher“) – wie man inzwischen weiß, im eigenen Interesse – getadelte „Häme-Ton in Deutschland“ vermieden werden, „denn jeder sieht sich dabei als den Besseren an und meint, über anderen zu stehen. Daraus werden dann Funken geschlagen.“[82] So erging es nicht nur einigen von Grass verteidigten Germanisten, sondern in derselben Zeitung nur einen Monat früher auch Max Planck, über den es in einem Vortragsbericht von Jürgen Kaube hieß, dass er nicht nur als „herausragender Physiker“ Namenspatron der Max-Planck-Gesellschaft wurde, sondern „weil man ihn nach 1945 auch für

80 John L. Heilbron: The Dilemma of an upright Man. Max Planck and the Fortunes of German Science. Cambridge/Mass. u. London 2000. In der 2. korrigierten und ergänzten deutschen Ausgabe (wie Anm. 4) heißt es u. a. auf S. 316: „Lotte Warburgs Voraussage, dass niemand Planck die ‚Maske des edlen, selbstlosen, überzeugungstreuen und wahren Forschers‘ entreißen würde, hat sich als falsch herausgestellt. Jüngere Historiker haben Gründe genug gefunden, ihn der Feigheit und der Kollaboration zu bezichtigen...“ und auf S. 325 heißt es: „Sein Handeln während der Nazizeit folgte einer Weltsicht, die die Pflichterfüllung gegen Institutionen schätzte und die Sache der Wissenschaft über die allgemeine Menschlichkeit stellte. Diese Weltsicht... bot ihm aber auch keinen Ausweg aus seiner Lage, die seine Ehre intakt gehalten hätte“.

81 Ernst Peter Fischer: Der Physiker. Max Planck und das Zerfallen der Welt. München 2007. Verf. meint, „dass man wenigstens zum Teil das ‚heroisierte Bild‘ aufgeben muß“, das man sich von Planck im sog. Dritten Reich gemacht habe (S. 254). Leider leistet der Biograph keinerlei Quellenarbeit, obwohl dies – u. a. im Inventar (wie Anm. 85) nachgewiesen – geboten gewesen wäre, stattdessen zitiert er zumeist aus zweiter Hand nach Heilbron, Hermann usw. Das Werk kommt ohne Literaturverzeichnis aus; die wenigen Hinweise des Verf. zeigen, dass er beide Planck-Bibliographien (wie Anm. 86) gar nicht kennt.

82 Gespräch mit Günter Grass. In: Frankfurter Allgemeine Zeitung vom 22.12.2003, S. 33. Ähnlich stellte Walter Boeckh angesichts von Angriffen auf den „braunen“ Hans Rothfels (und auf Max Planck) fest, „dass bei einigen zu spät geborenen selbsternannten Antifaschisten“ eine „denunziatorische Phantasie“ herrsche, „die voll der Mentalität derer entspricht, die sie angeblich bekämpfen“, vgl. Frankfurter Allgemeine Zeitung vom 11.8.2003, S. 34. Zum persönlichen Schicksal von Grass vgl. jetzt Patrick Bahners: Hat Günter Grass sich freiwillig zur Waffen-SS gemeldet? Der Nobelpreisträger streitet mit seinem Biographen über einen Satz. In: Frankfurter Allgemeine Zeitung vom 12. Oktober 2007, S. 48.

einen honorigen Mann hielt".[83] Unterstützt wurde dieser ganz unbegründete Zweifel durch ein fehlinterpretiertes, in seinem Kontext erst oben richtig gestelltes Zitat aus der Hauptversammlung der Kaiser-Wilhelm-Gesellschaft im Jahre 1933, in der Planck ein Hitlerwort geschickt benutzte, um damit eine dem Regime entgegengesetzte Position zu begründen. Kaube warf der Forschung „Beschönigungen" vor und schloss: „Nach dem Zweiten Weltkrieg wurde die Kaiser-Wilhelm-Gesellschaft in Max-Planck-Gesellschaft umbenannt. Auf Einstein- oder Hilbert-Gesellschaft kam man nicht." Damit wurde Planck selber in Frage gestellt, wie es in einem Leserbrief dazu hieß, dessen Schlusssatz – „Wer Planck persönlich kannte, kann die im Artikel aufgestellten Behauptungen nur als posthumen Rufmord bezeichnen" – Kaubes Zeitung dann nicht mehr brachte.[84]

Um aus der Pressedebatte wieder zur quellengestützten Geschichtsschreibung zurückzukehren, sei auf Dirk Ullmanns ungedruckte Diplomarbeit „Archivalischdokumentarische Quellen zum wissenschaftsorganisatorischen Wirken Max Plancks im Berlin-Brandenburger Raum" (1994) hingewiesen,[85] vor allem aber auf sein archivübergreifendes „Quelleninventar Max Planck" (1996),[86] in dem sich die Quellengrundlage ungleich breiter darstellt als der verlorene Nachlass Plancks vermuten lässt. Hinzu kommen als literarische Basis Petra Haukes Bibliographien Plancks (1997 und 2001), die die Literatur sowohl von wie über Planck nachweisen.[87] Zu nennen ist schließlich eine Gedenkschrift der Max-Planck-Gesellschaft zum 50. Todestag ihres Namenspatrons (1997), die nicht nur kongeniale Würdigungen Plancks durch Zeitgenossen wie Albert Einstein, Otto Hahn, Max v. Laue, Lise Meitner und Werner Heisenberg enthält, sondern auch in chronologischer Folge „Max Planck im Bild" anschaulich macht, ergänzt durch einen Dokumentenanhang der Jahre 1945-1947 (1949).[88] Die Aufzählung dieser im Archiv

83 Kaube (wie Anm. 13), S. 40.

84 Ebenda, 27.11.2003, S. 10 und Neue Zürcher Zeitung, 22.1.2004, S. 48, ferner W. Boeckhs Schreiben vom 13.11.2003, S. 2.

85 Fachhochschule Potsdam, Fachbereich Archiv, Bibliothek und Dokumentation 1994; vorhanden im MPG-Archiv: Vc. Abt., Rep. 4, Ullmann 2.

86 Veröffentlichungen aus dem Archiv der Max-Planck-Gesellschaft, 8.

87 Petra Hauke: Planck-Bibliographie. Zum Gedenken an seinen 50. Todestag am 4. Oktober 1997. München 1997 (= Max-Planck-Gesellschaft. Berichte und Mitteilungen, 4/1997) und dies.: Literatur über Max Planck. Bestandsverzeichnis. Berlin 2001 (= Veröffentlichungen aus dem Archiv der Max-Planck-Gesellschaft, 14).

88 Eckart Henning (Hrsg.): Max Planck (1858-1947). Zum Gedenken an seinen 50. Todestag am 4. Oktober 1997. Geleitwort Hubert Markl. München 1997 (= Max-Planck-Gesellschaft. Berichte und Mitteilungen, 3/97).

der Max-Planck-Gesellschaft erarbeiteten Hilfsmittel wäre nicht vollständig ohne die Nennung von Ulrike Kohls Quelleninventar „Kaiser-Wilhelm-Gesellschaft im Nationalsozialismus“ (1997),[89] dessen sich die Autorin dann auch für ihre weiterführende Dissertation „Die Präsidenten der Kaiser-Wilhelm-Gesellschaft im Nationalsozialismus. Max Planck, Carl Bosch und Albert Vögler zwischen Wissenschaft und Macht“ (2002)[90] erfolgreich bedient hat. Sie schildert Planck einmal nicht als Konservativen, sondern als Realisten, den man vielleicht „staatstreu“ – wie Mehrtens[91] – aber nicht regimetreu nennen könnte. Es bleibt für die Nachgeborenen schwierig, zwischen selektiver Kooperation und Kollaboration, zwischen Nationalbewusstsein und National(sozial)ismus zu unterscheiden – doch diese Unterscheidung ist essentiell, wenn man Plancks Gegnerschaft verstehen will. Auch Astrid v. Pufendorf hat diese Differenz nicht verstanden, wie der Untertitel ihres 2006 erschienenen Buches über „Die Plancks“ verrät[92]; er zeugt vielmehr von einem grundlegenden Missverständnis, dass sich Max und Erwin Planck nämlich im „Dritten Reich“ in einer schier auswegslosen Lage „zwischen Patriotismus und Widerstand“ befunden hätten: das Gegenteil ist der Fall, hat sie doch gerade ihr ausgeprägter Patriotismus – oder wie es beide lieber nannten, ihre „Vaterlandsliebe“ – zum Widerstand gegen das NS-Regime bewogen.[93]

---

89 Veröffentlichungen aus dem Archiv der Max-Planck-Gesellschaft, 10.

90 Kohl (wie Anm. 12).

91 Mehrtens (wie Anm. 6), S. 16.

92 Wie Anm. 66 u. dies. : „Als Dank für meine Lebensarbeit erbitte ich das Leben meines Sohnes“. Max Planck – der Vater und sein Sohn Erwin. In: Dahlemer Archivgespräche 12 (2006), S. 131-152.

93 Dem Aufsatz liegt ein überarbeiteter und ergänzter Beitrag über „Max Planck – ‚ein armer Wirrkopf‘ als Kollaborateur der Nazis?“ für die Festschrift Rüdiger vom Bruchs zum 60. Geburtstag zugrunde: „... immer im Forschen bleiben“. Stuttgart 2004, S. 351-371. Anregungen aus Vortragsdiskussionen in Berlin (2005), Halle/S. (2006) u. München (2007) wurden dankbar aufgegriffen.

Der Physiker Max Planck

Dieter H o f f m a n n

Max Planck hatte bereits mit seiner Dissertation und Habilitation, die er gerade einmal 21- bzw. 22-jährig 1879 und 1880 an der Münchener Universität abschloss, das Thema gefunden, das sein gesamtes wissenschaftliches Schaffen bestimmen sollte: die Thermodynamik. Thermodynamische Fragestellungen ziehen sich so wie ein roter Faden durch sein gesamtes Schaffen. Mit seinen Ausflügen in andere Gebiete der Physik zeigte Planck aber auch, dass er noch jenen Typ von (theoretischem) Physiker verkörperte, der auf allen Gebieten zu Hause war und diese ebenfalls mit Virtuosität beherrschte; fast idealtypisch war dieser Typ in Plancks Mentor Hermann von Helmholtz verkörpert, der zu fast allen aktuellen Themen der Physik seiner Zeit geforscht hat[1] und der vielleicht auch bei Plancks Ausflügen über das Gebiet der Thermodynamik hinaus Pate gestanden haben mag.

Eine jener Ausnahmen im Planckschen Schaffen war sein Aufsatz aus dem Jahr 1884 „Zur Theorie der Flüssigkeitsstrahlen“[2], der eine der zentralen Fragen der mathematischen Hydrodynamik behandelte[3] und der ihn – laut Gutachten für die Berufung nach Kiel – (ausweist) „als ein scharfsinniger Gelehrter, der mit besonderer Feinheit schwierige Probleme zu behandeln versteht.“[4] Ein anderes Beispiel aus Plancks frühem Schaffen war der Vortrag im Kolloquium der Physikalischen Gesellschaft zu Berlin vom 6. Januar 1893 „Über ein neues Harmonium in natürlicher Stimmung nach dem System C. Eitz“[5], mit dem er ebenfalls den Pfaden Hermann von Helmholtz' folgte und der zudem die analytischen Fähigkeiten des theoretischen Physikers mit Plancks ausgeprägten musikalischen Interessen verband; letztere hatten ihn ja fast Musiker werden lassen.

---

1 Vgl. Helmut Rechenberg: Hermann von Helmholtz. Weinheim 1994.

2 Annalen der Physik (im folgenden AdP) 21(1884) 499-509, Nachdruck in: M. Planck: Physikalische Abhandlungen und Vorträge. Braunschweig 1958 (im folgenden: PAV), Bd. 1, S. 185-195.

3 Vgl. Michael Eckert, Dieter Hoffmann: Max Planck as a Theoretician per se. In: D. Hoffmann (Ed.): Max Planck's Annalen Papers. Weinheim 2008 (im Druck).

4 Archiv der MPG, Va. Abt., Rep. 11, Planck Nr. 141, Bl. 3: A. Stimming, Kiel.

5 PAV, Bd. 1, S. 435-436.

Neben diesen Aufsätzen hat sich Planck in seinem frühen Schaffen gänzlich auf die systematische Ausarbeitung der Folgen konzentriert, die sich aus dem zweiten Hauptsatz der Thermodynamik ergeben. Seine Inauguraldissertation „Über den zweiten Hauptsatz der mechanischen Wärmetheorie“[6] von 1879 stellte noch eine weitgehende Exegese der Clausiusschen Schriften dar, auf den ja die Formulierung des zweiten Hauptsatzes zurückgeht. Da diese noch mancherlei Widersprüche und Unklarheiten enthielten, die von Planck klargestellt wurden, hatte dessen Promotionsschrift nicht nur rezeptiven Charakter. Bei seiner intensiven Auseinandersetzung mit den Clausiusschen Gedankengängen drang Planck tief in das Wesen des Entropiebegriffs ein und versuchte, diesen so schwierigen Begriff so präzise wie möglich zu fassen. Er stellte vor allem heraus, dass der zweite Hauptsatz ein Naturgesetz von universeller Bedeutung ist und nicht allein für eine spezielle Gruppe physikalischer Prozesse Gültigkeit beansprucht:
„Wie das Princip der Energie, so ist auch das der Entropie ursprünglich aus der Beobachtung gewisser Kreisprocesse hervorgegangen, doch beschränkt sich seine Bedeutung ebenso wenig auf solche, wie die des ersten Princips; vielmehr findet es unmittelbare Anwendung auf jeden in der Natur vor sich gehenden Process ... (erstreckt sich) auf alle uns bekannten physikalischen und chemischen Erscheinungen.“[7]
Ein solch universelles Verständnis des zweiten Hauptsatzes stieß in der zeitgenössischen Physik keineswegs auf ungeteilte Zustimmung. Beispielsweise meinte Gustav Kirchhoff, neben Helmholtz damals der bedeutendste und einflussreichste Physiker, dass der Entropiebegriff und damit der zweite Hauptsatz nur auf reversible Vorgänge und thermische Prozesse angewendet werden dürfe.
Bei seiner Beschäftigung mit dem Entropiebegriff folgte Planck auch in einem anderen Punkt nicht dem Weg vieler Thermodynamiker seiner Zeit. Diese gaben nämlich einer molekularen bzw. wahrscheinlichkeitstheoretischen Begründung des Entropiebegriffs den Vorzug. Boltzmann hatte auf dieser Grundlage im Jahre 1877 den grundlegenden Zusammenhang zwischen den mikroskopischen Zuständen eines Systems und dessen makroskopischen Eigenschaften bzw. makroskopischer Realisierung erkannt und die Entropie (S) mit dem Logarithmus der Anzahl der mikroskopischen Konfigurationsmöglichkeiten für einen bestimmten Zustand (W) verknüpft. Obwohl die Beziehung

$$S = k \log W$$

[6] PAV, Bd. 1, S. 1-61.
[7] PAV, Bd. 1, S. 196f.

den Grabstein Boltzmanns schmückt, findet man diese Formel in keinem seiner Aufsätze. Vielmehr war es Planck, der als erster diese Beziehung niedergeschrieben und auch k, die Boltzmann-Konstante, eingeführt hat. Auf dieser atomistischen und wahrscheinlichkeitstheoretischen Grundlage meinte Boltzmann, den zweiten Hauptsatz beweisen und auch mit der Irreversibilität, d.h. dem Zeitbegriff, verknüpfen zu können. Da Wahrscheinlichkeitsaussagen aber keinen „Absolutheitsanspruch" beanspruchen können und immer Ausnahmen zulassen, stand Planck diesem Ansatz wie der atomistischen Theorie überhaupt sehr skeptisch gegenüber, wollte er doch die ausnahmslose Gültigkeit des zweiten Hauptsatzes" nachweisen. Wegen seiner großen Allgemeinheit und Absolutheit sollte nach Planck bei der Begründung des zweiten Hauptsatzes auf den Gebrauch irgendwelcher spezieller Hypothesen und namentlich des Atomismus verzichtet werden. Daher wählte er bei seinen grundlegenden Überlegungen zum zweiten Hauptsatz und dem Entropiebegriff einen konsequent phänomenologischen Ansatz und hat diesen auch in den meisten seiner frühen thermodynamischen Arbeiten konsequent auszuführen versucht. Am deutlichsten wurde dieser Standpunkt in seinem Aufsatz aus dem Jahre 1881 über „Verdampfen, Schmelzen und Sublimiren" formuliert, wo er zum Schluss ausdrücklich darauf hinweist, dass

„der zweite Hauptsatz der mechanischen Wärmetheorie, consequent durchgeführt, unverträglich mit der Annahme endlicher Atome ist ... verschiedenartige Anzeichen (scheinen mir) darauf hinzudeuten, dass man trotz der grossen bisherigen Erfolge der atomistischen Theorie sich schliesslich doch noch einmal zu einer Aufgabe derselben und zur Annahme einer continuierlichen Materie wird entschliessen müssen."[8]

Planck irrte in diesem Punkt. Seine späteren Forschungen zur Wärmestrahlungstheorie und vor allem die Begründung seiner Strahlungsformel haben ihm schließlich selbst die Bedeutung des wahrscheinlichkeitstheoretischen Konzepts nahe gebracht und gezeigt, dass nur auf atomistischer Grundlage und mit Hilfe der kinetischen Gastheorie ein schlüssiges Verständnis von Entropie und Irreversibilität zu erzielen war. Bis dahin hat er aber noch in einer Fülle von Arbeiten eindrucksvoll die große Leistungskraft der phänomenologischen Thermodynamik bei der Lösung konkreter physikochemischer Probleme demonstriert. Grundlage für diese Arbeiten war seine Habilitationsschrift, in der bereits ein Programm für die Anwendung des zweiten Hauptsatzes und des Entropiekonzeptes auf konkrete physikochemische Systeme skizziert und für einige konkrete Prozesse wie der Änderung des Aggregatzustandes auch schon näher ausgeführt worden war.

---

[8] PAV, Bd. 1, S. 163.

Zu den Kernpunkten des Planckschen Entropieverständnisses gehört die Erkenntnis, dass das Maximum der Entropie den Gleichgewichtszustand kennzeichnet und sich daher aus der Kenntnis der Entropie alle Gesetze thermodynamischer Gleichgewichtszustände ergeben – eine Auffassung, die Grundlage unseres modernen Verständnisses von thermodynamischen Gleichgewichten ist. Das Studium von Gleichgewichtsprozessen steht so nicht zufällig im Zentrum seiner thermodynamischen Forschungen.[9] Ausgehend von den Ausführungen seiner Habilitationsschrift vertiefte er in weiteren Arbeiten das Studium der Koexistenz von Aggregatzuständen, wie Stoffe fest, flüssig oder gasförmig werden. Darüber hinaus wurde das Gleichgewicht von Gasreaktionen untersucht, wobei Planck in seinem Aufsatz „Über das thermodynamische Gleichgewicht von Gasgemengen“[10] aus dem Jahre 1883 erstmals die von Helmholtz kurz zuvor eingeführte thermodynamische Funktion der freien Energie erfolgreich anwendete. Die Planckschen Arbeiten führen unmittelbar in das Gebiet der chemischen Thermodynamik. Von dieser profitierte gerade die in der zweiten Hälfte des 19. Jahrhunderts expandierende chemische Industrie und insbesondere die Großproduktion von Düngemitteln. Sie waren an solchen Erkenntnissen dringend interessiert, da ohne dieses Wissen chemische Großprozesse nicht oder nur unzureichend beherrschbar sind bzw. ineffizient ablaufen. Insofern folgten Plancks Untersuchungen wohl nicht allein der „göttlichen Neugier“, sondern wurden – ob nun direkt oder mittelbar – von diesen praktischen Kontexten getragen. Allerdings lassen sich dafür konkrete Belege in den Publikationen und der spärlich überlieferten Korrespondenz von Planck nicht finden.

Ein anderer Forschungsgegenstand dieser frühen Schaffensperiode Plancks waren die thermoelektrischen und elektromotorischen Kräfte in Elektrolyten. Überhaupt bildete das Studium der elektrischen Vorgänge in Lösungen einen Schwerpunkt seiner thermodynamischen Forschungen aus den 1880er und frühen 1890er Jahren. So gelang es ihm beispielsweise, die Abhängigkeit des Leitvermögens von der Verdünnung theoretisch abzuleiten, was ihn zum Begründer der modernen Elektrolyttheorie machte. „Überall zeigten sich“, wie Planck später selbst bekannte, „fruchtbare Ergebnisse“.[11]

Die wohl wichtigste und scharfsinnigste Leistung gelang Planck mit der theoretischen Erklärung der 1886 von François Raoult und Jacob Henricus van' t Hoff empirisch

---

[9] Vgl. M. Planck: Thermodynamische Gleichgewichte. Herausgegeben von W. Ebeling und D. Hoffmann. Frankfurt a. M. 2008 (= Ostwalds Klassiker der exakten Wissenschaften Bd. 299).

[10] PAV, Bd. 1, S. 164-184.

[11] PAV, Bd. 3, S. 379.

gefundenen Bedingungen für die Gefrier- und Siedepunktänderung verdünnter Lösungen.[12]
Mit all diesen Arbeiten trug Planck zur theoretischen und begrifflichen Fundierung der physikalischen Chemie bei und hat darüber hinaus die weitere Ausgestaltung der phänomenologischen Thermodynamik entscheidend gefördert. Viele der Planckschen Erkenntnisse haben auch heute noch Bestand, insbesondere in der Elektrolyttheorie.[13] Diese teilweise bahnbrechenden wissenschaftlichen Ergebnisse machten Planck zu einem der führenden Thermodynamiker seiner Zeit. Allerdings wird sein Erfolg dadurch etwas geschmälert, dass die meisten seiner Erkenntnisse über die Eigenschaften physikalisch-chemischer Gleichgewichte unabhängig von ihm auch durch einen amerikanischen Physiker entdeckt wurden – von Josiah Willard Gibbs. Dieser wirkte am damals noch wenig bekannten Yale College in New Haven und seine entsprechenden Forschungsresultate waren ab 1876 in den Transactions dieser Universität publiziert worden. Dies war Planck und anderen europäischen Physikern entgangen. Amerika gehörte damals noch nicht zu den führenden Wissenschaftsnationen und Forschungsergebnisse, die man nicht in europäischen und insbesondere nicht in deutschen wissenschaftlichen Zeitschriften publizierte, wurden leicht übersehen, was ihre Rezeption behinderte. Dies traf gerade auch für die Gibbsschen Arbeiten zu, die ebenfalls die zentrale Rolle des Entropiebegriffs propagierten und auf dieser Grundlage ein noch weiterreichendes Forschungsprogramm als das Plancksche zur Untersuchung der thermodynamischen Grundgesetze chemischer Gleichgewichtszustände durchführten.[14] Diese Aufsätze sind erst in den späten 1880er Jahren in Europa rezipiert worden; ihre deutsche Übersetzung erfolgte sogar erst 1892. Planck erkannte jedoch die Priorität der Gibbsschen Leistung uneingeschränkt an. Dabei handelte es sich bei den Arbeiten von Gibbs und Planck um keine einfache Doppelung, sondern vielmehr um alternative Wege, die Thermodynamik physikochemischer Gleichgewichtsprozesse zu verstehen. Betrachtete Planck den irreversiblen Prozess, der zum thermodynamischen Gleichgewicht führt, so studierte Gibbs das Gleichgewicht selbst, wobei er die Extremaleigenschaften der thermodynamischen Funktionen und ihre geometrische Darstellung benutzte. Letzteres ist zwar sehr viel eleganter und auch praktischer, weshalb sich dies auch recht schnell

[12] PAV, Bd.1, S. 232-273.

[13] Vgl. Hans Falkenhagen: Die Elektrolytarbeiten von Max Planck und ihre weitere Entwicklung. In: Max-Planck-Festschrift 1958. Berlin 1959, S. 11-34.

[14] Vgl. Raymond J. Seeger: J. Willard Gibbs, American mathematical Physicists par excellence. Oxford 1974.

durchsetzte und allgemein akzeptiert wurde, doch ist Plancks Ansatz, vom Prinzip der Entropievermehrung auszugehen, eigentlich von größerer Allgemeinheit.
Plancks frühe thermodynamische Forschungen und das Gefühl, dass er mit diesen in der Fachwelt zunächst keinen echten wissenschaftlichen Durchbruch erzielen konnte, ließen ihn einen Abstecher in die Physikgeschichte machen. In der Hoffnung, durch den Gewinn eines renommierten Preises Anerkennung und Aufmerksamkeit zu erringen, beteiligte er sich an einer Preisaufgabe der Philosophischen Fakultät der Universität Göttingen. Diese war 1884 gestellt worden und verlangte Aufschluss „Über das Wesen der Energie“. Neben historischen Exkursen über die Entwicklung des Energiebegriffs, zur Entdeckungsgeschichte des Energieprinzips und ihrer Protagonisten finden sich in der Planckschen Preisschrift, die im Jahr 1887 dann unter dem Titel „Das Princip der Erhaltung der Energie“ publiziert wurde[15], ausführliche Auslassungen über eine allgemeine physikalische Definition des Energiebegriffs sowie die verschiedenen Formen, in die sich der Energieerhaltungssatz physikalisch fassen lässt. Insofern stellt das Buch auch eine Fortsetzung von Plancks aktueller physikalischer Forschung dar. Dies kommt insbesondere im Schlussabschnitt des Buches zum Ausdruck. Dort wird ausführlich diskutiert, wie das Energieprinzip zur Grundlage für eine einheitliche Darstellung der in der gesamten Physik gültigen Gesetzmäßigkeiten werden kann. Die Göttinger Akademie sprach Planck den zweiten Preis zu, wobei er sich sogar als Sieger des Wettbewerbs fühlen durfte, da kein erster Preis vergeben wurde. Die Juroren lobten insbesondere „die methodische Denkart, die gründlich mathematisch-physikalische Bildung des Verfassers, die Besonnenheit seines Urteils.“[16] Dass man Planck trotzdem den ersten Preis verweigerte, soll nach dessen eigenem Urteil daran gelegen haben, dass er in seiner Schrift einer „Ikone“ der Göttinger Physik, Wilhelm Weber, und dessen „Ideenkreis“ nicht die gebührende Aufmerksamkeit gezollt hatte.[17]
Im Unterschied zu den meisten anderen physikalischen Teilgebieten besitzt die Thermodynamik übergreifenden Charakter. Sie erhebt den Anspruch, grundsätzlich auf alle makroskopischen Systeme zuzutreffen. Ihre Reichweite wird besonders dadurch deutlich, dass sie sich heute in viele Spezialgebiete, etwa die technische, chemische, biologische und sogar ökonomische Thermodynamik aufgespalten hat. Diese Teilgebiete beruhen alle auf denselben Grundgesetzen und Planck hat zu ihrer Herausarbeitung wichtige Teilbeiträge geleistet. Dabei war sich Planck dieser Entwicklung natürlich nicht bewusst,

[15] M. Planck: Das Princip der Erhaltung der Energie. Leipzig 1887.
[16] Ebenda S. X.
[17] PAV, Bd. 3, S. 380

doch hat er mit seinen thermodynamischen Arbeiten zumindest mittelbar dazu beigetragen. Schließlich war er einer der ersten Physiker, der mit seinen systematischen Untersuchungen den universellen Charakter der thermodynamischen Grundgesetze und insbesondere des Entropieprinzips für alle chemischen und physikalischen Vorgänge deutlich gemacht und damit ein Modell für die Übertragung auf andere Wissensgebiete geschaffen hat. In seinem Bemühen, den universellen Charakter des zweiten Hauptsatzes und des Entropieprinzips herauszustellen, war es für Planck sicherlich hilfreich, dass er sich als theoretischer Physiker verstand. So in einer Kontroverse mit Svante Arrhenius, einem Begründer der physikalischen Chemie, der Plancks thermodynamische Begründung von Arrhenius' elektrolytischer Dissoziationstheorie infrage stellte, weil sich die Theorie ja auf Ionen, d.h. auf elektrisch geladene Teilchen, gründet. Planck wies in einer Entgegnung zu recht darauf hin, daß die thermodynamischen Gesetze unabhängig davon gelten, ob die Teilchen nun geladen sind oder nicht – d.h. universell sind.[18]

Die theoretische Physik war damals noch eine sehr junge Disziplin. Obwohl schon die Begründer der neuzeitlichen Physik wie Galileo Galilei oder Isaac Newton theoretische Physik im Sinne der mathematischen Durchdringung und Zusammenfassung des Beobachtungsmaterials betrieben hatten und damit durchaus als theoretische Physiker im Sinne der Moderne gelten können, dominierte in der Folgezeit die experimentelle Forschung. Die Physik galt ihren wichtigsten Akteuren als eine weitgehend empirische Wissenschaft, in der allein das Experiment zum wirklichen Verständnis der physikalischen Phänomene führt. Deren theoretische Durchdringung bzw. Beschreibung wurde damals weitgehend den Hilfswissenschaften wie der Mathematik überlassen. Unter ihrem Schirm entwickelte sich an der Wende vom 18. zum 19. Jahrhundert eine mathematische Physik, die in der Mechanik, der Wärmeleitungstheorie oder Elektro- und Magnetostatik sowie mit Gelehrten wie Leonard Euler, Jean Baptiste Joseph Fourier oder Siméon Denis Poisson ihre große Leistungskraft zeigte. Die Physiker selbst verstanden damals unter theoretischer Physik lediglich ein Fach, das ihnen einige unerlässliche mathematische Anwendungen wie den Gebrauch von Interpolationsformeln oder der Fehlerrechung vermittelte; die theoretische Darstellung ihrer Experimente lieferten sie dann damit selber. Dies hatte eine klare hierarchische Struktur zur Folge, in der die Experimentalphysik als Leitwissenschaft physikalischer Forschung ganz oben stand und die Theorie kaum geschätzt wurde, gewissermaßen als „Abfallprodukt“ der eigentlichen physikalischen Forschung galt. Die Entwicklung der Physik, namentlich die der Max-

[18] PAV, Bd. 3, S. 382.

wellschen Elektrodynamik und nicht zuletzt der Thermodynamik trug indes in der zweiten Hälfte des 19. Jahrhunderts entscheidend dazu bei, dass sich eine zunehmende Ausdifferenzierung zwischen theoretischer und experimenteller Physik und deren Forschungsmethodik vollzog.[19] Dies hatte natürlich auch eine Aufwertung der theoretischen Physik zur Folge, was zunächst aber nur für den kognitiven Bereich galt. Institutionell war nach wie vor die Experimentalphysik als Leitdisziplin physikalischer Forschung dominierend. Sie gab den jeweiligen Physikinstituten an den Universitäten Profil und Strukturen. Als sich dort im letzten Viertel des 19. Jahrhunderts in Deutschland eine tiefgreifende „institutionelle Revolution“ vollzog und die meisten deutschen Universitäten neue Physikinstitute bekamen,[20] so waren diese fast gänzlich auf die Bedürfnisse moderner experimenteller Forschung zugeschnitten. Die Ausstattung der Abteilung für theoretische Physik, sofern es eine solche überhaupt gab, war meist beklagenswert und nicht mit der des Gesamtinstituts zu vergleichen. Hinzu kam, dass der Institutsbetrieb selbst ganz auf die Forschungsbedürfnisse des Institutsdirektors ausgerichtet war. Er allein besaß die Verfügungsgewalt über die für die physikalischen Experimente und andere Untersuchungen notwendigen Geräte und Hilfsmittel. Die patriachalischen Verhältnisse des Ordinariensystems der deutschen Universitäten verstärkten dies noch und konnten etwa dazu führen, dass den am Institut ebenfalls wirkenden Extraordinarien, Privatdozenten oder Assistenten der Zugriff auf die Instrumentensammlung des Instituts generell verwehrt wurde. Wollten sie sich wissenschaftlich betätigen und potentiellen Konflikte um Forschungsressourcen mit dem allmächtigen Institutsdirektor aus dem Weg gehen, so mussten sie auf Themen und Forschungsfelder ausweichen, die mit beschränkten apparativen Hilfsmitteln durchzuführen oder gar davon ganz unabhängig waren. Die theoretische Physik bot sich hierfür naturgemäß an, so dass sie sich mehr und mehr zu einem sogenannten Privatdozentenfach entwickelte. Dieser Trend wurde zusätzlich dadurch gefördert, dass ebenfalls im Lehrbetrieb das Fach zur Domäne der außerordentlichen Professoren und Privatdozenten wurde, stand doch dem Ordinarius das Recht zu, die viel besuchten und damit einträglichen Lehrveranstaltungen wie z.B. die Kursvorlesungen in Experimentalphysik zu halten. Die subalternen Lehrkräfte hatten dagegen die wenig lukrativen Spezialvorlesungen zu übernehmen, zu denen damals auch die theoretische Physik gehörte.

[19] Vgl. Christa Jungnickel, Russel McCormmach: Intellectual Mastery of Nature. Theoretical Physics from Ohm to Einstein. Chicago 1986, Vol. 2.

[20] Vgl. David Cahan: Meister der Messung: Die Physikalisch-Technische Reichsanstalt im Deutschen Kaiserreich. Weinheim 1992.

Auch wenn sich die theoretische Physik angesichts der aktuellen Physikentwicklung und zudem rapide gewachsener Studentenzahl im ausgehenden 19. Jahrhundert als eigenständiges Lehrfach hatte etablieren können, galt sie nach wie vor im Fächerkanon als zweitrangig und ihre Vertreter betrachtete man als mehr oder weniger entbehrlich. Diese Haltung hat auch noch Planck zu Beginn seiner Tätigkeit in Berlin zu spüren bekommen. In seiner Selbstbiographie berichtete er:

„Da war z.B. Adolph Palzow, der Physiker an der Technischen Hochschule in Charlottenburg, ein gediegener Experimentator und dabei ein richtiger Berliner. Er behandelte mich stets sehr freundlich, aber ich hatte doch immer das Gefühl, dass er mich eigentlich für ziemlich überflüssig hielt. Ich war eben damals weit und breit der einzige Theoretiker, gewissermaßen ein Physiker sui generis, was mir den Einstand nicht ganz leicht gemacht hat."[21]

Entsprechend gering war das Fach auch bei den damaligen Studenten angesehen, zumal die theoretische Physik erst nach und nach zum obligatorischen Prüfungsfach wurde. Die Konsequenz war, dass die Theorie relativ wenige Studenten anzog und so die Kolleggelder für die Dozenten bescheiden ausfielen. Beispielsweise verzeichnet die Statistik der Münchener Lehrveranstaltungen Plancks selten mehr als eine Handvoll Studenten.

Die Beschäftigung mit der theoretischen Physik wurde von vielen Physikern – sofern sie nicht selbst ausgeprägte theoretische Neigungen pflegten – als notwendiges Übel angesehen, ein lästiges Durchgangsstadium auf dem Weg zum Ordinariat bzw. zum Direktorat eines Physikinstituts, das die ersehnte Befreiung von der theoretischen Fronarbeit brachte. Diese akademische „Ochsentour" war natürlich mit einer sozialen Abwertung des Faches und ihres symbolischen Kapitals verbunden, hat aber auch dazu geführt, dass die theoretische Physik von einem ständigen Strom junger, ehrgeiziger und nicht zuletzt kreativer Physiker profitieren konnte. Die Folge war eine Blüte und Hochkultur der theoretischen Physik in Deutschland, von der zu Beginn des 20. Jahrhunderts maßgeblich die Entwicklung der modernen Physik profitieren konnte.[22] Allerdings setzte dieser Status den universitären Nachwuchs auch einem gnadenlosen Ausleseprinzip aus und zeigte nicht nur positive Effekte – das steht indes auf einem anderen Blatt der Physikgeschichte.

---

[21] PAV, Bd. 3, S. 383.

[22] Vgl. Michael Eckert: Die Atomphysiker. Eine Geschichte der theoretischen Physik am Beispiel der Sommerfeldschule. Wiesbaden 1983.

Mit seiner Berufung nach Kiel gehörte Max Planck zu den Gewinnern dieses Ausleseprozesses. Im Gegensatz zur Mehrzahl seiner Kollegen sah Planck aber das Kieler Extraordinariat nicht als Durchgangsstation auf dem Wege zum Direktor eines renommierten Physikinstituts an. Zwar hatte auch ihm die Kieler Fakultät die Verpflichtung auferlegt, dass er, „soweit nöthig, auch Ausflüge in experimentelle Physik leisten werde", doch blieben solche Exkurse aus und seine Karriereplanung war ganz auf die theoretische Physik ausgerichtet. Damit gehörte er zu den ganz wenigen Physikern seiner Generation, der keinerlei Ambitionen verspürte, sich ebenfalls als Experimentalphysiker zu profilieren und damit das Direktorat eines Physikinstituts anzustreben. Eine solche Fokussierung auf die theoretische Physik barg naturgemäß große berufliche Risiken, denn die verfügbaren Stellen des Gebiets waren recht beschränkt. Die enorm gestiegenen Studentenzahlen im letzten Drittel des 19. Jahrhunderts und die Entwicklung der Physik selbst hatten zwar dazu geführt, dass an den meisten deutschen Universitäten eine Aufgabenteilung zwischen experimenteller und theoretischer Physik erfolgt war und vielfach Extraordinarien für das Fach eingerichtet wurden, doch gab es an den deutschen Universitäten noch zur Jahrhundertwende lediglich zwei (wirklich arbeitende) Lehrstühle für theoretische Physik – in Berlin und Göttingen.
Mit den Erfolgen von Relativitäts- und Quantentheorie sollte sich die Situation der theoretischen Physik grundsätzlich wandeln, entwickelte sie sich nun zur Leitwissenschaft physikalischer Forschung und jede deutsche Universität rechnete es sich als Vorzug an, nun über einen Ordinarius für theoretische Physik in ihrem Lehrkörper zu verfügen. Bereits im Jahr 1875 war an der Berliner Friedrich-Wilhelms-Universität ein solches Ordinariat eingerichtet worden. Dies geschah durch die maßgebliche Initiative von Hermann von Helmholtz, der auf diese Weise nicht nur seinen einstigen Heidelberger Kollegen und Freund Gustav Kirchhoff nach Berlin holte, sondern schon früh die Bedeutung der theoretischen Physik für die moderne physikalische Forschung erkannte und ihr institutionelle Geltung verschaffte. Auf diesen Lehrstuhl wurde Max Planck zum Februar 1889 berufen, womit er bereits als 30jähriger im „Himmel der Wissenschaft" angekommen war, galt doch nicht nur seine Professur als eine der ersten des Landes, sondern die Physik in Berlin, wie die Mathematik und Naturwissenschaften überhaupt, repräsentierten damals einen Standard, der die Stadt und namentlich ihre Universität zu einem national wie international führenden Forschungszentrum machten.[23]
Die Berufung an die Berliner Universität brachte für Max Planck nicht nur persönliche Anerkennung sowie wachsende gesellschaftliche Reputation und Einfluss, sie wurde für

[23] Vgl. Hubert Laitko: Wissenschaft in Berlin. Berlin 1987, S. 174f.

ihn auch in wissenschaftlicher Hinsicht zum Gewinn. Ein Jahrzehnt später gelang ihm hier seine bedeutendste Entdeckung, die Formulierung des (Planckschen) Strahlungsgesetzes mit der Quantenhypothese $E = h\nu$, womit er den Anstoß zur Entwicklung der Quantentheorie gab.

Nachdem Plancks Untersuchungen über thermodynamische Gleichgewichte in physiko-chemischen Systemen zu einem gewissen Abschluss gekommen waren und vielleicht sogar darüber frustriert, dass er dabei vom amerikanischen Physiker J. W. Gibbs übertrumpft worden war, begann er, sich Mitte der neunziger Jahre einem neuen Forschungsfeld zuzuwenden, den Strahlungsgleichgewichten. Dies führte ihn auf das Gebiet der Wärmestrahlungstheorie. Die Physiker wussten damals noch wenig über die Gesetzmäßigkeiten, nach denen z.B. ein erhitzter Körper Wärme- bzw. Lichtstrahlen aussendet. So hatte 1859 Plancks Vorgänger auf seinem Berliner Lehrstuhl, Gustav Kirchhoff, zeigen können, dass zur Beschreibung der Wärmestrahlung eine universelle Strahlungsfunktion von zentraler Bedeutung ist. Für Strahlen gleicher Wellenlänge (λ) bzw. Frequenz (ν) und gleicher Temperatur (T) ist das Verhältnis von Emissions- (e) und Absorptionsvermögen (a) bei allen Körpern identisch:

$$\frac{e}{a} = \text{const.} = f(\nu, T).$$

Kirchhoff führte in diesem Zusammenhang den Begriff des „Schwarzen Körpers“ ein – eines Körpers, der alle auftreffende Strahlung vollständig absorbiert und somit nur die vom ihm selbst ausgesendete Strahlung emittiert. Für einen solchen „Schwarzen Körper“ (bb) gilt

$$a = 1$$

und die von ihm emittierte Wärmestrahlung ist damit allein eine Funktion von Wellenlänge bzw. Frequenz, d.h. unabhängig von der materiellen und sonstigen Beschaffenheit des strahlenden Körpers:

$$\frac{e}{1} = E_{bb} = f(\nu, T).$$

Das allgemeine Strahlungsproblem und die Ermittlung einer Strahlungsformel, die den spektralen Verlauf der Strahlung beschreibt, kann damit auf die Untersuchung der Strahlung eines Schwarzen Körpers und auf die Bestimmung dieser materialunabhängigen Funktion der Temperatur und Längenwelle bzw. Frequenz reduziert werden.

Allerdings erwiesen sich die experimentellen und theoretischen Schwierigkeiten als kompliziert und stellten für die zeitgenössische Physik eine große Herausforderung dar. Von Einstein, der sich in der Nachfolge Plancks Anfang des zwanzigsten Jahrhunderts ebenfalls mit den damit zusammenhängenden Problemen beschäftigt hat, stammt die sarkastische Feststellung:

„Es wäre erhebend, wenn wir die Gehirnsubstanz auf eine Waage legen könnten, die von den theoretischen Physikern auf dem Altar dieser universellen Funktion f hingeopfert wurde.“[24]

Erst 1879 gelang es dem Wiener Physiker Josef Stefan, aus der Analyse vorliegender Messergebnisse die pro Flächeneinheit ausgestrahlte Strahlungsleistung eines homogen temperierten Hohlraums, der dem Ideal des Schwarzen Körpers nahe kam, zu bestimmen. Die Energiedichte (I) ist nach Stefan der vierten Potenz der Temperatur proportional:

$$I \sim T^4$$

Ludwig Boltzmann hat dann 1884 auf der Grundlage der Maxwellschen Elektrodynamik eine Ableitung dieses T^4-Gesetzes für die Gesamtstrahlung eines Schwarzen Körpers geliefert, was von Hendrik Antoon Lorentz als „Perle der theoretischen Physik“ gerühmt wurde und dazu führte, dass das man heute vom Stefan-Boltzmannschen Strahlungsgesetz spricht. Dieses war zwar ein wichtiger Fortschritt in der Strahlungstheorie, doch lieferte es noch nicht die gesuchte Funktion f (ν,T). Der nächste große Schritt in dieser Richtung gelang Wilhelm Wien von der Physikalisch-Technischen Reichsanstalt in (Berlin-) Charlottenburg, der 1893 das so genannte Wiensche Verschiebungsgesetz

$$\lambda \cdot T = \text{const.}$$

und drei Jahre später auch das Wiensche Strahlungsgesetz

$$\rho(\nu,\ T) = \alpha\nu^3\, e^{\frac{-\beta\nu}{T}}$$

formulierte, wobei $\rho(\nu,\ T)$ die Energiedichte bei einer gegebenen Frequenz ν und der Temperatur T ist und α, β universelle Konstanten sind.
Die Berliner Physikalisch-Technische Reichsanstalt (PTR) spielte überhaupt in der damaligen Wärmestrahlungsforschung und im Vorfeld der Planckschen Entdeckung eine zentrale Rolle. Die Reichsanstalt war an der Wende zum zwanzigsten Jahrhundert weltweit das größte und angesehenste Physikinstitut und das „Kronjuwel“ der Berliner

---

24 Albert Einstein: Max Planck als Forscher. Die Naturwissenschaften 1 (1913) S. 1078.

Physik. Im Jahre 1887 gegründet und bis zu seinem Tode im Jahre 1894 von Hermann von Helmholtz geleitet, wurde dort Präzisionsphysik auf höchstem Niveau betrieben und versucht, sowohl die Definition exakter elektrischer und anderer moderner Maßeinheiten auf eine solide wissenschaftliche Grundlage zu stellen, als auch die Lösung offener Grundfragen der zeitgenössischen Physik voranzutreiben. Damit wurde nicht zuletzt den Intentionen Werner von Siemens' gefolgt, der die Gründung des Instituts mit maßgeblichen Finanzmitteln initiiert hatte und für den

„die naturwissenschaftliche Forschung immer den sicheren Boden des technischen Fortschritts (bildete), und die Industrie eines Landes wird niemals eine international leitende Stellung erwerben und sich erhalten können, wenn dasselbe nicht gleichzeitig an der Spitze des naturwissenschaftlichen Fortschritts steht."[25]

Keineswegs zufällig wurden so im letzten Jahrzehnt des 19. Jahrhunderts an der PTR Forschungen zur Wärmestrahlungsphysik aufgenommen, da das Gebiet mit seinen vielen ungeklärten Problemen damals sowohl ein hohes wissenschaftliches Interesse beanspruchte, als auch für die Technik und Metrologie von großer Bedeutung war. Der starke Aufschwung der Beleuchtungstechnik und die seit den 1880er Jahren zunehmende Konkurrenz zwischen dem Gaslicht und der Glühlampe hatten dazu geführt, dass die Bestimmung der Stärke einer Lichtquelle nicht nur für den Physiker oder Astronomen interessant war, sondern zunehmend auch eine Frage der Ökonomie wurde. Allerdings waren die verfügbaren Messmethoden und Geräte sehr ungenau, differierten die Festlegungen über ein einheitliches Lichtmaß erheblich – so operierte man in der damaligen Gas- und Elektroindustrie mit Lichtstärkeangaben, deren Unsicherheit oft bei über 50% lag. Die Gründe für solch große Unsicherheiten lagen nicht zuletzt darin, dass es über die physikalischen Gesetze der Lichterzeugung noch viele Unklarheiten gab und gerade zwischen den theoretischen Vorstellungen und ihrer experimentellen Verifizierung große Lücken bestanden. Hier wurden nun die Siemens-Helmholtzschen Gründungsintensionen der Reichsanstalt wirksam, die nicht nur wissenschaftlich begründete Standardlösungen eines technischen Problems vorsahen – etwa die Kreierung einer praktisch funktionierenden Lichteinheit –, sondern die Orientierung auf den physikalischen Erkenntnisfortschritt und damit die Einordnung der technisch-metrologischen Aufgaben in einen fundamentalen Erkenntnisrahmen implizierten, d.h. nicht zuletzt zu einer weiteren wissenschaftlichen Durchdringung der Grundlagen von Licht- und Strahlungserzeugung, die Ermittlung der allgemein gültigen Strahlungsgesetze und

[25] Werner v. Siemens: Wissenschaftliche und technische Arbeiten. Berlin 1891, S. 568.

ihrer physikalischen Grundlagen führen sollten. Dementsprechend heißt es im Tätigkeitsbericht der Reichsanstalt aus dem Jahr 1900:

„... die optischen Arbeiten haben das Ziel, die grundlegenden Gesetze der Wärme- und Lichtstrahlung festzulegen. Im Anschluß daran sollen die Probleme der Leucht- und Heiztechnik gelöst werden, soweit sie sich durch Strahlungsversuche angreifen lassen ... Die Versuche sollen in der Weise erweitert werden, daß man die Emission mit der des schwarzen Körpers vergleicht ... und so ein Urteil über die Ökonomie der Lichtquellen gewinnt."[26]

Beschäftigte man sich an der Reichsanstalt in Charlottenburg damit, einen schwarzen Körper erstmals technisch zu realisieren und auf dieser Grundlage die damals bekannten Strahlungsgesetze einer experimentellen Prüfung zu unterziehen, was wahrer Kärrnerarbeit gleichkam[27], so bemühte sich Max Planck, die Gesetze der Strahlungsphysik und vor allem das Wiensche Strahlungsgesetz, das nicht nur empirisch am besten bestätigt, sondern auch theoretisch wohlbegründet schien, auf der Grundlage thermodynamischer Überlegungen abzuleiten. Damit knüpfte er unmittelbar an seine Untersuchungen über thermodynamische Gleichgewichte in physiko-chemischen Systemen und an die Überlegungen zur zentralen Rolle des Entropiebegriffs an. Auf diesem Weg wollte er seine thermodynamischen Studien mit der neuen und für die zeitgenössische Physik ungemein anregenden elektromagnetischen Lichttheorie verknüpfen und die Wärmestrahlung mit Hilfe der Thermodynamik konsequent als elektromagnetischen Vorgang deuten, d. h. eine Thermodynamik der Strahlung begründen. In seiner Antrittsrede vor der Preußischen Akademie der Wissenschaften führte Planck im Sommer 1894 diesbezüglich aus:

„Ebenso steht zu hoffen, dass wir über diejenigen elektrodynamischen Prozesse, welche direkt durch die Temperatur bedingt sind, wie sie sich namentlich in der Wärmestrahlung äußern, nähere Aufklärung erfahren können, ohne erst den mühsamen Umweg durch die mechanische Deutung der Elektrizität nehmen zu müssen."[28]

Seine Forschungen zielten so nicht allein darauf, endlich das lang gesuchte, allgemein gültige Strahlungsgesetz zu finden, sondern er wollte damit auch den inneren Zusam-

---

[26] Die Thätigkeit der PTR 1900. Zeitschrift für Instrumentenkunde 20 (1901) S. 147.

[27] Vgl. Dieter Hoffmann: Schwarze Körper im Labor. Experimentelle Vorleistungen für Plancks Quantenhypothese. Physikalische Blätter 56 (2000) 12, S. 43-47.

[28] Christa Kirsten, Hans-Günther Körber (Hrsg.): Physiker über Physiker II. Berlin 1979, S. 170.

menhang zwischen den beiden noch isoliert zueinander stehenden Gebieten von Thermo- und Elektrodynamik aufspüren und so beide Gebiete zu einem Ganzen vereinen. Planck ging es so um nicht weniger, als die letzte große Lücke im grandiosen und damals fast vollendet scheinenden Gebäude der klassischen Physik zu schließen. Mit dieser Vereinheitlichung wären dann alle physikalischen Phänomene auf die Gesetze der Newtonschen Mechanik zurückführbar gewesen, womit diese endlich den lang gesuchten krönenden Abschluss erhalten hätte – im Sinne einer einheitlichen Theorie für alle physikalischen Phänomene.

Am Anfang seiner Beschäftigung mit dem Problem des Strahlungsgleichgewichts setzte sich Planck zunächst mit der Modellvorstellung des linearen bzw. harmonischen Oszillators auseinander. Dieser war 1889 durch Heinrich Hertz als „Hertzscher Oszillator" in die Physik bzw. Elektrodynamik eingeführt worden, um die Emissions- und Absorptionsprozesse elektromagnetischer Vorgänge, insbesondere die Emission und Absorption Hertzscher Wellen, zu beschreiben. Diese Oszillatoren dachte sich Hertz als linear schwingende elektrische Dipole. Planck übernahm diese Modellvorstellung, um sie auf „die Frage nach den stationären Strahlungsvorgängen innerhalb eines mechanisch ruhenden Mediums, welches sich auf gleichmäßiger konstanter Temperatur befindet und von Körpern nämlicher Temperatur umgeben ist", d.h. auf einen Schwarzen Körper anzuwenden. Im März 1895 und im Februar 1896 berichtet er vor der Berliner Akademie über die „Absorption und Emission elektrischer Wellen durch Resonanz"[29], wobei er zeigen konnte, dass

„das Kirchhoffsche Gesetz von der Proportionalität des Absorptions- und des Emissionsvermögens eine unmittelbare Folge dieses Verhaltens (solcher Resonatoren – DH) ist. Zur Berechnung der Schwingungsamplitude braucht man auf die Natur der emittierenden Teilchen nicht näher einzugehen, es genügt die Voraussetzung, dass die Dimension der Schwingungszentren klein ist gegen die Wellenlänge, wie das z.B. auch der Fall ist, wenn man hinreichend kleine Schwingungen ponderabler Masse mit konstanten elektrischen Ladungen annimmt."[30]

Planck hat die Idee der „Planckschen Resonatoren" – als solche werden in der Physik seither solche fiktiven und mit einer charakteristischen Frequenz ν schwingenden Körper bezeichnet – dann in den folgenden Jahren weiter ausgebaut und insbesondere auf die in einem Hohlraum eingeschlossene elektromagnetische Strahlung und das sich dort

[29] PAV, Bd. 1, 445-458.
[30] Ebenda, S. 458.

ausbildende Strahlungsgleichgewicht angewandt. Diese schwingenden Resonatoren sollten in der Vorstellung Plancks den Energieaustausch zwischen Strahlungsemission und -absorption vermitteln. Die Ergebnisse seiner Untersuchungen legte er zwischen 1897 und 1899 in einer Serie von fünf Aufsätzen „Über irreversible Strahlungsvorgänge“[31] dar. Dabei ließ sich zwar seine ursprüngliche Hoffnung, im Strahlungsverhalten eines Hohlraums die lang gesuchte Begründung für die Irreversibilität zu finden, nicht bestätigen, doch gelang ihm die Aufstellung einer Zustandsfunktion, die sich als Entropie (S) des betrachteten Strahlungssystems (d.h. der Resonatoren) deuten ließ. Der gefundene Ausdruck lautete

$$S = -\frac{E}{a\nu \ln \frac{E}{eb\nu}}$$

wobei E die Energie des Resonators, ν dessen Frequenz und a bzw. b wiederum universelle Konstanten sind.

Diese Beziehung liefert mit

$$\frac{dS}{dE} = \frac{1}{T} \quad \text{und} \quad E = b\,\nu\,e^{-\frac{a\nu}{T}}$$

die schon erwähnte theoretische Ableitung des Wienschen Strahlungsgesetzes.

Planck trug über seine diesbezüglichen Forschungsergebnisse im Mai 1899 in einer Sitzung der Preußischen Akademie vor und vertrat dabei auch die Überzeugung, dass die von ihm gewählte „Strahlungsentropie und damit auch das Wien'sche Energievertheilungsgesetz eine nothwendige Folge der Anwendung des Principes der Vermehrung der Entropie auf die elektromagnetische Strahlungstheorie ist und dass daher die Grenzen der Gültigkeit dieses Gesetzes, falls solche überhaupt existiren, mit denen des zweiten Hauptsatzes der Wärmetheorie zusammenfallen“[32] – d.h. das Wiensche Strahlungsgesetz sollte „allgemeine Gültigkeit“ besitzen.
In diesem Zusammenhang wurde von Planck im Übrigen auch schon die später als elementares Wirkungsquantum h bezeichnete Naturkonstante eingeführt und darauf hingewiesen, dass diese in Kombination mit Lichtgeschwindigkeit (c) und Gravitationskonstante (g) die Möglichkeit eröffnet, „Einheiten für Länge, Masse, Zeit und Temperatur aufzustellen, welche ... ihre Bedeutung für alle Zeiten und für alle, auch außerirdische und außermenschliche Culturen nothwendig behalten und welche daher als

[31] PAV, Bd. 1, S. 493-600.
[32] Ebenda, S. 597.

‚natürliche Maasseinheiten' bezeichnet werden können."[33] Dass die Bedeutung dieser neuen Konstante sich indes nicht auf das Gebiet der Metrologie und der Begründung natürlicher Maßeinheiten beschränkt und dass auch das Wiensche Gesetz keineswegs Allgemeingültigkeit beanspruchen konnte, sollte Planck schon wenige Monate später feststellen.

Nachdem es schon früher Abweichungen zwischen den Messungen und der Theorie im Bereich hoher Temperaturen und langer Wellen gegeben hatte, von denen man allerdings hoffte, dass sie sich als systematische Messfehler herausstellen würden, ergaben jedoch im Sommer 1900 Untersuchungen von Heinrich Rubens und Ferdinand Kurlbaum, die als Gastmitarbeiter an der Reichsanstalt mit der sogenannten Reststrahlenmethode Messungen im äußersten Ultrarot durchführten, so gravierende Abweichungen von der Wienschen Strahlungsformel, dass sich diese nicht mehr wegdiskutieren ließen. Bevor darüber auf einem Kolloquium der Physikalischen Gesellschaft berichtet wurde, informierte Rubens seinen Theoretikerkollegen über die neuen Messergebnisse. Planck und Rubens verband nicht nur eine kollegiale Freundschaft, sondern Planck galt eben wegen obenstehend beschriebener Beschäftigung mit dem Wärmestrahlungsproblem unter den Physikern überhaupt als Autorität auf diesem Gebiet. Gerhard Hettner, damaliger Doktorand von Rubens, gab über den Besuch später den folgenden Bericht: „Als am Sonntag, dem 7. Oktober 1900, Rubens mit seiner Frau bei Planck einen Besuch machte, kam das Gespräch auch auf die Messungen, mit denen Rubens beschäftigt war. Er erzählte, dass bei seinen längsten Wellen das kürzlich von Lord Rayleigh aufgestellte Gesetz ... gelte. Eine allgemeingültige Strahlungsformel müsse jedenfalls für große λT in diese Form übergehen."[34]

Dieser Hinweis veranlasste Planck, seine bisherigen Arbeiten zur Wärmestrahlungstheorie und insbesondere die Ableitung des Wienschen Strahlungsgesetzes zu überdenken. Noch am selben Abend fand er eine „glücklich erratene Interpolationsformel" für die Messergebnisse seiner Kollegen und teilte dies auch Rubens auf einer Postkarte mit. Wenige Tage später traf man sich erneut, wobei Rubens seinen Kollegen berichten konnte, dass „die neue Formel vorzüglich mit seinen Beobachtungen (überein)stimme."[35] Auf der Sitzung der Physikalischen Gesellschaft, die auf den 19. Oktober 1900 angesetzt war, berichtete dann Ferdinand Kurlbaum über die gemeinsam mit Rubens

---

[33] Ebenda, S. 599f.

[34] Gerhard Hettner: Die Bedeutung von Rubens Arbeiten für die Plancksche Strahlungsformel. Die Naturwissenschaften 10 (1922), S. 1036.

[35] Ebenda, S. 1036.

durchgeführten Experimente „Über die Emission langer Wellen durch den schwarzen Körper bei verschiedenen Temperaturen"[36], und Planck gab dazu in der sich anschließenden, „eingehenden" Diskussion einen vorbereiteten Diskussionsbeitrag, in der er erstmals seine Strahlungsformel der Öffentlichkeit präsentierte.[37] Diese hatte er durch Probieren bzw. eine formale Abänderung seines früheren Entropieausdrucks für die Planckschen Oszillatoren erhalten. Statt den durch das Wiensche Strahlungsgesetz vorgegebenen Entropieausdruck

$$\frac{d^2S}{d^2E} = \frac{\text{const}}{E}$$

setzte er

$$\frac{dS^2}{dE^2} = \frac{\text{const}}{E(E+\text{const})},$$

womit er durch Integration und über mehrere Zwischenschritte die neue (Plancksche) Strahlungsformel erhielt:

$$\rho(\nu, T) = \frac{A\nu^3}{e^{\frac{B\nu}{T}} - 1}$$

wobei A und B wiederum universelle Konstanten sind, die unbestimmt und noch experimentell anzupassen waren. Die Formel stimmte mit den bekannten Messergebnissen ausgezeichnet überein.

Acht Wochen später, am 14. Dezember 1900, und wiederum auf einer Sitzung der Physikalischen Gesellschaft, lieferte dann Planck eine erste physikalische Begründung seines ad hoc eingeführten Strahlungsgesetzes bzw. der „glücklich erratenen Interpolationsformel", in der nicht nur das elementare Wirkungsquantum h auftaucht, sondern die sich vor allem auf eine neue (statistische) Behandlung der Strahlungsoszillatoren und ihrer Entropie gründete.[38] Dieser Tag gilt heute gemeinhin – nach Max von Laue – als „Geburtstag der Quantenphysik" obwohl Planck damals noch keinerlei konkrete Vorstellungen von einer „Quantenhypothese" besaß und sich die Erkenntnis über deren Bedeutung erst im folgenden Jahrzehnt durchsetzen sollte.

Im Mittelpunkt der damaligen Überlegungen Plancks stand vielmehr, dass er seine bisherige Skepsis gegenüber der statistischen Physik Boltzmanns und dem ihr zugrunde

---

[36] Heinrich Rubens, Ferdinand Kurlbaum: Über die Emission langwelliger Wärmestrahlen durch den schwarzen Körper bei verschiedenen Temperaturen. Sitzungsberichte der Preußischen Akademie der Wissenschaften 1900, S. 929-941.

[37] M. Planck: Über eine Verbesserung der Wienschen Spektralgleichung. PAV, Bd. 1, S. 687-689.

[38] M. Planck: Zur Theorie des Gesetzes der Energieverteilung im Normalspektrum. PAV Bd. 1, S. 698-706.

liegenden Atomismus aufgab. Planck hatte seine bisherigen thermodynamischen Arbeiten und seine Überlegungen über die Bedeutung des zweiten Hauptsatzes und der Entropie konsequent in Gegensatz zu Boltzmann und „unter Verzichtleistung auf den Gebrauch irgendwelcher speziellerer Hypothesen über die Natur der Wärme“ entwickelt Diesen Pfad einer rein phänomenologischen Thermodynamik ist Planck dann bis zum Herbst 1900 mehr oder weniger konsequent und im bewussten Gegensatz zu Boltzmann gefolgt. Dessen atomistisch-wahrscheinlichkeitstheoretische Begründung hatte vor allem deswegen für ihn „nichts verlockendes, weil jedes Wahrscheinlichkeitsgesetz auch Ausnahmen zulässt“ und damit „die ausnahmslose Gültigkeit des zweiten Hauptsatzes“ infrage gestellt war. Erst die physikalische Verifizierung seiner ad hoc aufgestellten Strahlungsformel machte Planck klar, dass er damit einem Vorurteil gefolgt war. Sich den physikalischen Tatsachen, d.h. den Messergebnissen seiner Kollegen von der Reichsanstalt stellend, war er „zu jedem Opfer (seiner) bisherigen physikalischen Überzeugungen bereit“ und gab seine Vorbehalte gegenüber dem Atomismus und damit auch seine Überzeugung von der absoluten Gültigkeit der Naturgesetze auf. In einem „Akt der Verzweiflung“ – wie er dies selbst einmal bezeichnet hat[39] – machte er sich nun die bis dahin strikt abgelehnte Boltzmannsche wahrscheinlichkeitstheoretisch-atomistische Begründung der Entropie zu eigen und bestimmte auf dieser Grundlage die Entropiefunktion der Strahlungsoszillatoren.

Dabei griff er direkt auf Boltzmanns Arbeit zur Gasstatistik aus dem Jahre 1877 zurück.[40] Analog zur Methode, die Boltzmann für die Statistik seiner Gasatome benutzte, unterteilte Planck die möglichen (kontinuierlichen) Energiezustände seiner (identischen) Strahlungsoszillatoren in Zellen konstanter, aber nicht beliebig kleiner Größen bzw. „Energieelemente“ ε: 0 bis 1ε; 1ε bis 2ε; 2ε bis 3ε; usw. usw. Aus der Anzahl der möglichen Verteilungen ließ sich dann die Wahrscheinlichkeit des betreffenden Zustandes ermitteln und daraus die gesuchte Entropie der Oszillatoren sowie die Energiedichte des Strahlungsfeldes bestimmen. Da außerdem das Wiensche Verschiebungsgesetz die Proportionalität zwischen der Energie (E) und der Frequenz (ν) fordert, wurde $E = h\nu$ gesetzt, so dass man schließlich das endgültige Plancksche Strahlungsgesetz erhielt:

[39] M. Planck an Robert W. Wood, Berlin 7.10.1931, zitiert nach: A. Hermann: Frühgeschichte der Quantentheorie. Mosbach 1969, S. 31.

[40] Ludwig Boltzmann: Über die Beziehung zwischen dem zweiten Hauptsatz der mechanischen Wärmetheorie und der Wahrscheinlichkeitsrechnung respektive den Sätzen über das Wärmegleichgewicht. Berichte der Kaiserlichen Akademie der Wissenschaften Wien 76 (1877) S. 373-435.

$$\rho(\nu, T) = \frac{8\pi\nu^2}{c^3} \frac{h\nu}{e^{\frac{h\nu}{kT}} - 1}$$

Dieses enthält neben den variablen Größen Temperatur (T) und Frequenz (ν) nur noch die drei fundamentalen Naturkonstanten: Boltzmann Konstante (k), Lichtgeschwindigkeit (c) und das (Plancksche) Wirkungsquantum (h). Dies wird Planck mit besonderer Genugtuung erfüllt haben, interessierten ihn doch in der Physik vor allem „die großen allgemeinen Gesetze, die für sämtliche Naturvorgänge Bedeutung besitzen, unabhängig von den Eigenschaften der an den Vorgängen beteiligten Körper."[41] Bedeutsam war zudem, dass das neue Strahlungsgesetz Präzisionsbestimmungen dieser Naturkonstanten erlaubte, deren Genauigkeit – wie Messungen bald zeigen sollten – die bislang bekannten Methoden und Werte in den Schatten stellte.
Planck hat dann in den folgenden Wochen seine in den beiden Vorträgen vor der Physikalischen Gesellschaft dargelegten Erkenntnisse zusammengefasst und als separaten Aufsatz in den Annalen der Physik veröffentlicht.[42]
Er hat im Übrigen in seinen Originalarbeiten keinerlei konkrete Ausführungen zur physikalischen Bedeutung der eingeführten „Energiezellen" gemacht, weshalb das von ihm gewählte Verfahren kaum etwas mit dem gemein hat, was wir im modernen Sinne unter Quantisierung verstehen. Darauf hat erstmals 1978 mit aller Konsequenz der amerikanische Wissenschaftshistoriker Thomas S. Kuhn hingewiesen.[43] Kuhns Einschätzung ist nicht ohne Widerspruch geblieben, doch folgen heute die meisten Physikhistoriker im Grundsatz der Kuhnschen Argumentation, dass das Plancksche Vorgehen keine Quantisierung der Resonatoren im modernen Sinne bedeutet.[44] Dennoch markierte Plancks Ableitung des Strahlungsgesetzes den ersten Schritt bei der Einführung des Quantenkonzepts in die Physik. Planck selbst spricht erst um 1908 explizit von diskreten Energiezuständen seiner Resonatoren und noch 1906 in seinen Vorlesungen zur Theorie der Wärmestrahlung, die seine bisherigen Arbeiten über die Strahlung des Schwarzen Körpers zusammenfasste, warnte er vor unbegründeten Spekulationen über die physikalische Bedeutung des „Wirkungselements" h; für ihn war überhaupt, wie er 1910 in seinem Aufsatz „Zur Theorie der Wärmestrahlung" feststellte,

[41] PAV, Bd. 3, S. 255.
[42] M. Planck: Über das Gesetz der Energieverteilung im Normalspektrum. PAV, Bd.1, S. 707-727.
[43] Thomas S. Kuhn: Black-Body Theory and the Quantum Discontinuity 1894-1912. New York, Oxford 1978.
[44] Olivier Darrigol: The Historians' Disagreement over the Meaning of Planck's Quantum. Centaurus 43 (2001), S. 219-239; Clayton A. Gearhart: Planck, the Quantum, and the Historians. Physics in Perspective 4 (2002), S. 170-215.

„bei der Einführung der Wirkungsquanten h in die Theorie so konservativ als möglich zu verfahren, d.h. es sind an der bisherigen Theorie nur solche Änderungen zu treffen, die sich als absolut nötig herausgestellt haben.“[45]

Generell lässt sich feststellen, dass sich zunächst weder Planck noch seine Zeitgenossen der Tragweite des neuen Strahlungsgesetzes und der fundamentalen Bedeutung der Naturkonstante h bewusst waren. Man „hatte eben eine Formel gefunden, die anscheinend die Strahlungsverhältnisse richtig beschrieb. Aber ob an den Quanten etwas fundamentales Neues war oder nicht, dass wusste (man) nicht“, hat Peter Debye einmal rückblickend festgestellt.[46] Den Beginn unseres modernen Verständnisse vom quantenhaften Charakter atomaren Geschehens und der zentralen Rolle von h bei dessen Beschreibung markieren erst Albert Einsteins Lichtquantenhypothese aus dem Jahre 1905 sowie seine und Paul Ehrenfests kritische Analyse des Planckschen Strahlungsgesetzes (1905/06). Diese Analysen machten zudem erstmals deutlich, dass das Plancksche Strahlungsgesetz in einem unauflösbaren und grundsätzlichen Widerspruch zu den Grundlagen der klassischen Physik steht. Aber auch dann bedurfte es noch etwa eines Jahrzehnts, bis sich die revolutionären Konsequenzen der Planckschen Quantenhypothese durchsetzten und quantenphysikalische Probleme endgültig ins Zentrum der physikalischen Forschung rückten.[47] Die Wende in diesem Prozess brachte die erste Solvay-Konferenz im Herbst 1911, zu der der belgische Großindustrielle und Wissenschaftsmäzen Ernest Solvay die führenden zeitgenössischen Physiker nach Brüssel einlud, um endlich bzw. weiteren Aufschluss über die Konsequenzen des Strahlungsproblems für die künftige Entwicklung der Physikentwicklung zu gewinnen. Obwohl Planck den Zielen der Konferenz sehr skeptisch gegenüberstand, gehörte er zu ihren Mitinitiatoren und dem exklusiven Teilnehmerkreis. Auch wenn man keine konkreten Lösungsvorschläge für das Problem des Versagens der Theorie bei der Beschreibung des Strahlungsverhaltens eines schwarzen Körpers entwickeln konnte und der „Kongress“ – nach den Worten Einsteins – „einer Wehklage auf den Trümmern Jerusalems ähnlich sah“, ging man doch in dem Bewusstsein auseinander, dass es sich hierbei um eines der zentralen Probleme aktueller physikalischer Forschung handelte. Nach Hause zurückgekehrt, wurden in Kolloquien, Seminaren und gerade auch im persönlichen Gespräch die in Brüssel diskutierten Fragen weiter erörtert und dabei nicht zuletzt die jüngere Physikergeneration an die neue Quantentheorie herangeführt. So erging es beispielswei-

[45] PAV, Bd. 2, S. 247.

[46] Interview mit P. Debye. Archive for the History of Quantum Physics.

[47] Armin Hermann: Frühgeschichte ... a.a.O.

se dem jungen Louis de Broglie, der durch seinen älteren Bruder Maurice, einem der Sekretäre der Konferenz, zum Studium der Sitzungsprotokolle angeregt wurde und anschließend gelobte, sich

„mit aller Kraft zu bemühen, die wahre Natur der mysteriösen Quanten zu verstehen, die Planck zehn Jahre zuvor in die theoretische Physik eingeführt hatte, deren tiefe Bedeutung man damals jedoch noch nicht erfasst hatte.“[48]

Auch Max Planck war in den folgenden Jahren darum bemüht, die Natur der von ihm eingeführten „Quanten“ besser verstehen zu lernen. „Von Natur ... friedlich und bedenklichen Abenteuern abgeneigt“[49], versuchte er dabei, von den Grundprinzipien der klassischen Physik soviel als möglich zu bewahren – dazu gehörte nicht zuletzt, an der bislang so erfolgreichen klassischen Wellentheorie des Lichts möglichst festzuhalten. In diesem Sinne entwickelte er 1911 in seiner Arbeit „Eine neue Strahlungshypothese“[50] seine sogenannte zweite Quantentheorie, bei der lediglich der Emissionsvorgang der Strahlung diskontinuierlich, die Absorption dagegen kontinuierlich erfolgen sollte; drei Jahre später folgte mit dem Aufsatz „Eine veränderte Formulierung der Quantenhypothese“[51] Plancks dritte Quantentheorie, die auch beim Emissionsvorgang keine diskreten Quanteneffekte kannte und letztere erst bei der Wechselwirkung zwischen den Oszillatoren und freien Teilchen entstehen sollten. All dies erscheint uns heute als sehr artifiziell, doch spiegeln Plancks Versuche nicht nur seinen Konservatismus wider, sondern waren vielmehr Ausdruck einer generellen Strömung in der damaligen Physik, standen doch viele Physiker der Einsteinschen Lichtquantenhypothese höchst kritisch gegenüber, fanden diese zu radikal und zögerten, die Grundlagen der Maxwellschen elektromagnetischen Lichttheorie so schnell aufzugeben. Planck fasste diese Bedenken zusammen, als er anlässlich der Wahl Einsteins in die Berliner Akademie erklärte, dass dieser

„in seinen Spekulationen gelegentlich auch einmal über das Ziel hinausgeschossen haben mag, wie z.B. in seiner Hypothese der Lichtquanten, wird man ihm nicht allzu schwer anrechnen dürfen; denn ohne einmal ein Risiko zu wagen, lässt sich auch in der exaktesten Naturwissenschaft keine wirkliche Neuerung einführen.“[52]

---

[48] Ebenda, S. 159.
[49] M. Planck an Robert W. Woods, Berlin 7.10 1931. In: A. Hermann: Frühgeschichte ... a.a.O., S. 31.
[50] PAV, Bd. 2, S. 249-259.
[51] PAV, Bd. 2, S. 330-335.
[52] Wahlvorschlag für A. Einstein. In: Physiker über Physiker I ... a.a.O., S. 202.

Die Entwicklung der Quantentheorie ist sehr schnell über alle Versuche einer klassischen Reinterpretation der Quantenhypothese hinweggegangen, doch gilt es an dieser Stelle anzumerken, dass gerade Plancks zweite Quantentheorie zu Begriffsbildungen führte, die für die spätere Forschung von großer Bedeutung wurden. So wies Planck auf die Existenz einer Nullpunktsenergie hin, d.h. auf die Tatsache, dass es selbst am absoluten Nullpunkt der Temperatur noch atomare Restschwingungen gibt.[53]
Nach Aufstellung des Bohrschen Atommodells hat sich Planck ebenfalls an den Diskussionen um die Quantentheorie des Atombaus beteiligt, wobei im Mittelpunkt seiner Interessen die Quantisierung des Phasenraums und die Quantenstatistik des Bohrschen Atommodells standen. Die dabei angestellten Überlegungen können zudem als Versuche gewertet werden, Quantentheorie und Thermodynamik zusammenzubringen.[54] Dies brachte ihn in einen engen brieflichen Diskussionskontakt mit den Protagonisten der damaligen Quantentheorie, namentlich mit Arnold Sommerfeld und Erwin Schrödinger. Dass er mit Schrödinger im Vorfeld seiner revolutionären Arbeiten zur Wellenmechanik intensiv über Fragen der Gasentartung und Statistik korrespondierte, zeigt, dass er auch hier zumindest in der Nebenrolle eines kompetenten Kommentators und verständnisvollen Kritikers zu den Wegbereitern der aktuellen Entwicklungen gehörte; auch wenn letztere fest in den Händen der jüngeren Generation lag, die schließlich die Quantenmechanik in ihrer heutigen Form mit den unser gesamtes Leben berührenden Konsequenzen begründete.[55]
Max Planck war aber nicht nur der Wegbereiter bzw. „Vater der Quantentheorie", auch die Relativitätstheorie, die zweite wichtige Säule der modernen Physik, verdankt ihm folgenreiche Impulse. So gehörte er zu jenen Physikern, die sehr schnell die revolutionäre Bedeutung von Einsteins Annalen-Aufsatz „Zur Elektrodynamik bewegter Körper" erkannten und die Anerkennung der Einsteinschen Relativitätstheorie nachhaltig gefördert haben.[56] Bereits im März 1906 referierte Planck im Physikalischen Kolloquium der Physikalischen Gesellschaft in Berlin über „Das Prinzip der Relativität und die Grundgleichungen der Mechanik"[57] und präzisierte einige Ergebnisse der Einsteinschen

[53] PAV, Bd. 2, S. 256.

[54] Vgl. Michael Eckert: Max Planck's later work on quantum theory. In: D. Hoffmann: Planck's Annalen Paper ... a.a.O.

[55] Vgl. Helge Kragh: Quantum Generations. A History of Physics in the Twentieth Centruy. Princeton 1999.

[56] Vgl. St. Goldberg: Max Planck's Philosophy of Nature and His Elaboration of the Special Theory of Relativity. Historical Studies in the Physical Sciences 7 (1976), S. 125-160.

[57] PAV, Bd. 2, S. 115-120.

Arbeit. Von dieser war er so überzeugt, dass er in den folgenden Jahren zu einem ihrer prominentesten Verteidiger wurde, beispielsweise als Messungen von Walter Kaufmann zur Geschwindigkeitsabhängigkeit der Elektronenmasse – er untersuchte die ß-Strahlung eines Radiumpraparats[58] – die Gültigkeit des „Prinzips der Relativität" infrage stellten. Nachdem er diesbezüglich schon in seiner ersten Relativitätsarbeit die Hoffnung ausgesprochen hatte, dass er es

„nicht für ganz ausgeschlossen halte, daß das Relativitätsprinzip sich bei näherer Ausarbeitung vielleicht doch noch mit den Beobachtungen verträglich erweisen könnte"[59],

legte er auf der Jahrestagung der Gesellschaft Deutscher Naturforscher und Ärzte im September 1906 in Stuttgart erste konkrete Überlegungen über „Die Kaufmannschen Messungen der Ablenkbarkeit der ß-Strahlen in ihrer Bedeutung für die Dynamik der Elektronen"[60] vor. Diese zeigten, dass die Kaufmannschen Messungen noch keine eindeutige Entscheidung zugunsten der einen oder der anderen Theorie erlaubten, doch sprach Planck in einem Nachtrag zu dieser Arbeit die Überzeugung aus, dass „die Chancen der Relativtheorie einigermaßen wachsen."[61] Wie wir heute wissen, sollte Planck schließlich recht behalten, wobei er zur Klärung des konkreten Sachverhalts noch einen Doktoranden auf das Problem ansetzte.[62] Überhaupt lässt sich feststellen, dass der Begründer der Quantentheorie im Jahrzehnt vor dem Ersten Weltkrieg seinen Studenten nicht etwa Themen aus diesem Gebiet stellte, sondern sie vielmehr über Probleme der Einsteinschen Speziellen Relativitätstheorie arbeiten ließ[63] und diesen zudem in den Annalen, deren Mitherausgeber er seit dem Jahr 1906 war[64], ein Forum für die Präsentation ihrer Forschungsergebnisse bot. Auch Planck selbst setzte seine entsprechenden Forschungen fort. Anknüpfend an die Dissertation seines Studenten Kurd von Mosengeil, der noch vor der Promotionsverteidigung in den Alpen tödlich verunglückt war und dessen Arbeit er druckfähig machte[65], kehrte Planck zur Thermo-

[58] Walter Kaufmann: Über die Konstitution des Elektrons. Annalen der Physik 49 (1906), S. 487-553.

[59] PAV, Bd. 2, S. 115.

[60] PAV, Bd. 2, S. 121-135.

[61] PAV, Bd. 2, S. 213f.

[62] Wilhelm Heil: Zur Theorie der Kaufmannschen Versuche über die elektromagnetische Ablenkung der ß-Strahlen. Dissertation Philosophische Fakultät der Friedrich-Wilhelms-Universität 1909.

[63] Vgl. Dieter Hoffmann: Max Planck als akademischer Lehrer. Berlin 1984 (= itw-kolloquien Nr. 3), S. 55-71.

[64] Vgl. Dieter Hoffmann: „you can't say to someones face: your paper is rubbish". Max Planck as the Editor of the Annalen der Physik. In: Annalen der Physik 17 (2008) 5, S. 271-300.

[65] Kurd v. Mosengeil: Theorie der stationären Strahlung in einem gleichförmig bewegten Hohlraum. Annalen der Physik 22 (1907), S. 867-904.

dynamik zurück und setzte sich in seiner im Sommer 1907 zunächst der Akademie vorgelegten Arbeit „Zur Dynamik bewegter Systeme"[66] mit den thermodynamischen Konsequenzen der Einsteinschen Theorie auseinander. So zeigte er u.a., dass die Entropie eines Körpers in der Dynamik einer bewegten Hohlraumstrahlung eine Invariante ist, wogegen das Volumen analog zur Lorentzkontraktion transformiert wird. In der Einleitung zu dieser Arbeit diskutierte Planck zudem die Begriffe von träger und ponderabler bzw. schwerer Masse und wies darauf hin, dass die träge Masse nicht mehr wie in der Newtonschen Mechanik als absolut unveränderlich angesehen werden darf und damit auch Konsequenzen für die schwere Masse impliziere[67] – ein Problem, dass auch von Einstein diskutiert wurde und ihn schließlich zur Allgemeinen Relativitätstheorie geführt hat. Den Zyklus seiner Arbeiten zur Einsteinschen Relativitätstheorie schließt ein Vortrag in der Physikalischen Abteilung der Tagung der Gesellschaft deutscher Naturforscher und Ärzte in Köln (23.9.1908) ab. Planck diskutierte dort in seinen „Bemerkungen zum Prinzip der Aktion und Reaktion der allgemeinen Dynamik"[68] ausführlich die relativistische Impulsdichte eines Körpers.

Obwohl Plancks Arbeiten zum „Prinzip der Relativität" in zeitgenössischen Darstellungen zur Relativitätstheorie ihre gebührende Würdigung erfahren haben und Felix Klein beispielsweise in seinen Vorlesungen anerkennend davon sprach, „dass es Planck schon 1907 gelang, die thermodynamischen Lehren mit der neuen Auffassung in Verbindung zu setzen"[69], sind sie heute fast vergessen bzw. werden von denen Einsteins überstrahlt oder diesem sogar zugeschrieben. Dabei haben sie die Anerkennung der Einsteinschen Relativitätstheorie nachhaltig gefördert, wie man überhaupt feststellen kann, dass Planck dadurch zum prominenten Entdecker und Förderer des jungen Einstein wurde.[70] Er war insbesondere von Einsteins Kühnheit und Unbefangenheit bei der Revision des Zeitbegriffs der Newtonschen Physik beeindruckt: „Es übertreffe wohl alles, was bisher in der spekulativen Naturforschung, ja in der philosophischen Erkenntnistheorie geleistet wurde", bekannte er euphorisch im Jahr 1909 in einer Gastvorlesung an der New Yorker Columbia Universität.[71] Einstein selbst bekannte in einem Aufsatz aus dem Jahr 1913, dass der

[66] PAV, Bd. 2, S. 176-209.
[67] Ebenda, S. 178f.
[68] PAV, Bd.2, S. 215-219.
[69] Felix Klein: Vorlesungen über die Entwicklung der Mathematik im 19. Jahrhundert. Berlin 1927, Bd. 2, S. 76.
[70] Vgl. Lewis Pyenson: The Young Einstein. Bristol 1985, S. 194ff.
[71] M. Planck: Acht Vorlesungen über theoretische Physik. Leipzig 1910, S. 117.

„Entschiedenheit und Wärme, mit der er für diese Theorie eingetreten ist, ... wohl zum großen Teil die Beachtung zuzuschreiben (ist), die diese Theorie bei den Fachgenossen so schnell gefunden hat."[72]

Das alles begründete ein außergewöhnliches Vertrauens- und Freundschaftsverhältnis zwischen beiden Gelehrten, obwohl beider Charaktere und politische Ansichten kaum unterschiedlicher hätten sein können.[73]
Unmittelbar vor Ausbruch des ersten Weltkrieges gelang es Planck und anderen Berliner Physikern sogar, den strahlenden Stern am damaligen Physikerhimmel in einer konzertierten Aktion von Wissenschaft, Wissenschaftsbürokratie und Mäzenatentum an der Akademie exzeptionelle Arbeitsbedingungen zu bieten und ihn an die Spree zu holen.[74] Hier konnte Einstein als „bezahltes Genie" frei von Lehr- und anderen Verpflichtungen allein seinen wissenschaftlichen Neigungen nachgehen. Schon bald nach der Aufnahme seiner Tätigkeit in Berlin hat er seine Arbeiten zur Allgemeinen Relativitätstheorie erfolgreich abschließen können und damit nicht nur seinem eigenen wissenschaftlichen Schaffen, sondern gerade auch der Wissenschaftsstadt Berlin weiteren Glanz verliehen.[75] Allerdings war die Verpflichtung Einsteins keineswegs uneigennützig, sondern diente nicht zuletzt dazu, die Stellung Berlins als internationales Zentrum physikalischer Forschung weiter aufzuwerten und nachhaltig zu stärken. Eine Aufgabe, der sich Planck seit dem ersten Jahrzehnt des zwanzigsten Jahrhunderts mit stetig größer werdendem Engagement widmete und die aus dem Physiker schließlich einen Repräsentanten der Physik bzw. der Wissenschaft generell in Deutschland machten.[76]

---

[72] Albert Einstein: Max Planck als Forscher. Die Naturwissenschaften 1(1913), S. 1079.

[73] Vgl. Dieter Hoffmann: Kollegen im Widerstreit: Max Planck und Albert Einstein. Spektrum der Wissenschaft Heft 5/2008 (im Druck).

[74] Vgl. Jürgen Renn, Giuseppe Castagnetti, Peter Damerow: Albert Einstein in Berlin. Alte und neue Kontexte in Berlin. In: J. Kocka (Hrsg.): Die Königliche Akademie der Wissenschaften im Kaiserreich. Berlin 1999, S. 333-354.

[75] Vgl. Dieter Hoffmann: Einsteins Berlin. Weinheim 2006.

[76] Näheres hierzu bei: John L. Heilbron: Max Planck. Ein Leben für die Wissenschaft 1858-1947. Stuttgart 2006 (2. Aufl.) bzw. 1988 (1. Aufl.), S. 125ff.; Armin Hermann: Max Planck in Selbstzeugnissen und Bilddokumenten. Reinbek 1973, S. 50ff.; D. Hoffmann: Max Planck (1858-1947). München 2008, S. 67-83.

Max Plancks Doktoranden, Habilitanden und Assistenten

zusammengestellt von Dieter H o f f m a n n

Doktoranden[1]

Name/Tag der Promotion	Thema
1. Eugen Röber 8.10.1892	Beiträge zur Theorie der Lösungen
2. Hermann Diesselhorst 8.8.1896	Über das Potential von Kreisströmen mit einer Anwendung auf das Helmholtzsche Elektrodynamometer
3. Max Abraham 14.7.1897	Die elektrischen Schwingungen in einem stabförmigen Leiter, behandelt nach der Maxwellschen Theorie
4. William Duane 11.12.1897	Über elektrolytische Thermoketten
5. Walter E. Winship 9.8.1899	Zur Theorie der Potentialgefälle in verdünnten Lösungen
6. Leiser Podlianski 10.12.1900	Über die durch Energieemissionen hervorgebrachte Dämpfung akustischer Schwingungen
7. George R. Olshausen 25.3.1901	Über die Unipolarrotation

[1] Hoffmann, Dieter: Max Planck als akademischer Lehrer. In: Die Entwicklung der Physik in Berlin, verantwortl. Horst Kant. Berlin, 1984, S. 69 f., Tab. 5 (= Die Entwicklung Berlins als Wissenschaftszentrum 5) (= Berliner Wissenschaftshistorische Kolloquien 8) (= Kolloquien. Akademie der Wissenschaften der DDR, Institut für Theorie, Geschichte und Organisation der Wissenschaft 35).

8.	Arthur Coym 10.6.1903	Über elastische Schwingungen, die durch Strahlung gedämpft werden
9.	Max v. Laue 2.11.1903	Über die Interferenzerscheinungen planparalleler Platten
10.	Paul Boedke 13.2.1904	Zur Theorie der Sättigungserscheinungen binärer Gemische
11.	Moritz Schlick 15.3.1904	Über die Reflexion des Lichtes in einer inhomogenen Schicht
12.	Hans Witte 29.7.1905	Über den gegenwärtigen Stand der Frage nach einer mechanischen Erklärung der elektrischen Erscheinungen
13.	Kurd v. Mosengeil 12.6.1906	Theorie der stationären Strahlung in einem gleichförmig bewegten Hohlraum
14.	Walther Meissner 9.3.1907	Zur Theorie des Strahlungsdrucks
15.	Fritz Reiche 23.11.1907	Gesetz der Kompression einer Hohlraumstrahlung durch eine ‚semipermeable' Platte
16.	Wilhelm Heil 31.3.1909	Zur Theorie der Kaufmannschen Versuche über die elektromagnetische Ablenkung der ß-Strahlen
17.	Ernst Lamla 17.1.1912	Über die Hydrodynamik des Relativitätsprinzips
18.	Walter Schottky 17.4.1912	Zur relativistischen Energetik und Dynamik
19.	Erich Hendschke 5.12.1912	Über eine Form des Prinzips der kleinsten Wirkung in der Elektrodynamik des Relativitätsprinzips
20.	Karl Körner 30.1.1913	Über die Ritzsche Theorie des Zeemanneffektes
21.	Walther Bothe 15.7.1914	Beiträge zur Theorie der Brechung und Reflexion

22. Georg Jaeckel 6.8.1919	Über einige strenge Anwendungen des Huygenschen Prinzips in der exakten Kirchhoffschen Formulierung
23. Hans Klewe 20.5.1920	Über isotherme Volumenänderung eine monochromatischen Hohlraumstrahlung
24. Hartmut Kallmann 16.11.1920	Die spezifische Wärme des Wasserstoffes nach neuerer Molekülmethode
25. Walter Gordon 15.7.1924	Beiträge zur Theorie der Brechung und Reflexion

Habilitanden[2]

Name/Tag der Habilitation	Themen
1. Otto Krigar-Menzel 3.2.1894	Theorie der freien Seitenschwingungen
2. Alfred Byk 17.2.1906	Die Zustandsgleichungen und ihre Beziehungen zur Thermodynamik
3. Max v. Laue 2.11.1906	Zur Thermodynamik der Interferenzerscheinungen
4. Fritz Reiche 29.7.1913	Über die Emission, Absorption und Intensitätsverteilung von Spektrallinien
5. Rudolf Seeliger 3.2.1915	Theorie der positiven Säule und andere Abhandlungen
6. Gerhard Hettner 1.8.1921	Über die Quantelung von Schwingungen mit f-Freiheitsgraden bei beliebigem Kraftgesetz
7. Walther Bothe 15.12.1925	Über den Elementarprozeß der photoelektrischen Elektronenauslösung

[2] Ebenda, S. 71, Tab. 6.

Assistenten[3]

(SS = Sommersemester; WS = Wintersemester)

E. Weinholdt	WS 1889 – SS 1890
Eugen Röber	WS 1890 – SS 1893
Otto Schönrock	WS 1893 – SS 1895
Ernst Zermelo	WS 1895 – SS 1897
Max Abraham	WS 1897 – WS 1900
Hermann Diesselhorst	SS 1901 – WS 1902
Ernst Flatow	SS 1903 – SS 1905
Max v. Laue	WS 1905 – WS 1908
Alfred Byk[4]	SS 1909 – SS 1912
Lise Meitner	SS 1913 – WS 1915
Fritz Reiche	SS 1916 – WS 1918
Ernst Lamla	SS 1919 – SS 1921

---

[3] Ebenda, S. 71, Tab. 7.

[4] Alfred Byk war seit dem Wintersemester 1910 nichtbeamteter außerordentlicher Professor mit einem Lehrauftrag für „Kinetische Gastheorie".

Institutionelle Mitgliedschaften und Ehrungen Max Plancks, einschließlich der Max-Planck-Schulen in Deutschland

zusammengestellt von Dirk Ullmann

1887	Zweiter Preis der Beneke-Stiftung der Georg-August-Universität Göttingen
1889	Mitglied der Physikalischen Gesellschaft zu Berlin (seit 1899: Deutsche Physikalische Gesellschaft)
1893	Mitglied der Gesellschaft Deutscher Naturforscher und Ärzte
1894	Ordentliches Mitglied der Preußischen Akademie der Wissenschaften
1894-1947	Mitglied des Kuratoriums der „Annalen der Physik“
1895	Roter Adler-Orden IV. Klasse (Preußen)
1896	Ehrenmitglied des Physikalischen Vereins in Frankfurt a. M.
1897	Mitglied der Physikalisch-Medizinischen Sozietät zu Erlangen
1901	Korrespondierendes Mitglied der Königlichen Gesellschaft der Wissenschaften zu Göttingen
	Auswärtiges Mitglied der Société Hollandaise des Sciences in Haarlem
1904	Mitglied des Deutschen Museums von Meisterwerken der Naturwissenschaft und Technik München
1905-1909	Vorsitzender der Deutschen Physikalischen Gesellschaft
1906	Ausländisches ordentliches Mitglied der Kungliga Vetenskaps-Societeten in Uppsala
1907	Beiratsmitglied des „Wissenschaftlichen Vereins“ der Urania in Berlin
1908	Ernennung zum Geheimen Regierungsrat
1908-1935	Mitglied des Kuratoriums der Physikalisch-Technischen Reichsanstalt

1909	Ehrenmitglied der American Physical Society
	Ehrenmitglied der Cambridge Philosophical Society
	Vorstandsmitglied der Gesellschaft Deutscher Naturforscher und Ärzte
1910	Königlicher Kronenorden 3. Klasse (Preußen)
1911	Ehrenmitglied der Royal Irish Academy in Dublin
	Korrespondierendes Mitglied der Bayerischen Akademie der Wissenschaften in München
	Ehrenmitglied der Kaiserlichen Gesellschaft der Freunde der Naturwissenschaften in Moskau
1912-1938	Beständiger Sekretar der Physikalisch-mathematischen Klasse der Preußischen Akademie der Wissenschaften
1913	Korrespondierendes Mitglied der Akademie der Wissenschaften in St. Petersburg
1914	Ehrenmitglied der American Academy of Arts and Sciences in Boston
	Auswärtiges Mitglied der Reale Accademia Nazionale dei Lincei in Rom
1915	Helmholtz-Medaille der Preußischen Akademie der Wissenschaften
	Ritter des Ordens Pour le mérite für Wissenschaften und Künste (Friedensklasse)
	Korrespondierendes Mitglied der Akademie der Wissenschaften in Wien
1915-1916	Vorsitzender der Deutschen Physikalischen Gesellschaft
1916-1937	Senator der Kaiser-Wilhelm-Gesellschaft zur Förderung der Wissenschaften
1918	Auswärtiges Mitglied der Königlichen Gesellschaft der Wissenschaften zu Göttingen
	Ehrenmitglied der Deutschen Chemischen Gesellschaft
	Dr. rer. techn. h. c. der Technischen Hochschule München
	Dr. phil. nat. h. c. der Johann Wolfgang Goethe-Universität Frankfurt a. M.
	Dr. med. h. c. der Universität Rostock

	Physik-Nobelpreis der Königlich Schwedischen Akademie der Wissenschaften in Stockholm „für das Verdienst, das er sich durch die Entdeckung der Elementarquanten um die Entwicklung der Physik erworben hat" (Bekanntgabe 1919)
1920	Mitglied des Verwaltungsrates der Helmholtz-Gesellschaft zur Förderung der physikalisch-technischen Forschung
	Ausländisches ordentliches Mitglied der Dänischen Gesellschaft der Wissenschaften in Kopenhagen
	Korrespondierendes Mitglied der Bataafsch Genootschap der Proefondervindelyke Wysbegeerte in Rotterdam
1920-1932	Mitglied mehrerer Ausschüsse der Notgemeinschaft der Deutschen Wissenschaft (Hauptausschuß, Elektrophysikausschuß, Japan-[Chemie-]Ausschuß, Bibliotheksausschuß)
1921	Ausländisches Mitglied der Königlich Schwedischen Akademie der Wissenschaften in Stockholm
	Liebig-Denkmünze des Vereins Deutscher Chemiker
	Korrespondierendes Mitglied der Physikalisch-ökonomischen Gesellschaft in Königsberg i. Pr.
1921-1922	1. Vorsitzender der Gesellschaft Deutscher Naturforscher und Ärzte
1922	Ehrenmitglied der Akademie der Wissenschaften in Wien
	Korrespondierendes Mitglied der Königlichen Akademie der Wissenschaften in Turin
1923	Erster Vizekanzler des Ordens Pour le mérite für Wissenschaften und Künste (Friedensklasse)
1924	Ausländisches Mitglied der ukrainischen Ševčenko-Gesellschaft der Wissenschaften in Lemberg
	Honorary Fellow of the Physical Society of London
1924-1927	Vorsitzender des Vorstandsrates des Deutschen Museums von Meisterwerken der Naturwissenschaft und Technik München
1925	Ritter des bayerischen Maximilians-Ordens für Wissenschaft und Kunst

	Goldener Ehrenring des Deutschen Museums von Meisterwerken der Naturwissenschaft und Technik München
1926	Foreign Member of the Royal Society of London
	Auswärtiges Mitglied der Königlichen Akademie der Wissenschaften in Amsterdam
	Mitglied der Kaiserlich Deutschen Akademie der Naturforscher Leopoldina in Halle/S.
	Foreign Associate of the National Academy of Sciences in Washington
	Ehrenmitglied der Akademie der Wissenschaften der UdSSR in Leningrad
1927	Ehrenmitglied der Deutschen Physikalischen Gesellschaft
	Ehrenmitglied des Franklin Institute in Philadelphia
	Goldene Franklin-Medaille des Franklin Institute in Philadelphia
	Lorentz-Medaille der Königlichen Akademie der Wissenschaften in Amsterdam
	Dr.-Ing. e. h. der Technischen Hochschule Berlin-Charlottenburg
1928	Adlerschild des Deutsches Reiches
1929	Mitglied und Vorstandsmitglied der Goethe-Gesellschaft in Weimar
	Ehrenmitglied der Deutschen Bunsen-Gesellschaft für angewandte physikalische Chemie
	Copley-Medaille der Royal Society of London
	Stiftung der Planck-Medaille anlässlich seines Goldenen Doktorjubiläums durch die Deutsche Physikalische Gesellschaft
	Korrespondierendes Mitglied der Sächsischen Akademie der Wissenschaften zu Leipzig
1930	Kanzler des Ordens Pour le mérite für Wissenschaften und Künste (Friedensklasse)
	Dr. sc. h. c. der University of Cambridge

	Ehrenabzeichen der Physikalisch-ökonomischen Gesellschaft in Königsberg i. Pr.
	Großes Ehrenabzeichen der Deutschen Akademie in München
1930-1937	Präsident der Kaiser-Wilhelm-Gesellschaft zur Förderung der Wissenschaften
1932	1. Vorsitzender der „Deutschen Kommission für geistige Zusammenarbeit“
	Goethe-Medaille für Kunst und Wissenschaft
1933	Harnack-Medaille für besondere Verdienste um die Kaiser-Wilhelm-Gesellschaft zur Förderung der Wissenschaften
	Mitglied der American Philosophical Society of Philadelphia
	Auswärtiges Mitglied der Akademie der Wissenschaften in Athen
1934	Carl-Lueg-Denkmünze des Vereins deutscher Eisenhüttenleute
	Auswärtiges Mitglied der Königlichen Akademie der Wissenschaften in Turin
	Senator der Deutschen Akademie in München
1936	Auswärtiges Mitglied der Pontificia Accademia delle Scienze in Rom
	Dr. sc. h. c. der University of London
	Dr. phil. h. c. der Universität Graz
1937	Ehrensenator der Kaiser-Wilhelm-Gesellschaft zur Förderung der Wissenschaften
	Ehrenmitglied der Royal Society of Edinburgh
	Dr. of Laws der University of Glasgow
	Dr. h. c. der Universität Athen
1938	Ehrenmitglied der Goethe-Gesellschaft in Weimar
	Ehrenmitglied der Mark Twain Society of Missouri, Webster Groves
	Ehrenmitglied der Physikalisch-Medizinischen Sozietät zu Erlangen
	Benennung des Planeten Nr. 1069: „Stella Planckia"
1939	Ehrenmitglied der Société Philomatique in Paris

	Ehrenmitglied der Ungarisch-Deutschen Gesellschaft in Budapest
1940	Auswärtiges Mitglied der Königlich Ungarischen Akademie der Wissenschaften zu Budapest
	Mitglied der Deutsch-Ungarischen Gesellschaft in Berlin
1941	Ehrenmitglied der Kaiserlich Deutschen Akademie der Naturforscher Leopoldina in Halle/S.
	Ehrenmitglied der Finnischen Akademie der Wissenschaften in Helsinki
1942	Ehrenmitglied der Wittheit zu Bremen
1943	Ehrenmitglied der Deutschen Akademie der Wissenschaften in Prag
	Ehrenmitglied der Medizinisch-Naturwissenschaftlichen Gesellschaft zu Jena
1944	Ehrensenator der Christian-Albrechts-Universität Kiel
1945	Goethe-Preis der Stadt Frankfurt a. M.
1945-1946	Präsident der Kaiser-Wilhelm-Gesellschaft zur Förderung der Wissenschaften
1946	Ehrenpräsident der Kaiser-Wilhelm-Gesellschaft zur Förderung der Wissenschaften
	Ehrenpräsident der Max-Planck-Gesellschaft zur Förderung der Wissenschaften in der britischen Zone
	Mitglied des Präsidiums der Leibniz-Stiftung für Kunst und Wissenschaft
1947	„Knight of Mark Twain" der Mark Twain Society of Missouri, Webster Groves Ehrenbürgerrecht der Stadt Kiel

Max-Planck-Schulen in Deutschland

Baden-Württemberg:
Max-Planck-Gymnasium, Murkenbachweg 4, 71032 Böblingen
Max-Planck-Realschule, Max-Planck-Straße 5, 75015 Bretten
Max-Planck-Gymnasium, Virchowstraße 30-44, 89518 Heidenheim
Max-Planck-Gymnasium, Krokusweg 49, 76199 Karlsruhe
Max-Planck-Realschule, Südring 9, 79189 Bad Krozingen
Max-Planck-Gymnasium, Max-Planck-Straße 12, 77933 Lahr
Max-Planck-Gymnasium, Steinenbergstraße 17, 72622 Nürtingen
Max-Planck-Gymnasium, Rehhaldenweg 2, 73614 Schorndorf

Bayern:
Max-Planck-Gymnasium, Weinbergerstraße 29, 81241 München

Berlin:
Max-Planck-Gymnasium, Singerstraße 8a, 10179 Berlin-Mitte

Hessen:
Max-Planck-Schule (Gymnasium), Realschulstraße 9, 64823 Groß-Umstadt
Max-Planck-Schule (Gymnasium), Joseph-Haydn-Straße 1, 65428 Rüsselsheim

Niedersachsen:
Max-Planck-Gymnasium, Max-Planck-Straße 4, 27749 Delmenhorst
Max-Planck-Gymnasium, Theaterplatz 10, 37073 Göttingen

Nordrhein-Westfalen:
Max-Planck-Gymnasium, Stapenhorststraße 96, 33615 Bielefeld
Max-Planck-Gymnasium, Ardeystraße 70/72, 44139 Dortmund
Max-Planck-Gymnasium, Koetschaustraße 36, 40474 Düsseldorf
Max-Planck-Gymnasium, Werner-Wild-Straße 12, 47137 Duisburg
Planckschule (Grundschule), Planckstraße 42, 45147 Essen
Max-Planck-Gymnasium, Goldbergstraße 91, 45894 Gelsenkirchen
Max-Planck-Realschule, Planckstraße 14, 51145 Köln-Porz
Max-Planck-Realschule, Max-Planck-Straße 10, 42277 Wuppertal

Rheinland-Pfalz:
Max-Planck-Gymnasium, Leuschnerstraße 121, 67063 Ludwigshafen
Max-Planck-Gymnasium, Sichelstraße 3, 54290 Trier

Saarland:
Max-Planck-Gymnasium, Pavillonstraße 24, 66740 Saarlouis

Sachsen:
„Haus Max Planck“ im Städtischen Gymnasium, Lessingstraße 8, 01587 Riesa

Schleswig-Holstein:
Max-Planck-Schule (Gymnasium), Winterbeker Weg 1, 24114 Kiel

In den Bundesländern Brandenburg, Bremen, Hamburg, Mecklenburg-Vorpommern, Sachsen-Anhalt und Thüringen gibt es nach Auskunft des jeweiligen Kultusministeriums keine staatlichen allgemeinbildenden oder berufsbildenden Schulen, die den Namen Max Plancks tragen.

Dokumente

Dokumente zum Wirken Max Plancks in der Kaiser-Wilhelm- und der Max-Planck-Gesellschaft

zusammengestellt von Marion Kazemi und Lorenz Friedrich Beck

Die folgenden ausgewählten Dokumente können und sollen nicht das gesamte Leben und Wirken Max Plancks widerspiegeln. Sie veranschaulichen Plancks Wirken in der Kaiser-Wilhelm-/ Max-Planck-Gesellschaft anhand der vorhandenen schriftlichen Zeugnisse in den Akten der Generalverwaltung beider Gesellschaften (Abteilung I KWG, Rep. 1A, und Abteilung II MPG, Rep. 1A), des Kaiser-Wilhelm-Instituts für Physik (Abteilung I, Rep. 34), in einzelnen Direktoren-Nachlässen, den inhaltlich und umfangmäßig bedeutendsten Beständen des Archivs (Abteilung III, Nachlässe Adolf Butenandt, Karl Friedrich Bonhoeffer, Walther Bothe, Otto Hahn) sowie in der Sammlung Fritz Haber (Abteilung Va, Rep. 5).
Den in gotisch-deutscher Handschrift verfassten Dokumenten ist zur leichteren Lektüre eine zeilengenaue Transkription beigegeben worden. Darin werden Abkürzungen – zumindest bei ihrem ersten Auftreten im Schriftstück – in kursiver Type aufgelöst. Offensichtliche Verschreibungen wurden stillschweigend korrigiert. Wichtige Vermerke wurden in den Fußnoten erläutert, Seiten- und Dokumentzählungen blieben unberücksichtigt.

Funktionen Plancks in der Kaiser-Wilhelm-/ Max-Planck-Gesellschaft

1916 – 1937	Senator der Kaiser-Wilhelm-Gesellschaft
7.12.1925 – 18.7.1930	2. Schriftführer der Kaiser-Wilhelm-Gesellschaft
18.7.1930 – 15.7.1937	Präsident der Kaiser-Wilhelm-Gesellschaft
1933	Harnack-Medaille für besondere Verdienste um die Kaiser-Wilhelm-Gesellschaft
1937	Ehrensenator
24.7.1945 – 31.3.1946	Wahrnehmung der Geschäfte des Präsidenten der Kaiser-Wilhelm-Gesellschaft
1.4.1946 – 4.10.1947	Ehrenpräsident der Kaiser-Wilhelm-Gesellschaft
23.11.1946 – 4.10.1947	Ehrenpräsident der Max-Planck-Gesellschaft in der Britischen Zone

1 nach Ulrike Kohl: Die Präsidenten der Kaiser-Wilhelm-Gesellschaft im Nationalsozialismus. Stuttgart 2002, S. 75.

Mitgliedschaft Plancks in Aufsichts- und Stiftungsgremien der Kaiser-Wilhelm-Gesellschaft (KWG)[1]

Kaiser-Wilhelm-Institut für Physik	Mitglied und zeitweise Vorsitzender des Kuratoriums und Direktoriums seit 1917
Mochizuki-Stiftung der KWG	Mitglied des Stiftungsrates seit 1922
Kaiser-Wilhelm-Institut für Strömungsforschung, verbunden mit der Aerodynamischen Versuchsanstalt	Kuratoriumsmitglied seit 1926
Arthur-Gwinner-Stiftung der KWG	Kuratoriumsmitglied seit 1928
Kaiser-Wilhelm-Institut für Metallforschung	Mitglied desVerwaltungsausschusses seit 1928, Vorsitzender des Kuratoriums seit 1931?
Biologische Station Lunz	Kuratoriumsmitglied seit 1931
Deutsches Entomologisches Institut der KWG	Vorsitzender des Kuratoriums seit 1931
Harnack-Haus der KWG	Mitglied des Vorstands und Vorsitzender des Verwaltungsrates seit 1931
Hydrobiologische Anstalt der KWG	Vorsitzender des Kuratoriums seit 1931?
Kaiser-Wilhelm-Institut für Arbeitsphysiologie	Vorsitzender des Verwaltungsausschusses und des Verwaltungsrates seit 1931
Kaiser-Wilhelm-Institut für ausländisches öffentliches Recht und Völkerrecht	Kuratoriumsmitglied seit 1931
Kaiser-Wilhelm-Institut für Chemie	Mitglied des Verwaltungsrates seit 1931
Kaiser-Wilhelm-Institut für Eisenforschung	Kuratoriumsmitglied seit 1931
Kaiser-Wilhelm-Institut für Hirnforschung	Kuratoriumsmitglied seit 1931

Kaiser-Wilhelm-Institut für Kohlenforschung	Kuratoriumsmitglied seit 1931
Kaiser-Wilhelm-Institut für Lederforschung	Kuratoriumsmitglied seit 1931
Kaiser-Wilhelm-Institut für physikalische Chemie und Elektrochemie	Kuratoriumsmitglied seit 1931
Kaiser-Wilhelm-Institut für Silikatforschung	Vorsitzender des Kuratoriums seit 1931
Kaiser-Wilhelm-Institut für Züchtungsforschung	Kuratoriumsmitglied und 3. Vorsitzender seit 1931
Schlesisches Kohlenforschungsinstitut der KWG	Kuratoriumsmitglied seit 1931

15. Juni 1916

Bericht über die 3. Hauptversammlung der Kaiser-Wilhelm-Gesellschaft zur Förderung der Wissenschaften.

Am 29. April 1916 vormittags fand im Kaiser-Wilhelm-Institut für Biologie in Berlin-Dahlem die 3. Hauptversammlung der Kaiser-Wilhelm-Gesellschaft zur Förderung der Wissenschaften statt. Anwesend waren neben den aus der Anlage ersichtlichen Mitgliedern der Gesellschaft: die Königlich Preußischen Staatsminister D. Dr. von Trott zu Solz, Minister der geistlichen und Unterrichts-Angelegenheiten, Dr. Sydow, Minister für Handel und Gewerbe, Dr. Lentze, Finanzminister, von Loebell, Minister des Innern und von Möller, ferner Ministerialdirektor Dr. Schmidt, Vertreter der Berliner wissenschaftlichen Körperschaften sowie zahlreiche weitere Ehrengäste. Seite 4

Ich teile dann weiter mit, daß Seine Majestät in Allerhöchster Entschließung bestimmt haben, daß die von ihm vor fünf Jahren ernannten Senatoren, die unterdessen von 10 auf 8 zusammengeschmolzen sind, weiter fünf Jahre hindurch fungieren sollen. Ferner hat Seine Majestät vier neue Senatoren ernannt, nämlich den Geheimen Regierungsrat Professor Dr. Planck in Berlin, den Geheimen Rat Universitätsprofessor Dr. Krehl in Heidelberg, den Geheimen Kommerzienrat Franz Haniel in Düsseldorf und den Kaiserlichen Gesandten Wirklichen Geheimen Rat von Waldthausen in Essen an der Ruhr. Diese Allerhöchste Entschließung liegt der Entschließung zugrunde, die soeben in einer vertraulichen Besprechung der Mitglieder der Kaiser-Wilhelm-Gesellschaft erfolgt ist und hier nur noch öffentlich ratifiziert zu werden braucht.

29.4.1916 – Wahl Plancks zum Senator durch die Hauptversammlung der Kaiser-Wilhelm-Gesellschaft (I. Abt., Rep. 1A KWG, Nr. 95, Bl. 6: Bericht über die 3. Hauptversammlung, S. 1f., Auszug).

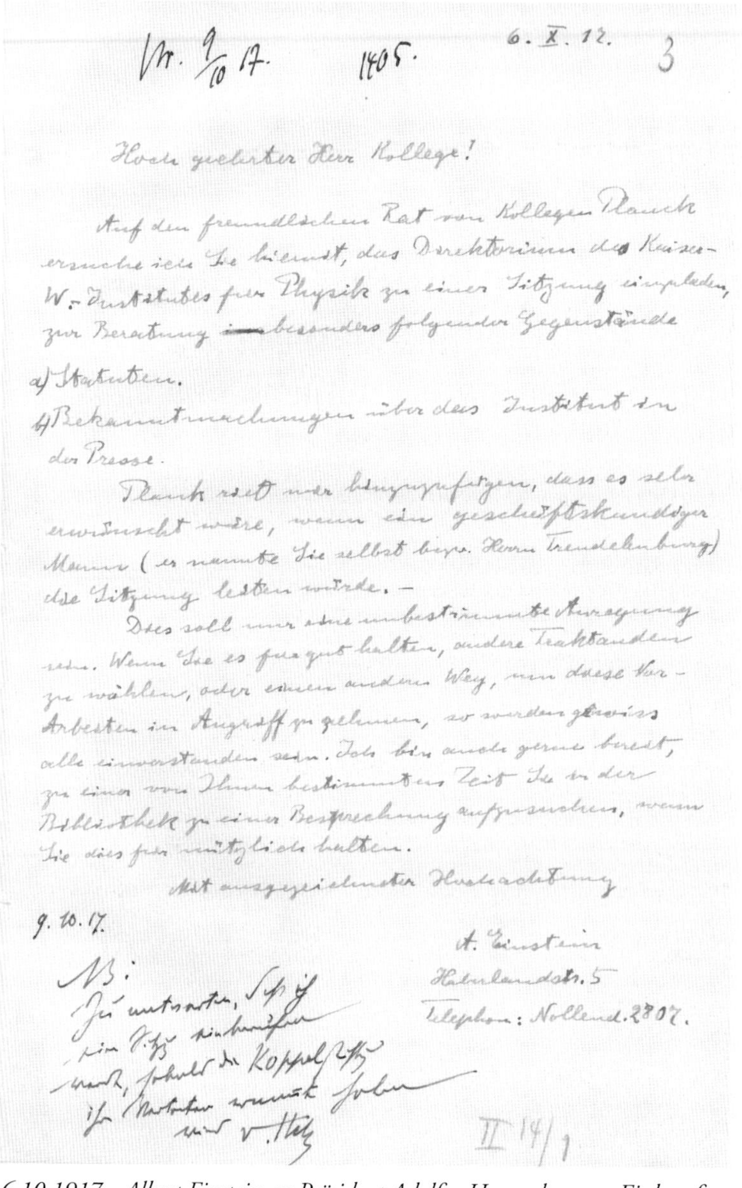

Nr. 9/10 17. 1405. 6. X. 17. 3

Hoch geehrter Herr Kollege!

Auf den freundlichen Rat von Kollegen Planck ersuche ich Sie hiermit, das Direktorium des Kaiser-W.-Institutes für Physik zu einer Sitzung einzuladen, zur Beratung besonders folgender Gegenstände

a) Statuten.

b) Bekanntmachungen über das Institut in der Presse.

Planck riet mir beizufügen, dass es sehr erwünscht wäre, wenn ein geschäftskundiger Mann (er nannte Sie selbst bezw. Herrn Trendelenburg) die Sitzung leiten würde. —

Dies soll nur eine unbestimmte Anregung sein. Wenn Sie es für gut halten, andere Traktanden zu wählen, oder einen andern Weg, um diese Arbeiten in Angriff zu nehmen, so werden gewiss alle einverstanden sein. Ich bin auch gerne bereit, zu einer von Ihnen bestimmten Zeit Sie in der Bibliothek zu einer Besprechung aufzusuchen, wenn Sie dies für nützlich halten.

Mit ausgezeichneter Hochachtung

9. 10. 17.

A. Einstein
Haberlandstr. 5
Telephon: Nollend. 2807.

II 14/1

6.10.1917 – Albert Einstein an Präsident Adolf v. Harnack wegen Einberufung einer Direktoriumssitzung des Kaiser-Wilhelm-Instituts für Physik (I. Abt., Rep. 1A KWG, Nr. 1656/1, Bl. 3).

pra*esentatum* 9/10 *19*17.*   6. X. *19*17.

Hochgeehrter Herr Kollege!

Auf den freundlichen Rat von Kollegen Planck ersuche ich Sie hiemit [!], das Direktorium des Kaiser-W*ilhelm*-Institutes für Physik zu einer Sitzung einzuladen, zur Beratung ~~ins~~besonders folgender Gegenstände
a) Statuten.
b) Bekanntmachungen über das Institut in der Presse.

Plank [!] riet mir hinzuzufügen, dass es sehr erwünscht wäre, wenn ein geschäftskundiger Mann (er nannte Sie selbst b*eziehungs*w*eise* Herrn Trendelenburg) die Sitzung leiten würde. –

Dies soll nur eine unbestimmte Anregung sein. Wenn Sie es für gut halten, andere Traktanden zu wählen, oder einen andern Weg, um diese Vor-Arbeiten in Angriff zu nehmen, so werden gewiss alle einverstanden sein. Ich bin auch gerne bereit, zu einer von Ihnen bestimmten Zeit Sie in der Bibliothek zu einer Besprechung aufzusuchen, wenn Sie dies für nützlich halten.

Mit ausgezeichneter Hochachtung
A. Einstein
Haberlandstr*asse* 5
Telephon: Nollend*orf* 2807.

9.10.*19*17.
N*ota* B*ene*:
Zu antworten, daß ich eine Sitzung einberufen werde, sobald die Koppelstiftung ihre Vertreter ernannt haben wird. v*on* H*arna*ck

* Eingangsvermerk von der Hand v. Harnacks.

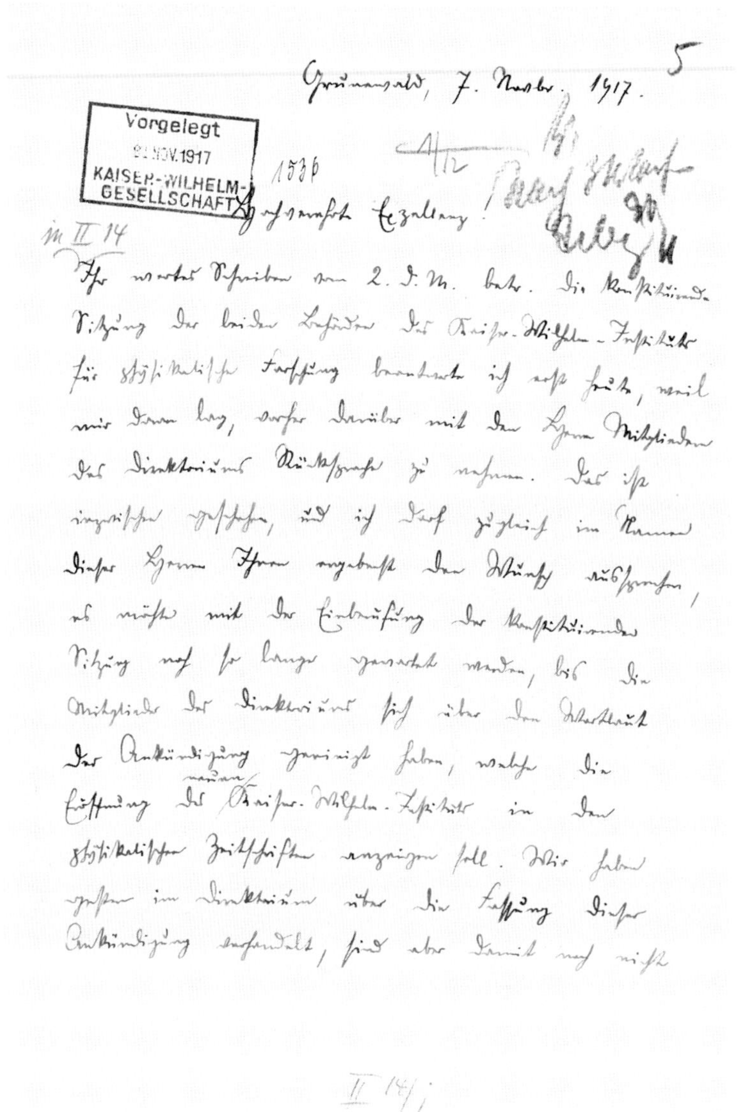

Vorgelegt [illegible] NOV. 1917 KAISER-WILHELM-GESELLSCHAFT

Grunewald, 7. Novbr. 1917.

Hochverehrte Exzellenz!

Ihr werthes Schreiben vom 2. d. M. betr. die konstituierende Sitzung der beiden Behörden des Kaiser-Wilhelm-Instituts für physikalische Forschung beantworte ich erst heute, weil mir daran lag, vorher darüber mit den Herren Mitgliedern des Direktoriums Rücksprache zu nehmen. Das ist inzwischen geschehen, und ich darf zugleich im Namen dieser Herren Ihnen ergebenst den Wunsch aussprechen, es möchte mit der Einberufung der konstituierenden Sitzung noch so lange gewartet werden, bis die Mitglieder des Direktoriums sich über den Wortlaut der Ankündigung geeinigt haben, welche die Eröffnung des neuen Kaiser-Wilhelm-Instituts in den physikalischen Zeitschriften anzeigen soll. Wir haben gestern im Direktorium über die Fassung dieser Ankündigung verhandelt, sind aber damit noch nicht

7.11.1917 – Planck an Präsident Adolf v. Harnack wegen der konstituierenden Sitzung von Direktorium und Kuratorium des neuen Kaiser-Wilhelm-Instituts für physikalische Forschung und wegen der Bekanntmachung der Gründung (I. Abt., Rep. 1A KWG, Nr. 1656/1, Bl. 5).

Grunewald, 7. Nov*em*b*e*r 1917.

[Eingangsstempel]

Hochverehrte Exzellenz!

Ihr wertes Schreiben vom 2. d*es* M*onats* betr*effend* die konstituierende Sitzung der beiden Behörden des Kaiser-Wilhelm-Instituts für physikalische Forschung beantworte ich erst heute, weil mir daran lag, vorher darüber mit den Herren Mitgliedern des Direktoriums Rücksprache zu nehmen. Das ist inzwischen geschehen, und ich darf zugleich im Namen dieser Herren Ihnen ergebenst den Wunsch aussprechen, es möchte mit der Einberufung der konstituierenden Sitzung noch so lange gewartet werden, bis die Mitglieder des Direktoriums sich über den Wortlaut der Ankündigung geeinigt haben, welche die Eröffnung des neuen Kaiser-Wilhelm-Instituts in den physikalischen Zeitschriften anzeigen soll. Wir haben gestern im Direktorium über die Fassung dieser Ankündigung verhandelt, sind aber damit noch nicht

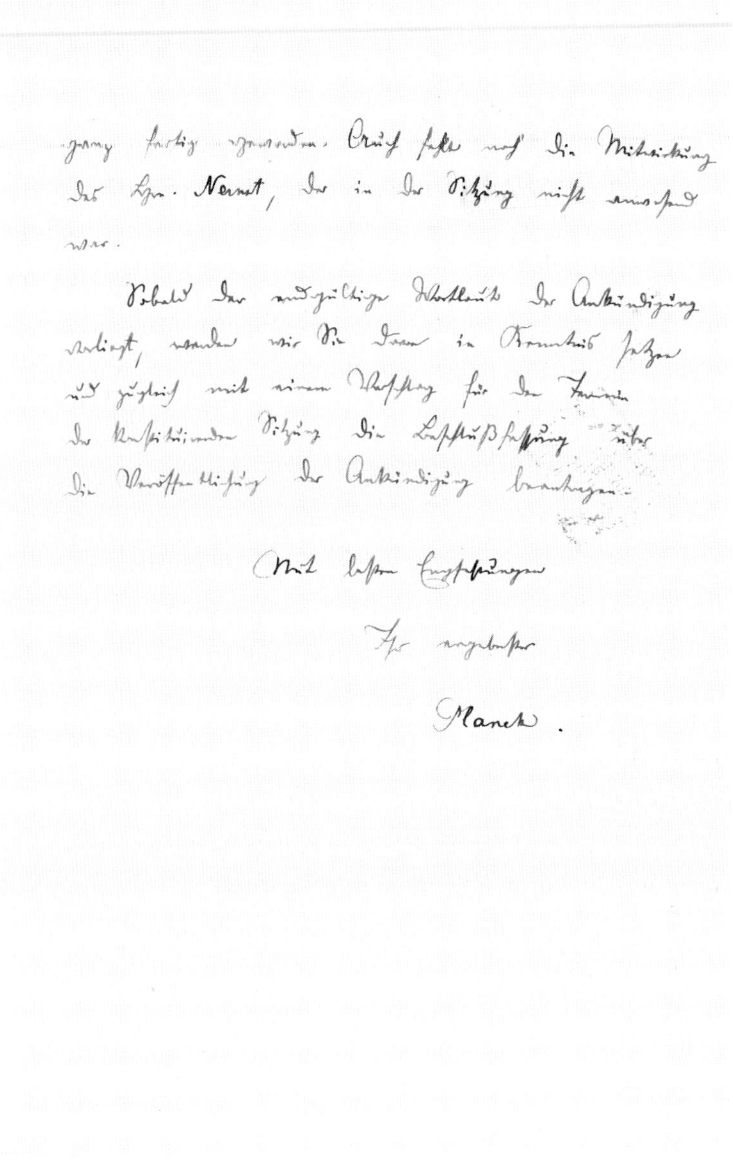

ganz fertig geworden. Auch fehlt noch die Mitwirkung des Hrn. Nernst, der in der Sitzung nicht anwesend war.

Sobald der endgültige Wortlaut der Ankündigung vorliegt, werden wir Sie davon in Kenntniß setzen und zugleich mit einem Vorschlag für den Termin der konstituierenden Sitzung die Beschlußfassung über die Veröffentlichung der Ankündigung beantragen.

Mit besten Empfehlungen

Ihr ergebenster

Planck.

ganz fertig geworden. Auch fehlt noch die Mitwirkung des H*er*rn Nernst, der in der Sitzung nicht anwesend war.

Sobald der endgültige Wortlaut der Ankündigung vorliegt, werden wir Sie davon in Kenntnis setzen und zugleich mit einem Vorschlag für den Termin der konstituierenden Sitzung die Beschlußfassung über die Veröffentlichung der Ankündigung beantragen.

Mit besten Empfehlungen

Ihr ergebenster

Planck.

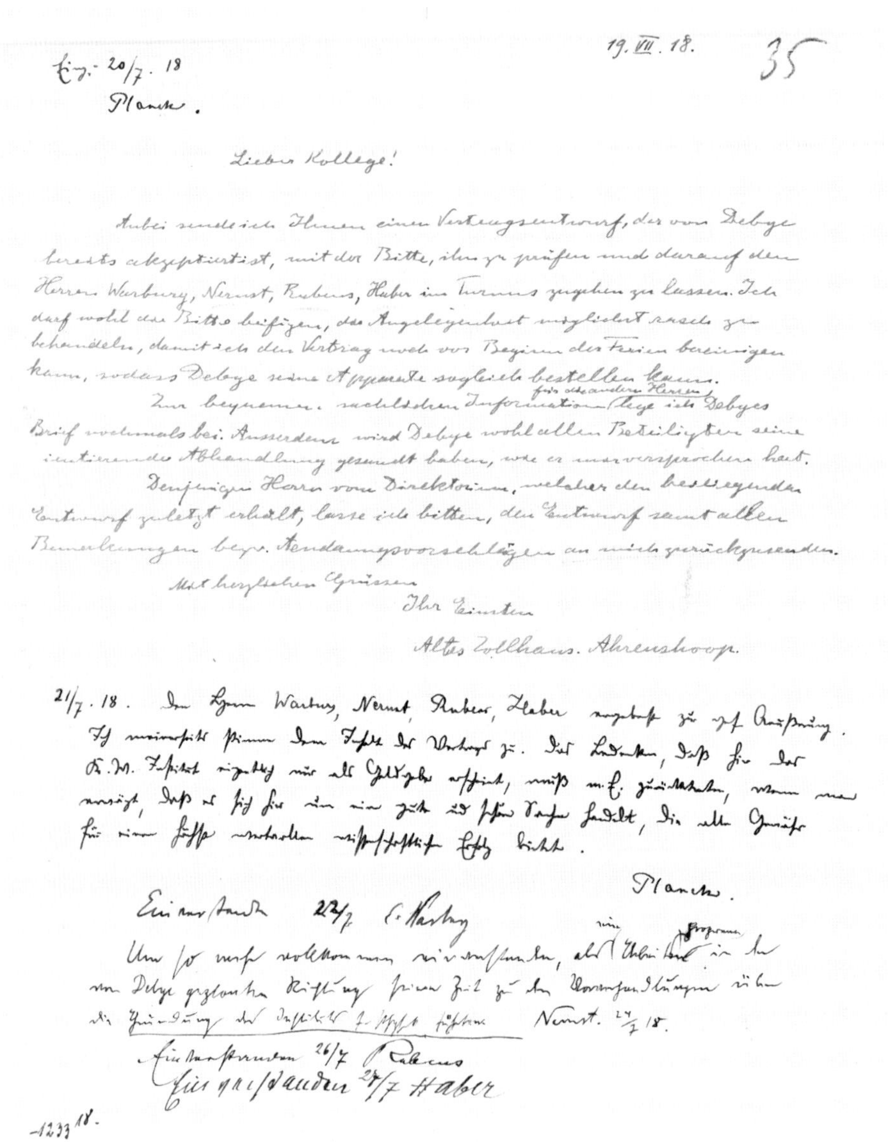

Eing. 20/7. 18
Planck.

19. VII. 18. 35

Lieber Kollege!

Anbei sende ich Ihnen einen Vertragsentwurf, der von Debye bereits akzeptiert ist, mit der Bitte, ihn zu prüfen und darauf den Herren Warburg, Nernst, Rubens, Haber im Turnus zugehen zu lassen. Ich darf wohl die Bitte beifügen, die Angelegenheit möglichst rasch zu behandeln, damit ich den Vertrag noch vor Beginn der Ferien bereinigen kann, sodass Debye seine Apparate sogleich bestellen kann.

Zur bequemen sachlichen Information für die anderen Herren lege ich Debyes Brief nochmals bei. Ausserdem wird Debye wohl allen Beteiligten seine interessante Abhandlung gesandt haben, wie er mir versprochen hat.

Denjenigen Herrn vom Direktorium, welcher den beiliegenden Entwurf zuletzt erhält, lasse ich bitten, den Entwurf samt allen Bemerkungen bezw. Aenderungsvorschlägen an mich zurückzusenden.

Mit herzlichen Grüssen
Ihr Einstein

Altes Zollhaus. Ahrenshoop.

21/7. 18. An Herren Warburg, Nernst, Rubens, Haber ergebenst zur gef. Äußerung. Ich meinerseits stimme dem Entwurf des Vertrags zu. Das Bedenken, daß hier das K. W. Institut eigentlich nur als Geldgeber auftritt, muß m. E. zurücktreten, wenn man erwägt, daß es sich hier um eine [illegible] schöne Sache handelt, die allen Gesuchen für einen [illegible] [illegible] Erfolg bietet.

Planck.

Einverstanden 22/7 E. Warburg

Um so mehr vollkommen einverstanden, als [illegible] ein Arbeitsprogramm in der von Debye geplanten Richtung seiner Zeit zu den Verhandlungen über die Gründung des Instituts f. Physik führten. Nernst. 24/7 18.

Einverstanden 26/7 Rubens

Einverstanden 27/7 Haber

-1233 18.

19.7.1918 – Albert Einstein an Max Planck als Direktoriumsmitglied des Kaiser-Wilhelm-Instituts für Physik wegen eines Förderantrags von Peter Debye mit Antwort Plancks und der anderen Direktoriumsmitglieder (I. Abt., Rep. 1A KWG, Nr. 1656/3, Bl. 35).

Ein*gegangen* 20/7. *19*18
Planck.*

19. VII. *19*18.

Lieber Kollege!

Anbei sende ich Ihnen einen Vertragsentwurf, der von Debye bereits akzeptiert ist, mit der Bitte, ihn zu prüfen und darauf den Herren Warburg, Nernst, Rubens, Haber im Turnus zugehen zu lassen. Ich darf wohl die Bitte beifügen, die Angelegenheit möglichst rasch zu behandeln, damit ich den Vertrag noch vor Beginn der Ferien bereinigen kann, sodass Debye seine Apparate sogleich bestellen kann.

Zur bequemen, sachlichen Information für die andern Herren lege ich Debyes Brief nochmals bei. Ausserdem wird Debye wohl allen Beteiligten seine orientierende Abhandlung gesandt haben, wie er mir versprochen hat.

Denjenigen Herren vom Direktorium, welcher den beiliegenden Entwurf zuletzt erhält, lasse ich bitten, den Entwurf samt allen Bemerkungen bez*iehungsweise* Aenderungsvorschlägen an mich zurückzusenden.

Mit herzlichen Grüssen

Ihr Einstein
Altes Zollhaus. Ahrenshoop.

21/7. *19*18. Den Herren Warburg, Nernst, Rubens, Haber ergebenst zur gefälligen Aeußerung.
Ich meinerseits stimme dem Inhalt des Vertrags zu. Das Bedenken, daß hier das K*aiser* W*ilhelm* Institut eigentlich nur als Geldgeber erscheint, muß m*eines* E*rachtens* zurücktreten, wenn man erwägt, dass es sich hier um eine gute und schöne Sache handelt, die alle Gewähr für einen höchst wertvollen wissenschaftlichen Erfolg bietet.

Planck.

Einverstanden 22/7. E*mil* Warburg

Um so mehr vollkommen einverstanden, als ein Arbeitsprogramm in der von Debye geplanten Richtung seiner Zeit zu den Vorverhandlungen über die Gründung des Instituts f*ür* Physik führten. Nernst. 24/7 *19*18.

Einverstanden 26/7 Rubens
Einverstanden 27/7 Haber

* Eingangsvermerk von der Hand Plancks.

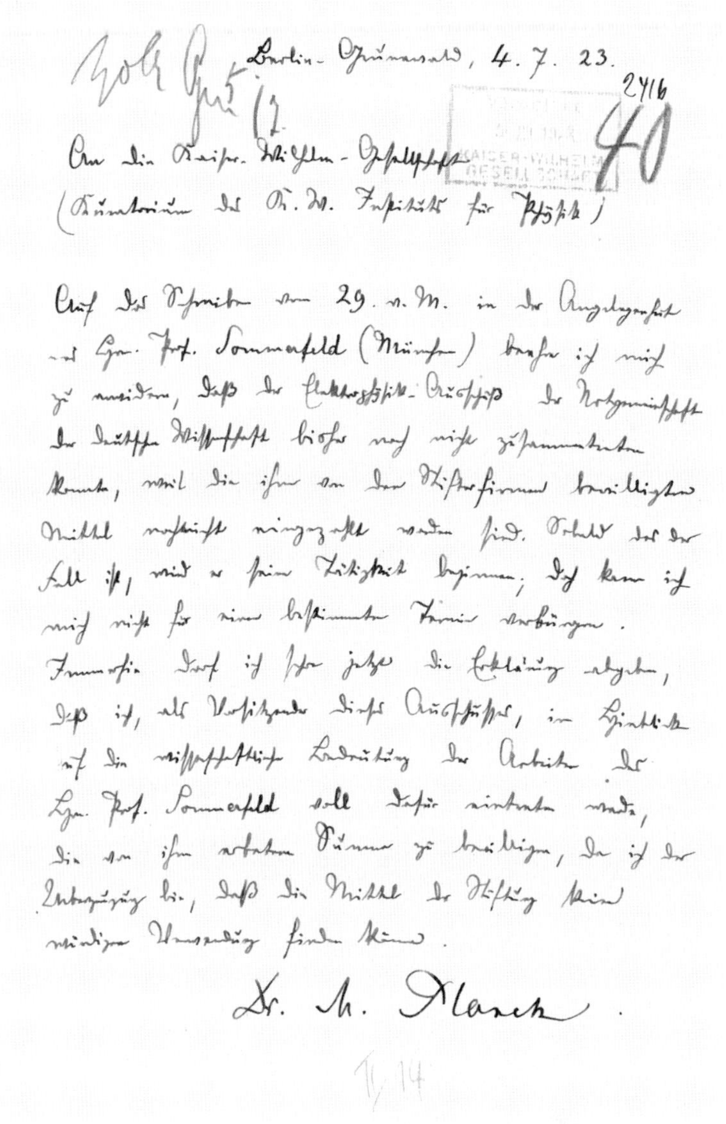

Berlin-Grunewald, 4.7.23.

An die Kaiser-Wilhelm-Gesellschaft
(Kuratorium des K. W. Instituts für Physik)

Auf das Schreiben vom 29. v. M. in der Angelegenheit des Hrn. Prof. Sommerfeld (München) beehre ich mich zu erwidern, daß der Elektrophysik-Ausschuß der Notgemeinschaft der deutschen Wissenschaft bisher noch nicht zusammentreten konnte, weil die ihm von den Stifterfirmen bewilligten Mittel noch nicht eingezahlt worden sind. Sobald das der Fall ist, wird er seine Tätigkeit beginnen; doch kann ich mich nicht für einen bestimmten Termin verbürgen.

Immerhin darf ich schon jetzt die Erklärung abgeben, daß ich, als Vorsitzender dieses Ausschusses, im Hinblick auf die wissenschaftliche Bedeutung der Arbeiten des Hrn. Prof. Sommerfeld voll dafür eintreten werde, die von ihm erbetenen Summen zu bewilligen, da ich der Überzeugung bin, daß die Mittel der Stiftung keine würdigere Verwendung finden können.

Dr. M. Planck.

4.7.1923 – Planck als Vorsitzender des Elektrophysik-Ausschusses der Notgemeinschaft der deutschen Wissenschaft zu einem Förderantrag von Arnold Sommerfeld an das Kuratorium des Kaiser-Wilhelm-Intituts für Physik (I. Abt., Rep. 1A KWG, Nr. 1659/2, Bl. 40).

Zu d*en* A*kten* G*lum* 5./7. Berlin-Grunewald, 4. 7. *1923*.

An die Kaiser-Wilhelm-Gesellschaft
(Kuratorium des K*aiser* W*ilhelm* Instituts für Physik)

Auf das Schreiben vom 29. v*origen* M*onats* in der Angelegenheit des H*er*rn Prof*essor* Sommerfeld (München) beehre ich mich zu erwidern, daß der Elektrophysik-Ausschuß der Notgemeinschaft der deutschen Wissenschaft bisher noch nicht zusammentreten konnte, weil die ihm von den Stifterfirmen bewilligten Mittel nochnicht eingezahlt worden sind. Sobald das der Fall ist, wird er seine Tätigkeit beginnen; doch kann ich mich nicht für einen bestimmten Termin verbürgen. Immerhin darf ich schon jetzt die Erklärung abgeben, daß ich als Vorsitzender dieses Ausschusses, im Hinblick auf die wissenschaftliche Bedeutung der Arbeiten des H*er*rn Prof*essor* Sommerfeld voll dafür eintreten werde, die von ihm erbetene Summe zu bewilligen, da ich der Ueberzeugung bin, dass die Mittel der Stiftung keine würdigere Verwendung finden können.

Dr. M*ax* Planck.

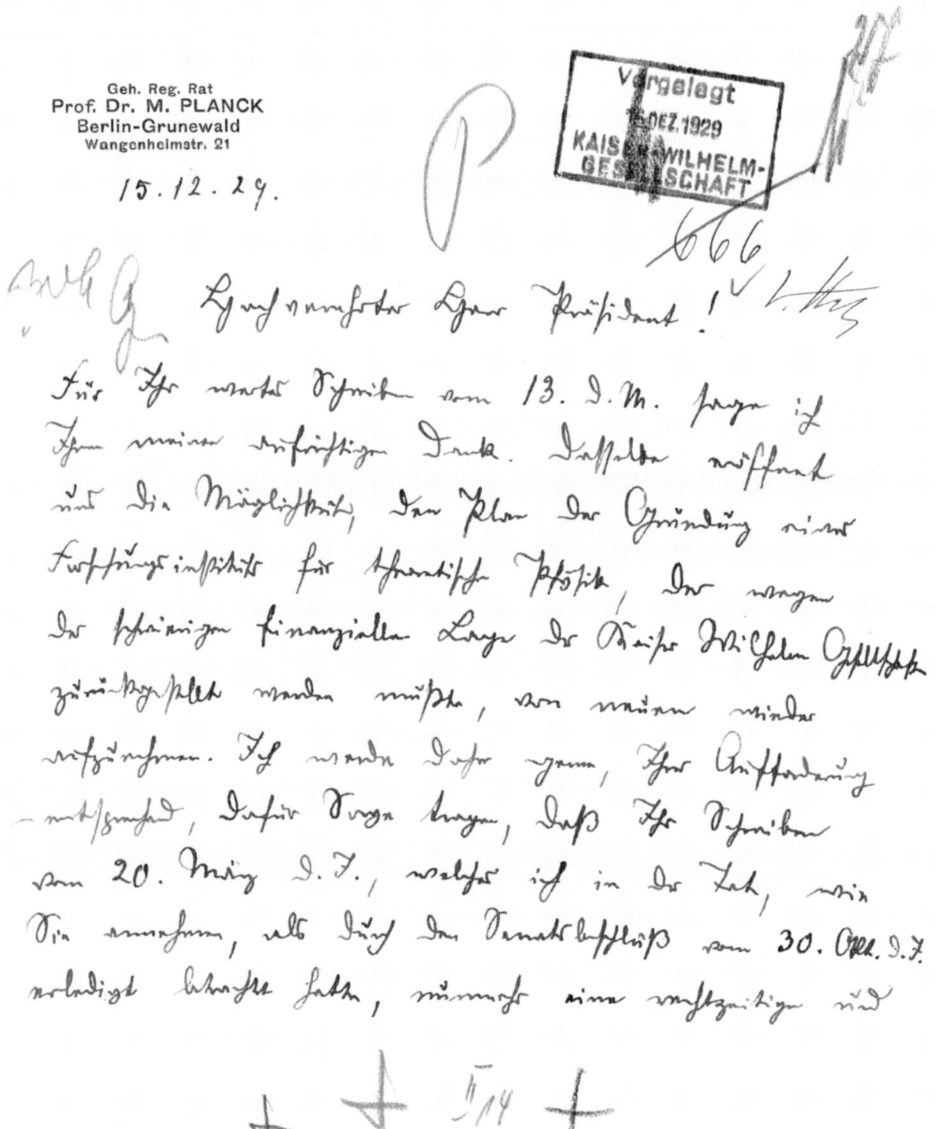

Geh. Reg. Rat
Prof. Dr. M. PLANCK
Berlin-Grunewald
Wangenheimstr. 21

15. 12. 29.

Vorgelegt
DEZ. 1929
KAISER-WILHELM-GESELLSCHAFT

666

Hochverehrter Herr Präsident!

Für Ihr werthes Schreiben vom 13. d. M. sage ich
Ihnen meinen aufrichtigen Dank. Dasselbe eröffnet
uns die Möglichkeit, den Plan der Gründung eines
Forschungsinstituts für theoretische Physik, der wegen
der schwierigen finanziellen Lage der Kaiser Wilhelm Gesellschaft
zurückgestellt werden mußte, von neuem wieder
aufzunehmen. Ich werde daher gern, Ihrer Aufforderung
entsprechend, dafür Sorge tragen, daß Ihr Schreiben
vom 20. März d. J., welches ich in der That, wie
Sie annehmen, als durch den Senatsbeschluß vom 30. Okt. d. J.
erledigt betrachtet hatte, nunmehr eine rechtzeitige und

15.12.1929 – Planck an Präsident Adolf v. Harnack zum Plan eines Kaiser-Wilhelm-Instituts für theoretische Physik (I. Abt., Rep. 1A KWG, Nr. 1650/3, Bl. 27).

[Absender: Stempel] [Eingangsstempel]

15. 12. *1929*.

Zu d*en* A*kten* G*lum* v*on* H*arna*ck

Hochverehrter Herr Präsident!

Für ihr wertes Schreiben vom 13. d*es* M*onats* sage ich Ihnen meinen aufrichtigen Dank. Dasselbe eröffnet uns die Möglichkeit, den Plan der Gründung eines Forschungsinstituts für theoretische Physik, das wegen der schwierigen finanziellen Lage der Kaiser Wilhelm Gesellschaft zurückgestellt werden mußte, von neuem wieder aufzunehmen. Ich werde daher gern, Ihrer Aufforderung entsprechend, dafür Sorge tragen, daß Ihr Schreiben vom 20. März d*es* J*ahres*, welches ich in der Tat, wie Sie annehmen, als durch den Senatsbeschluß vom 30. Okt*ober* d*es* J*ahres* erledigt betrachtet hatte, nunmehr eine rechtzeitige und möglichst vollständige Beantwortung findet. Ich habe mich deshalb bereits mit dem stellvertretenden Direktor des Kaiser Wilhelm Instituts für Physik, Herrn v. Laue, in Verbindung gesetzt und ihn gebeten, sich seinerseits auch an Herrn Generaldirektor Dr. Glum zu wenden.

Mit bestem Gruß Ihr stets ergebener

M. Planck.

möglichst vollständige Beantwortung findet. Ich habe mich deshalb bereits mit dem stellvertretenden Direktor des Kaiser Wilhelm Instituts für Physik, Herrn v*on* Laue, in Verbindung gesetzt und ihn gebeten, sich seinerseits auch an Herrn Generaldirektor Dr. Glum zu wenden.

Mit bestem Gruß Ihr stets ergebener

M*ax* Planck.

KWG

7

22. Juli 0

1. geschr. am 21.7.30
abges. am R. 23/7.

Hochverehrter Herr Geheimrat!

Indem ich Ihnen, nochmals mit meinen herzlichsten Glückwünschen, in der Anlage die Urkunde über Ihre Wahl zum Präsidenten der Kaiser Wilhelm-Gesellschaft zur Förderung der Wissenschaften überreiche, beehre ich mich Ihnen zu bestätigen, daß der Senat der Kaiser Wilhelm-Gesellschaft die Wahl einstimmig vollzogen hat, nachdem ihm zur Kenntnis gebracht worden war, daß Sie die Wahl nur unter der ausdrücklichen Voraussetzung anzunehmen bereit wären, daß Ihnen mit Rücksicht auf Ihre vielseitige wissenschaftliche Tätigkeit eine Belastung mit repräsentativen Verpflichtungen durch weitestgehende Unterstützung seitens der übrigen Mitglieder des Verwaltungsausschusses möglichst erspart bleiben möge. Ich darf hinzusetzen, daß ich persönlich nach Kräften Sie gern in der Ausübung Ihrer repräsentativen Verpflichtungen unterstützen werde, das gleiche ist von den Mitgliedern des Verwaltungsausschusses, die an der Senatssitzung teilgenommen haben, mir versichert worden.

Gl/Roe.21.7.30

Mit dem Ausdruck meiner besonderen Verehrung
verbleibe ich
stets Ihr sehr ergebener

Seiner Hochwohlgeboren
Herrn Geh.Reg.Rat Prof.Dr. P l a n c k
Präsident der Kaiser Wilhelm-Gesellschaft
zur Förderung der Wissenschaften
B e r l i n - G r u n e w a l d
Wangenheimstraße 21

22.7.1930 – Gustav Krupp v. Bohlen und Halbach an Planck wegen Übernahme der Präsidentschaft (II. Abt., Rep. 1A MPG, PA Planck, Nr. 1, Bl. 7).

1. **Aktennotiz.** 25.Januar 1931

Wie ich aus den Akten ersehe, hat mein Amtsvorgänger Adolf v. Harnack alljährlich am 27. Januar dem ehemaligen Protektor der Kaiser Wilhelm-Gesellschaft, Kaiser Wilhelm II., seinen Glückwunsch zum Geburtstag ausgesprochen und dabei zugleich einen kurz gefassten Bericht abgestattet über die wichtigsten Ereignisse in der Gesellschaft, besonders über die Neugründung von Instituten und über weitere Aufgaben und Pläne. Es ~~tritt~~ trat an mich die Frage heran, ob es angemessen sei diese Gepflogenheit meines Amtsvorgängers fortzusetzen. Dafür sprach vor allem das Gefühl der Pietät, welches ich als Präsident der Kaiser Wilhelm-Gesellschaft dem Manne gegenüber schulde, dem die Gesellschaft Dasein und Namen verdankt, ausserdem die natürliche Ehrerbietung, die ich dem ehemaligen Landesherrn auch nach seiner Abdankung immer noch bewahre und zeitlebens bewahren werde. Aber von grösserem Gewicht war für mich doch die Erwägung, dass ich mich, zum Unterschied von meinem Amtsvorgänger, durch keine nähere persönliche Beziehung mit dem ehemaligen Kaiser verbunden fühle, dass ich vielmehr durch die Absendung eines besonderen Glückwunsches eine Verbindung neu anknüpfen würde, die sich nur begründen liesse durch meine Berufung an die Spitze der Kaiser Wilhelm-Gesellschaft, und die vielleicht allerlei noch garnicht zu übersehende Folgerungen auch für die Gesellschaft nach sich ziehen würde. In dieser Hinsicht halte ich es für eine ernste und wichtige Pflicht, nach aussen hin jeden Schritt zu vermeiden, der zu unzutreffenden Schlüssen über eine einseitige politische Einstellung der Kaiser Wilhelm-Gesellschaft Veranlassung geben könnte. Gerade mit Rücksicht auf den gegenwärtig zur Verhandlung stehenden Antrag auf eine Namensänderung der Gesellschaft muss der grösste Nachdruck darauf gelegt werden, dass dem Namen der Gesellschaft keinerlei aktuelle politische, sondern ausschliesslich historische Bedeutung zukommt.

Aus diesen Gründen habe ich von der Absendung eines Glückwunschschreibens Abstand genommen und gedenke das auch in der Folgezeit zu tun.

2. Herrn Dr. Glum z.gefl.Kenntnisnahme
3. z.d.A.

Glum I A 3 Planck

25.1.1931 – Planck lehnt ein Glückwunschtelegramm an den ehemaligen Protektor der Kaiser-Wilhelm-Gesellschaft, Wilhelm II., ab (I. Abt., Rep. 1A KWG, Nr. 39, Bl. 16).

87

N i e d e r s c h r i f t

über die Sitzung des Kuratoriums und Direktoriums
des Kaiser Wilhelm=Instituts für Physik
am 14.Juli 1931, nachmittags 5 Uhr,
im Schloss zu Berlin

Anwesend unter dem Vorsitz des Herrn Präsidenten die Herren :

Einstein, Franck, Glum, Haber, Konen, von Laue, Nernst, Planck, Schmidt-Ott, Schrödinger.

Als Vertreter des Ministeriums für Wissenschaft Kunst und Volksbildung : Min.-Dir.Richter und Min.-Rat Leist,

als Vertreter des Reichsministeriums des Innern: Min.-Rat Niessen,

ferner der Verwaltungsassistent der Kaiser Wilhelm=Gesellschaft Dr. Telschow.

Der Präsident begrüsst die Erschienenen und führt folgendes aus :

Man befände sich in einer sehr schweren Zeit, die zu äusserster Sparsamkeit zwinge. Für den Bau des Kaiser Wilhelm = Instituts für Physik sei, wie bekannt, nicht die Aufbringung neuer Mittel erforderlich, sondern es handele sich um die Verwendung von Beträgen, die für den Bau bereits von der Rockefeller Foundation bewilligt seien, und die bei Nichtbenutzung eventl. verloren gingen. Schon öfter seien in schweren Zeiten grosse Werke entstanden. Man dürfe nicht nur an die Gegenwart denken, sondern müsse den Blick auch in die Zukunft richten. Die Bedeutung des Instituts und seine Notwendigkeit seien anerkannt. Eine Denkschrift der Herren von Laue und Ladenburg über ihre Erfahrungen anlässlich ihrer Reise nach Amerika, die er auf Wunsch den Mitgliedern des Kuratoriums zur Verfügung stelle, enthalte wertvolles Material für die Zukunft.

I 14

14.7.1931 – Protokoll der Sitzung des Kuratoriums und Direktoriums des Kaiser-Wilhelm-Instituts für Physik (I. Abt., Rep. 1A KWG, Nr. 1650/7, Bl. 87f.).

Aus den verschiedensten Gründen sei es wünschenswert, das neue Institut in eine enge Beziehung zu der Berliner Universität zu bringen. Und zwar denke er an eine weitgehende Kooperation, die am sichersten dadurch herbeizuführen sei, dass der Direktor des Universitätsinstituts neben Herrn von Laue zum Direktor des geplanten Kaiser Wilhelm-Instituts ernannt würde. Er stelle daher diese Frage zur Diskussion.

In der Debatte, an der sich die Herren von Laue, Nernst, Richter, Haber, Franck, Niessen, Glum, Einstein, Konen beteiligten, wurde der Plan der Kooperation mit der Universität lebhaft begrüsst und der Vorsitzende von dem Kuratorium gebeten, mit dem Preussischen Ministerium für Wissenschaft, Kunst und Volksbildung die erforderlichen Verhandlungen zu führen.

Planck. Glum.

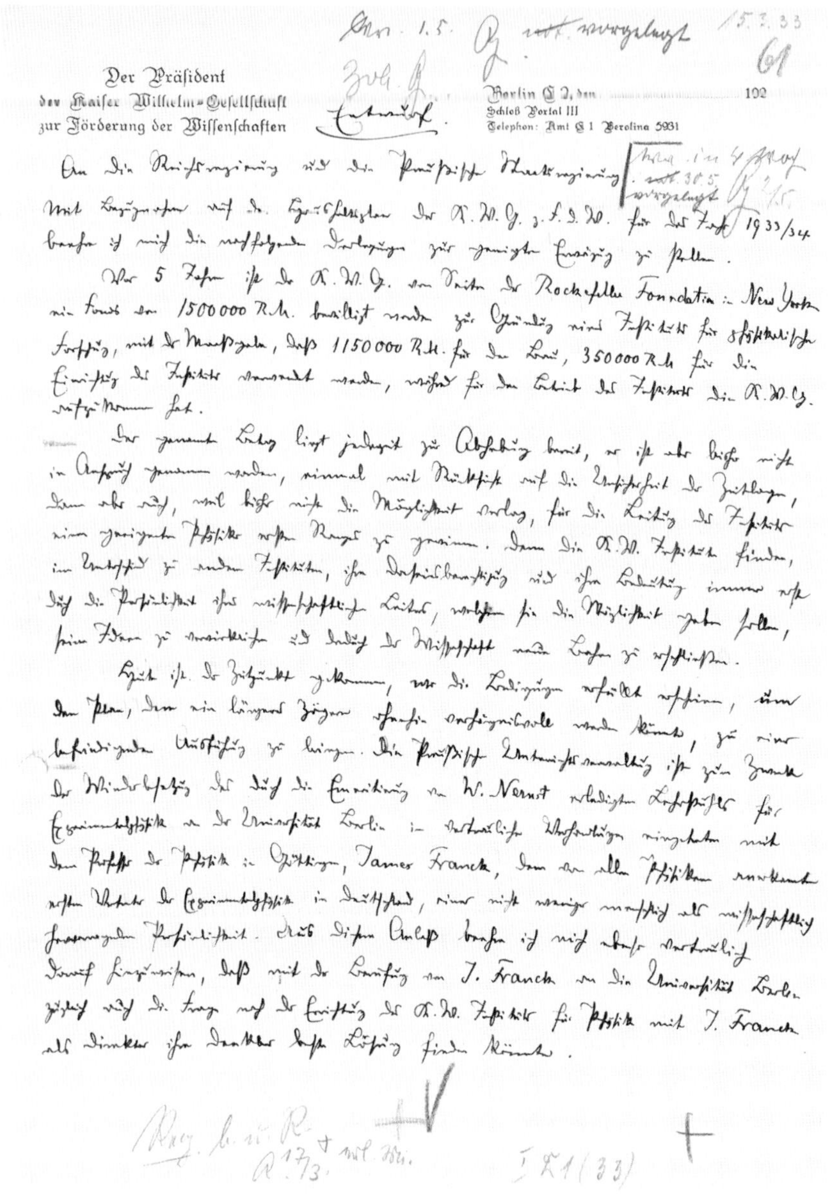

Der Präsident
der Kaiser Wilhelm-Gesellschaft
zur Förderung der Wissenschaften

Entwurf

Berlin C 2, den 192
Schloß Portal III
Telephon: Amt C 1 Berolina 5931

15.3.33

61

An die Reichsregierung und die Preußische Staatsregierung

Mit Bezugnahme auf den Geschäftsbericht der K.W.G. z.F.d.W. für das Jahr 1933/34 beehre ich mich die nachfolgende Darlegung zur geneigten Erwägung zu stellen.

Vor 5 Jahren ist der K.W.G. von Seiten der Rockefeller Foundation in New York ein Fonds von 1500000 RM. bewilligt worden zur Gründung eines Instituts für physikalische Forschung, mit der Maßgabe, daß 1150000 RM. für den Bau, 350000 RM für die Einrichtung des Instituts verwendet werden, während für den Betrieb des Instituts die K.W.G. aufzukommen hat.

Der genannte Betrag liegt jederzeit zur Abhebung bereit, er ist aber bisher nicht in Anspruch genommen worden, einmal mit Rücksicht auf die Unsicherheit der Zeitlage, dann aber auch, weil bisher nicht die Möglichkeit vorlag, für die Leitung des Instituts einen geeigneten Physiker ersten Ranges zu gewinnen. Denn die K.W. Institute finden, im Unterschied zu andern Instituten, ihre Daseinsberechtigung und ihre Bedeutung immer erst durch die Persönlichkeit ihres wissenschaftlichen Leiters, welchem sie die Möglichkeit geben sollen, seine Ideen zu verwirklichen und dadurch der Wissenschaft neue Bahnen zu erschließen.

Jetzt ist der Zeitpunkt gekommen, wo die Bedingungen erfüllt scheinen, um den Plan, dem ein längeres Zögern ernstlich verhängnisvoll werden könnte, zu einer befriedigenden Ausführung zu bringen. Die Preußische Unterrichtsverwaltung ist zum Zwecke der Wiederbesetzung des durch die Emeritierung von W. Nernst erledigten Lehrstuhls für Experimentalphysik an der Universität Berlin in vorläufige Verhandlungen eingetreten mit dem Professor der Physik in Göttingen, James Franck, dem von allen Physikern anerkannten ersten Vertreter der Experimentalphysik in Deutschland, einer nicht weniger menschlich als wissenschaftlich hervorragenden Persönlichkeit. Aus diesem Anlaß beehre ich mich ebenso dringlich darauf hinzuweisen, daß mit der Berufung von J. Franck an die Universität Berlin zugleich auch die Frage nach der Errichtung des K.W. Instituts für Physik mit J. Franck als Direktor ihre denkbar beste Lösung finden könnte.

15.3.1933 – Entwurf eines Schreibens Plancks an die Reichsregierung und die Preußische Staatsregierung wegen Unterhalt eines neuen, von der Rockefeller Foundation errichteten Kaiser-Wilhelm-Instituts für Physik und Berufung von James Franck als Direktor; abgesandt am 1.5.1933 (I. Abt., Rep. 1A KWG, Nr. 361/7, Bl. 61).

15. 3. 1933

[Briefkopf]*

Entwurf.

An die Reichsregierung und die Preußische Staatsregierung.

Mit Bezugnahme auf den Haushaltsplan der K.W.G. z. F. d. W.** für das Jahr 1933/34 beehre ich mich die nachfolgenden Darlegungen zur geneigten Erwägung zu stellen.

Vor 5 Jahren ist der K.W.G. von Seiten der Rockefeller Foundation in New York ein Fonds von 1 500 000 R*eichs* M*ark* bewilligt worden zur Gründung eines Instituts für physikalische Forschung, mit der Maaßgabe, daß 1 150 000 RM. für den Bau, 350 000 RM für die Einrichtung des Instituts verwendet werden, während für den Betrieb des Instituts die K.W.G. aufzukommen hat.

Der genannte Betrag liegt jederzeit zur Abhebung bereit, er ist aber bisher nicht in Anspruch genommen worden, einmal mit Rücksicht auf die Unsicherheit der Zeitlage, dann aber auch, weil bisher nicht die Möglichkeit vorlag, für die Leitung des Instituts einen geeigneten Physiker ersten Ranges zu gewinnen. Denn die K*aiser* W*ilhelm* Institute finden, im Unterschied zu anderen Instituten, ihre Daseinsberechtigung und ihre Bedeutung immer erst durch die Persönlichkeit ihres wissenschaftlichen Leiters, welchem sie die Möglichkeit geben sollen, seine Ideen zu verwirklichen und dadurch der Wissenschaft neue Bahnen zu erschließen.

Heute ist der Zeitpunkt gekommen, wo die Bedingungen erfüllt erscheinen, um den Plan, dem ein längeres Zögern ohnehin verhängnisvoll werden könnte, zu einer befriedigenden Ausführung zu bringen. Die Preußische Unterrichtsverwaltung ist zum Zweck der Wiederbesetzung des durch die Emeritierung von W*alther* Nernst erledigten Lehrstuhls für Experimentalphysik an der Universität Berlin in vertrauliche Verhandlungen eingetreten mit dem Professor der Physik in Göttingen, James Franck, dem von allen Physikern anerkannten ersten Vertreter der Experimentalphysik in Deutschland, einer nicht weniger menschlich als wissenschaftlich hervorragenden Persönlichkeit. Aus diesem Anlaß beehre ich mich ebenso vertraulich darauf hinzuweisen, daß mit der Berufung von J. Franck an die Universität Berlin zugleich auch die Frage nach der Errichtung des K.W. Instituts für Physik mit J. Franck als Direktor ihre denkbar beste Lösung finden könnte.***

---

* oben mittig und rechts am Rand Wiedervorlageverfügungen von der Hand Friedrich Glums mit zugehörigen Ausführungsvermerken des Büros (W*iedervorlage* 1. 5. G*lum* ~~notiert~~ vorgelegt, W*iedervorlage* in 4 Woch*en* G*lum* 2/5. ~~notiert~~ 30. 5. vorgelegt) und z.d.A.-Vermerk Glums.

** K*aiser* W*ilhelm* G*esellschaft* z*ur* F*örderung* d*er* W*issenschaften*

*** Reg*istratur* b*itte* u*nter* R*ückgabe* A*rndt* 17/3 erl*edigt* Mi*kulski*

Der Betrieb des Instituts, für den die K.W.G. aufzukommen hätte, erfordert jährlich einen Betrag von 150000 RM. Davon könnte die Gesellschaft aus ihren jetzigen Mitteln etwa die Hälfte aufbringen; für die andere Hälfte hat sie in ihrem Haushaltsplan einen Zuschuss von Reich und Staat erbeten. Ich lege Wert darauf zu betonen, dass die Bewilligung zu dieser Bitte sich mit Leichtigkeit durch den Hinweis auf die vorliegenden Leistungen der physikalischen Wissenschaft begründen lässt. Wenn z.B. von den Millionenwerten, welche gegenwärtig alljährlich im Rundfunk umgesetzt werden, auch nur ein winziger Bruchteil der wissenschaftlichen physikalischen Forschung zu gute käme, der er ganz allein seine Existenz verdankt, so wäre damit schon reichlich für ihre Bedürfnisse gesorgt.

In jedem Falle halte ich es an der Stelle aus, auf die mich das Vertrauen weiter Kreise der Wissenschaft und der Wirtschaft berufen hat, für eine dringende Gewissenspflicht, mit allem Nachdruck darauf hinzuweisen, dass hier heute eine Möglichkeit vorliegt, wie sie vielleicht niemals wiederkehren dürfte, um durch die Annahme des hochherzig gestifteten Millionenbetrages mit verhältnismäßig geringen eigenen Opfern nicht nur die physikalische Forschung wirksam zu fördern, sondern auch, auf weitere Sicht gesehen, ~~das~~ dem gegenwärtig vielfach gefährdeten wissenschaftlichen Ansehen und ~~die~~ der wirtschaftlichen Wohlfahrt Deutschlands, wenigstens auf einem besonderen Gebiet, einen weithin sichtbaren verheißungsvollen Auftrieb zu geben.

P.

Zu senden an
Reichsministerium des Innern
Reichsfinanzministerium
Preussisches Ministerium für Wissenschaft, Kunst und Volksbildung.
Preussisches Finanzministerium.

Der Betrieb des Instituts, für den die K.W.G. aufzukommen hätte, erfordert jährlich einen Betrag von 150 000 RM. Davon könnte die Gesellschaft aus ihren jetzigen Mitteln etwa die Hälfte aufbringen; für die andere Hälfte hat sie in ihrem Haushaltsplan einen Zuschuß von Reich und Staat erbeten. Ich lege Wert darauf zu betonen, daß die Berechtigung zu dieser Bitte sich mit Leichtigkeit durch den Hinweis auf die vorliegenden Leistungen der physikalischen Wissenschaft begründen läßt. Wenn *zum* B*eispiel* von den Millionenwerten, welche gegenwärtig alljährlich im Rundfunk umgesetzt werden, auch nur ein winziger Bruchteil der wissenschaftlichen physikalischen Forschung zu gute käme, der er ganz allein seine Existenz verdankt, so wäre damit schon wirklich für ihre Bedürfnisse gesorgt.

In jedem Falle halte ich es von der Stelle aus, auf die mich das Vertrauen weiter Kreise der Wissenschaft und der Wirtschaft berufen hat, für eine dringende Gewissenspflicht, mit allem Nachdruck darauf hinzuweisen, daß hier heute eine Möglichkeit vorliegt, wie sie vielleicht niemals wiederkehren dürfte, um durch die Annahme des hochherzig gestifteten Millionenbetrages mit verhältnismäßig geringen eigenen Opfern nicht nur die physikalische Forschung wirksam zu fördern, sondern auch, auf weitere Sicht gerechnet, ~~das~~ dem gegenwärtig ernstlich gefährdeten wissenschaftlichen Ansehen und ~~die~~ der wirtschaftlichen Wohlfahrt Deutschlands, wenigstens auf einem besonderen Gebiete, einen weithin sichtbaren verheißungsvollen Auftrieb zu geben.

P*lanck.*

Zu senden an
Reichsministerium des Innern
Reichsfinanzministerium
Preußisches Ministerium für Wissenschaft, Kunst und Volksbildung.
Preußisches Finanzministerium.

Taormina, Sicilia, Villa San Pietro.
14. 4. 33.

Sehr geehrter Herr Dr!

Ihr werter Brief vom 10. d.M., der mich gestern hier erreichte, war mir durch seinen Inhalt sehr erfreulich, und ich danke Ihnen verbindlich für Ihre beruhigenden Mitteilungen über die gegenwärtigen Zustände in der K.W.G. Wie es später wird, kann ja Niemand wissen, und es ist selbstverständlich, daß ich mich in jedem Augenblick bereit halte, meine Reise abzubrechen. Aber ebenso unnötig und künstlich wäre es, ohne irgend einen greifbaren Vorteil auf eine Erholung zu verzichten, die im Interesse der künftigen Arbeit

14.4.1933 – Planck an Generaldirektor Friedrich Glum zu seiner evt. vorzeitigen Rückkehr aus dem Urlaub in Sizilien wegen Anwendung des Gesetzes zur Wiederherstellung des Berufsbeamtentums auf die Kaiser-Wilhelm-Gesellschaft (I. Abt., Rep. 1A KWG, Nr. 531/1, Bl. 12a).

Taormina, Sicilia, Villa San Pietro.

14. 4. *19*33.

Sehr geehrter Herr D*okto*r!

Ihr werter Brief vom 10. d*es* M*onats*, der mich gestern hier erreichte, war mir durch seinen Inhalt sehr erfreulich, und ich danke Ihnen verbindlich für ihre beruhigenden Mitteilungen über die gegenwärtigen Zustände in der K*aiser* W*ilhelm* G*esellschaft*. Wie es später wird, kann ja Niemand wissen, und es ist selbstverständlich, daß ich mich in jedem Augenblick bereit halte, meine Reise abzubrechen. Aber ebenso unnötig und töricht wäre es, ohne irgendeinen greifbaren Vorteil auf eine Erholung zu verzichten, die im Interesse einer künftigen Arbeit zurückgeführt ist. Ich rechne daher gern damit, daß ich für alle Fälle rechtzeitig benachrichtigt werde, und gebe mich im Übrigen den bezaubernden Eindrücken der herrlichen Natur hier hin. Unsere Reise über Rom, Neapel, Palermo verlief in allen Einzelheiten sehr befriedigend, nur etwas anstrengend, und die eigentliche Erholung hat überhaupt erst nachher hier angefangen.

Ihren freundlichen Ostergruß erwidern meine Frau u. ich recht herzlich, für Sie und Ihre verehrte Frau Gemahlin, deren Gesundheit sich im Frühling hoffentlich wieder ganz herstellt.

Mit besten Grüßen Ihr ergebener

M. Planck

wünschenswert ist. Ich rechne daher gern damit, daß ich für alle Fälle rechtzeitig benachrichtigt werde, und gebe mich im Uebrigen den bezaubernden Eindrücken der herrlichen Natur hier hin. Unsere Reise über Rom, Neapel, Palermo verlief in allen Einzelheiten sehr befriedigend, nur etwas anstrengend, und die eigentliche Erholung hat überhaupt erst vorgestern hier angefangen.

Ihren freundlichen Ostergruß erwidern meine Frau u*nd* ich aufs beste, für Sie und Ihre werte Frau Gemahlin, deren Gesundheit sich im Frühling hoffentlich wieder ganz herstellt.

Mit bestem Gruß Ihr ergebener

Max Planck

28 ~~148~~

Der Präsident
der Kaiser Wilhelm-Gesellschaft
zur Förderung der Wissenschaften

Berlin C 2, den 27. 4. 1933
Schloß, Portal III
Telephon: Amt C 1 Berolina 5931

Sofort!

Nach einer Mitteilung des Herrn Reichsministers des Innern findet das Gesetz zur Wiederherstellung des Berufsbeamtentums vom 7.4.1933 (R.G.Bl.Teil I S.175) auf Grund des § 1 Abs.2 (Gleichstellung der Vereinigungen, deren Einkünfte mit mehr als der Hälfte von öffentlichen Körperschaften herrühren) auch auf die entsprechend zu behandelnden Kaiser Wilhelm-Institute Anwendung. Danach sind insbesondere Beamte, die nicht arischer Abstammung sind, in den Ruhestand zu versetzen, auch können Beamte, die nach ihrer bisherigen politischen Betätigung nicht die Gewähr dafür bieten, daß sie jederzeit rückhaltslos für den nationalen Staat eintreten, aus dem Dienst entlassen werden. Beide Bestimmungen finden auch auf Angestellte und Arbeiter sinngemäße Anwendung. Auf Grund der 1. Verordnung zur Durchführung des Gesetzes vom 11.4.1933 (R.G.Bl.I S.195) sind als ungeeignet alle Beamten anzusehen, die der kommunistischen Partei oder kommunistischen Hilfs- oder Ersatzorganisationen angehören, und daher zu entlassen. Als nicht arisch gilt, wer von nicht arischen, insbesondere jüdischen Eltern oder Großeltern abstammt. Es genügt, wenn ein Elternteil oder ein Großelternteil nicht arisch ist. Dies ist insbesondere dann anzunehmen, wenn ein Elternteil oder ein Großelternteil der jüdischen Religion angehört hat. Wenn ein Beamter nicht bereits am 1. August 1914 Beamter gewesen ist, hat er nachzuweisen, daß er arischer Abstammung oder Frontkämpfer, der Sohn oder Vater eines im Weltkriege Gefallenen ist. Der Nachweis ist durch die Vorlegung von Urkunden (Geburtsurkunde und Heiratsurkunde der Eltern, Militärpapiere) zu erbringen. Ist die arische Abstammung zweifelhaft, so ist ein Gutachten des beim

Reichsministerium

An die

Herren Direktoren
der Kaiser Wilhelm-Institute

A + I E 31 +

27.4.1933 – Planck an die Direktoren der Kaiser-Wilhelm-Institute wegen des Gesetzes zur Wiederherstellung des Berufsbeamtentums (I. Abt., Rep. 1A KWG, Nr. 531/1, Bl. 28f.).

A59
29

Reichsministerium des Innern bestellten Sachverständigen für Rasseforschung einzuholen.

Ich ersuche Sie, mir umgehend wegen der Anwendung des Gesetzes über sämtliche Beamte, Angestellte und Arbeiter Ihres Institutes unter Benutzung des anliegenden Fragebogens zu berichten und dabei durch rotes Kreuz diejenigen Personen kenntlich zu machen, auf die nach Ihrer Auffassung das Gesetz und seine Durchführungsbestimmungen Anwendung finden müssen. Sämtliche Beamte, Angestellte und Arbeiter sind einzeln zu befragen und zur Ausfüllung des beigefügten Fragebogens zu veranlassen. Wo Zweifel über die Anwendung des Gesetzes bestehen, ist mir darüber in jedem Falle besonders zu berichten. Sie sind außerdem ermächtigt, in allen Fällen, in denen die Anstellung durch Sie erfolgt ist, wenn es die Umstände erfordern, unter Einhaltung der gesetzlichen oder vertraglichen Kündigungsfrist schon jetzt Kündigungen oder vorläufige Beurlaubungen auszusprechen.

In Vertretung:
gez. [signature]

A u f z e i c h n u n g

über eine Sitzung der Direktoren der Berliner Kaiser Wilhelm-Institute am 5.Mai 1933 nachm. 4 Uhr im Schloß Berlin.

Anwesend: Baur, Bruno, Eitel, E.Fischer, Goldschmidt, Haber, Herzog, Horn, v.Laue, Meitner, Neuberg, Rabel, Vogt, Warburg;

als Vertreter des Reichsmin.d.Innern: Min.Rat Dr.h.c. Donnevert;

von der Generalverwaltung der KWG: der Präsident, Dr.Glum, Dr.v.Cranach, Dr.Telschow.

Der Präsident begrüßte die Erschienenen. Die Einladung sei erfolgt, um eine gemeinsame Besprechung über die jetzige Lage der Kaiser Wilhelm-Gesellschaft abzuhalten. Zunächst betonte der Präsident, daß die Kaiser Wilhelm-Gesellschaft sich der nationalen Regierung voll zur Verfügung gestellt habe. Die Gesellschaft habe auch bereits engste Fühlung mit der Regierung; die Herren Frick, Rust, Gerullis, Milch seien durch ihn oder Herrn Glum besucht worden. Die Regierung stehe der KWG gegenüber durchaus wohlwollend; besondere Wünsche seien bisher nicht geäußert worden. Im Einvernehmen mit der Regierung sei lediglich eine Umgestaltung und Verkleinerung des Senats beabsichtigt. Die Bedeutung der KWG läge in der wissenschaftlichen Arbeit ihrer Institute; die volle Selbständigkeit der Institute und der KWG müsse erhalten bleiben unter der Aufsicht des Reiches. Je freier die Entwicklung sei, desto fester müsse aber der Rahmen sein. Alle Fragen, die zurzeit an die Direktoren der Institute herantreten, könnten nur durch das Präsidium erledigt werden, um die Einheit der Gesellschaft zu wahren; kein Institutsdirektor dürfe selbständig handeln. Mit dieser Forderung befände er sich in voller

5.5.1933 – Sitzung der Direktoren der Berliner Kaiser-Wilhelm-Institute wegen des Gesetzes zur Wiederherstellung des Berufsbeamtentums (I. Abt., Rep. 1A KWG, Nr. 531/1, Bl. 35).

Übereinstimmung mit den zuständigen Ministern. In der heutigen Sitzung sollen keine Beschlüsse gefaßt werden; es handele sich lediglich um einen Ansichtsaustausch. Einen Punkt, der in der letzten Zeit mehrfach erörtert worden sei, wolle er gleich klären. In den Instituten hätten sich Betriebszellen gebildet; diese seien nach Auffassung der Generalverwaltung als rechtliche Vertretung der Institute aufzufassen und berechtigt, mit den Direktoren zu verhandeln. Jede Be triebszelle vertrete die Belange des einzelnen Instituts; selbstverständlich könne zwischen den Betriebszellen der einzelnen Institute Fühlung bestehen, soweit die Fragen die ganze KWG betreffen. Für alle Verhandlungen sei zunächst der Direktor zuständig. Erst für den Fall, daß keine Einigung erfolgen kann, sei die Generalverwaltung zuständig.

In der darauffolgenden Aussprache nahmen zunächst die Herren Haber, Baur und Eugen Fischer das Wort. Alle Herren erkannten an, daß gerade in der gegenwärtigen Zeit eine feste Leitung notwendig sei und sprachen dem Präsidenten und der Generalverwaltung ihr besonderes Vertrauen aus. Die bisherige Haltung der Generalverwaltung, die sich von überstürzten Maßnahmen ferngehalten hat, wurde gebilligt. Im Zusammenhang damit teilte Herr Min.Rat Donnevert als Vertreter des Reichsmin.d.Innern mit, daß nach seiner Auffassung das Ministerium zurzeit keine bestimmten Maßnahmen für die KWG beabsichtige; "wenn aber Ruhe eingekehrt sei, so sei das Ministerium bereit und entschlossen, der KWG erhöhtes Interesse zuzuwenden". Dabei sei es möglich, daß bestimmte Fragen wie die Zusammensetzung des Senats, wirtschaftliche Fragen usw. zur Erörterung kommen würden. Es bestände nicht die Absicht, die Kaiser Wilhelm-Institute in Reichsinstitute umzuwandeln; ~~insbesondere~~ ferner bstände auch nicht der Wunsch nach einer Änderug der Leitung und insbesondere sei es nicht der Wunsch der Reichsregierung, daß ~~einzelne~~ Reformen in einzelnen Aktionen erreicht würden. Zuständig sei in erster Linie der Direktor des Instituts, dann der Präsident der KWG und letzten Endes der Reichsminizter des Innern.

Dann ergriff Prof.Eitel das Wort. Er legte in längeren Ausführungen dar, daß er eine stärkere Initiative von der Generalverwaltung erwartet habe, und sich aus diesem Grunde veranlaßt gesehen habe, noch vor Rückkehr des Herrn Präsidenten dem Herrn Reichsminister des Innern eine Denkschrift zu überreichen. Er begrüße die Erklärung des Herrn Präsidenten bezüglich der Anerkennung der Betriebszellen, in denen er das erfreulichste Instrument für eine gemeinsame Arbeit erblicke; er sei verantwortlich für die Führung und Ausgestaltung der Betriebszellen innerhalb der Kaiser Wilhelm-Gesellschaft. Prof.Eitel legte besonderen Wert darauf, daß die Kaiser Wilhelm-Gesellschaft sich der nationalen Regierung in Fragen der Landesverteidigung zur Verfügung stelle.

Dr.Glum teilte mit, daß eine Vertretung der Dahlemer Betriebszellen bereits am Vormittgg die Generalverwaltung besucht habe; die Verhandlungen seien durchaus erfreulich verlaufen, man brauche keinerlei Befürchtungen für die Zukunft zu haben. Er teilte ferner mit, daß die KWG bereits seit Jahren für Reichswehrministerium und Marineleitung tätig gewesen sei; allerdings sei im Interesse der Landesverteidigung die öffentliche Bekanntgabe solcher Beziehungen nicht zweckmäßig gewesen.

Die weitere sehr eingehende Aussprache ergab das Einverständnis der Anwesenden mit den bisher getroffenen Maßnahmen. Prof.Eitel betonte, daß sein Schritt beim Reichsminister des Innern nur im Interesse der Kaiser Wilhelm-Gesellschaft und seiner jüdischen Kollegen erfolgt sei, und daß es ihm fern gelegen habe, einzelne Personen, insbesondere den Generaldirektor, zu kränken.

Schluß der Sitzung um 7 Uhr.

Telschow.

Te/Roe.6.8.33

Rede des Herrn Präsidenten

bei der Hauptversammlung der Kaiser Wilhelm-Gesellschaft am 23. Mai 1933 im Harnack-Haus.

Inmitten einer stürmisch bewegten Zeit, einer Flut hochgehender nationaler Wogen vereinigt sich heute die Kaiser Wilhelm-Gesellschaft satzungsgemäss zu ihrer 22. ordentlichen Hauptversammlung. Wohl mag bei manchem von uns die Frage sich regen, ob denn ein solcher Zeitpunkt wirklich angemessen sei für eine wissenschaftliche Tagung, da doch alles öffentliche Interesse durch andere vordringlichere Angelegenheiten in Anspruch genommen ist. Aber dennoch bedarf es nur einer kurzen Überlegung, um diese Frage mit Entschiedenheit zu bejahen. Denn ein jeder der unser teures Vaterland wahrhaft liebt und der nicht nur an den nächsten Augenblick , sondern etwas weiter in die Zukunft denkt, muss sofort zur Einsicht kommen, dass es heute niemandem, der überhaupt irgendeine Tätigkeit auszuüben vermag, erlaubt ist, Gewehr bei Fuss zu stehen, dass es vielmehr heute für alle Deutschen nur eine Losung gibt, eine Losung, die durch den Herrn Reichskanzler selbst in feierlicher Rede allerorten verkündigt worden ist : Die Zusammenballung aller verfügbaren Kräfte zur aktiven Mitarbeit an dem Aufbau unseres Vaterlandes. Und unter diesen Kräften spielt die Wissenschaft keine geringe Rolle . Denn die Wissenschaft hat nicht nur intellektuelle Bedeutung. Die deutsche Wissenschaft hat durch Heinrich Hertz und durch Conrad Roentgen Millionenwerte geschaffen, sie hat durch Fritz Haber und Carl Bosch im Weltkrieg uns die Mittel zur Ernährung und Verteidigung geliefert, und sie hat darüber hinaus dem deutschen Namen zu Ehre und Ansehen in der ganzen Welt verholfen. Es ist gerade in den heutigen Verhältnissen dringend nötiger als je, dieses Ansehen auch zu behaupten.

Aber die Wissenschaft kämpft nicht mit tönenden Worten und mit klirrenden Waffen. sondern sie kämpft in stiller schlichter unscheinbarer zäher Arbeit, im Studierzimmer, im Laboratorium, auf dem Versuchsfelde. Daher wirkt sie im Allgemeinen nicht unmittelbar nach aussen, aber sie wirkt um so gründlicher und zielbewusster im Innern und dadurch, auf weite Sicht betrachtet, auch auf das praktische Leben. Um aber ihre im höchsten Sinne nationale Arbeit erfüllen zu können, bedarf sie der freien Entfaltung ihrer Kräfte, bedarf sie vor allem der Führung durch wissenschaftliche Forscher , denen die unumgänglich nötigen Mittel zur Verfügung gestellt werden, ihre Ideen zu erproben , und die sich in ihrer Arbeit von den höchsten Behörden geschützt fühlen dürfen vor unsachlichen Beunruhigungen durch Ereignisse der Tagespolitik. Es

steht

23.5.1933 – Rede Plancks bei der Hauptversammlung der Kaiser-Wilhelm-Gesellschaft (I. Abt., Rep. 1A KWG, Nr. 127/8, Bl. 1-3: 22. HV).

steht heute für die deutsche Wissenschaft zu viel auf dem Spiele, als dass dieser doppelten Forderung nicht immer wieder Ausdruck gegeben werden müsste. Denn in der wissenschaftlichen Forschung ist die Einzelpersönlichkeit ebenso unersetzlich wie in der Kunst oder in der Politik. Und gerade darin besteht ja die einzigartige Aufgabe der Kaiser Wilhelm-Gesellschaft, dass sie , unbeschwert durch die gewichtigen Fragen des Unterrichts, bedeutenden wissenschaftlichen Persönlichkeiten die Möglichkeit gewährt, durch frei ausgewählte planmässig foftgesetzte Arbeiten in besonderen Instituten, die für sie eigens geschaffen werden , neue wissenschaftliche Ideen auszubauen und in die Wissenschaft einzuführen.

Die Überzeugung von der Wichtigkeit und Unentbehrlichkeit dieser Einrichtung für das öffentliche Leben ist schon vor Jahrzehnten dadurch zum Ausdruck gekommen, dass aus den vornehmsten Kreisen der Wirtschaft heraus der Grundstock zu dem Vermögen der Kaiser Wilhelm-Gesellschaft gelegt wurde, und dass, als in der Folge der allgemeinen wirtschaftlichen Not die Gesellschaft zusammenzubrechen drohte, Reich und Staat hilfreich eingriffen, um sie zu halten und womöglich zu stärken. Auch heute erfüllt uns die feste Zuversicht, dass die Reichsregierung, an ihrer Spitze der Herr Reichskanzler, der mir erst vor wenigen Tagen in einer eingehenden persönlichen Unterredung sein Wohlwollen für unsere Sache bekundet hat, die Kaiser Wilhelm-Gesellschaft nicht im Stich lassen wird.

Freilich steht die Gesellschaft gegenwärtig wiederum in einer schweren wirtschaftlichen Krisis. Die im letzten Jahresbericht erwähnten grossen Schwierigkeiten in der Finanzierung der Institute konnten auch im Berichtsjahr keineswegs behoben werden. Wenn auch die beteiligten Behörden und Wirtschaftskreise, besonders die Mitglieder, die Gesellschaft nach besten Kräften unterstützten, wofür ihnen auch an dieser Stelle herzlich gedankt sei, so gelang es bei der herrschenden gedrückten Wirtschaftslage doch nicht, die Finanzen der Gesellschaft derartig zu gestalten, wie es im Interesse der deutschen Forschung unbedingt notwendig ist.

Die Gesellschaft hat die zuversichtliche Hoffnung, dass die Regierung der nationalen Erhebung, die die Bedeutung der reinen wissenschaftlichen Forschung für das Gedeihen des deutschen Vaterlandes und seine Stellung unter den Völkern der Welt voll anerkennt, die Gesellschaft unter ihren besonderen Schutz nimmt und sie in die Lage versetzt, ihre Institute nicht nur zu erhalten, sondern sie in jeder Hinsicht so auszustatten, wie es die nie rastende Gelehrten-

arbeit

arbeit erfordert.

Wie stets, so hat auch im Berichtsjahr die deutsche und ausländische Presse die Gesellschaft in ihren Bestrebungen verständnisvoll unterstützt. Auch ihr sei hierfür besonders gedankt; ist sich die Gesellschaft doch voll bewusst, welch wichtige Mittlerrolle zwischen Forschung und weitesten Volkskreisen ihr zufällt.

164

Telegramm

an den Herrn Reichspräsidenten:

Dem Herrn Reichspräsidenten entbieten die zur 22. Ordentlichen Hauptversammlung der Kaiser Wilhelm-Gesellschaft zur Förderung der Wissenschaften versammelten Mitglieder ehrerbietige Grüsse und verbinden mit dem aufrichtigen Dank für die der Gesellschaft in dem vergangenen schweren Notjahr von Seiten der Reichsregierung erwiesene Hilfe die Versicherung, dass die Kaiser Wilhelm-Gesellschaft sich ihrer verantwortungsvollen Pflicht, der deutschen Wissenschaft und damit dem deutschen Vaterlande durch ernste Forscherarbeit zu dienen, stets bewusst sein wird.

Planck

an den Herrn Reichskanzler:

Die zur 22.Ordentlichen Hauptversammlung der Kaiser Wilhelm-Gesellschaft zur Förderung der Wissenschaften versammelten Mitglieder beehren sich dem Herrn Reichskanzler ehrerbietige Grüsse zu übersenden und hierdurch feierlich zu geloben, dass auch die deutsche Wissenschaft bereit ist, an dem Wiederaufbau des neuen nationalen Staates, der ihr Schutz und Schirmherr zu sein gewillt ist, nach besten Kräften mitzuarbeiten.

Planck

I a 9

23.5.1933 – Ergebenheitsadresse an Reichspräsident und Reichskanzler anlässlich der 22. Hauptversammlung der Kaiser-Wilhelm-Gesellschaft (I. Abt., Rep. 1A KWG, Nr. 127/5, Bl. 164: 22. HV).

6

Der Präsident | 21. Juli 3

1) gef. am 19.7.
abgef. am 21.7.

Persönlich!

Sehr verehrter Herr Kollege!

Gemäß Entscheidung des Herrn Reichsministers des Innern vom 15. Juli ds.Jrs. fallen die nachgenannten Angestellten Ihres Instituts unter diejenigen Personen, denen auf Grund des § 3 Abs.1 des Gesetzes zur Wiederherstellung des Berufsbeamtentums vom 7.April 1933 und den dazu erlassenen Durchführungsbestimmungen zu kündigen ist:

Fabius Gross, wissenschaftl. Assistent,
Dora Heimann, Sekretärin,
Dietrich Bodenstein, Laborant.

Meine Bemühungen, für besondere Fälle bei dem Herrn Minister eine Ausnahme von der Anwendung der gesetzlichen Bestimmungen zu erwirken, sind zu meinem Bedauern ohne Erfolg geblieben. Ich bitte daher, im Hinblick auf die bevorstehenden Ferien baldmöglichst die Kündigung unter Beachtung des § 3 der Zweiten Verordnung zur Durchführung des obigen Gesetzes vom 4.Mai 1933 (R.G.B.I S.233), von dem in der jetzt gültigen Fassung und dem in Bezug genommenen § 5 Abs.6 a.a.O.
/ Abschrift beigefügt ist, auszusprechen.

Gleichzeitig bitte ich, eine Berechnung über die den Angestellten für eine bestimmte Zeit nach ihrer Entlassung noch zu zahlenden Bezüge unter Beifügung ihrer Anstellungsverträge einzureichen.

An den
2.Direktor des Kaiser Wilhelm-
Instituts für Biologie,
Herrn Professor Dr. Goldschmidt
Berlin-Dahlem

Bei

I 831

21.7.1933 – Planck an Richard Goldschmidt, Kaiser-Wilhelm-Institut für Biologie, wegen der zu entlassenden Mitarbeiter (I. Abt., Rep. 1A KWG, Nr. 534/4, Bl. 6).

Bei der Wiederbesetzung der Stellen der Sekre=tärinnen muß sich die Generalverwaltung ihre Mitwirkung vorbehalten. Falls eine Wiederbesetzung der übrigen Stellen beabsichtigt ist, bitte ich unter Darlegung der Gründe meine Genehmigung zur Aufhebung der Etatssperre für jeden einzelnen Fall einzuholen.

Mit dem Ausdruck der vorzüglichsten Hochschätzung

Ihr sehr ergebener

gez. R.

1 Anlage.

2 Z.d.A.

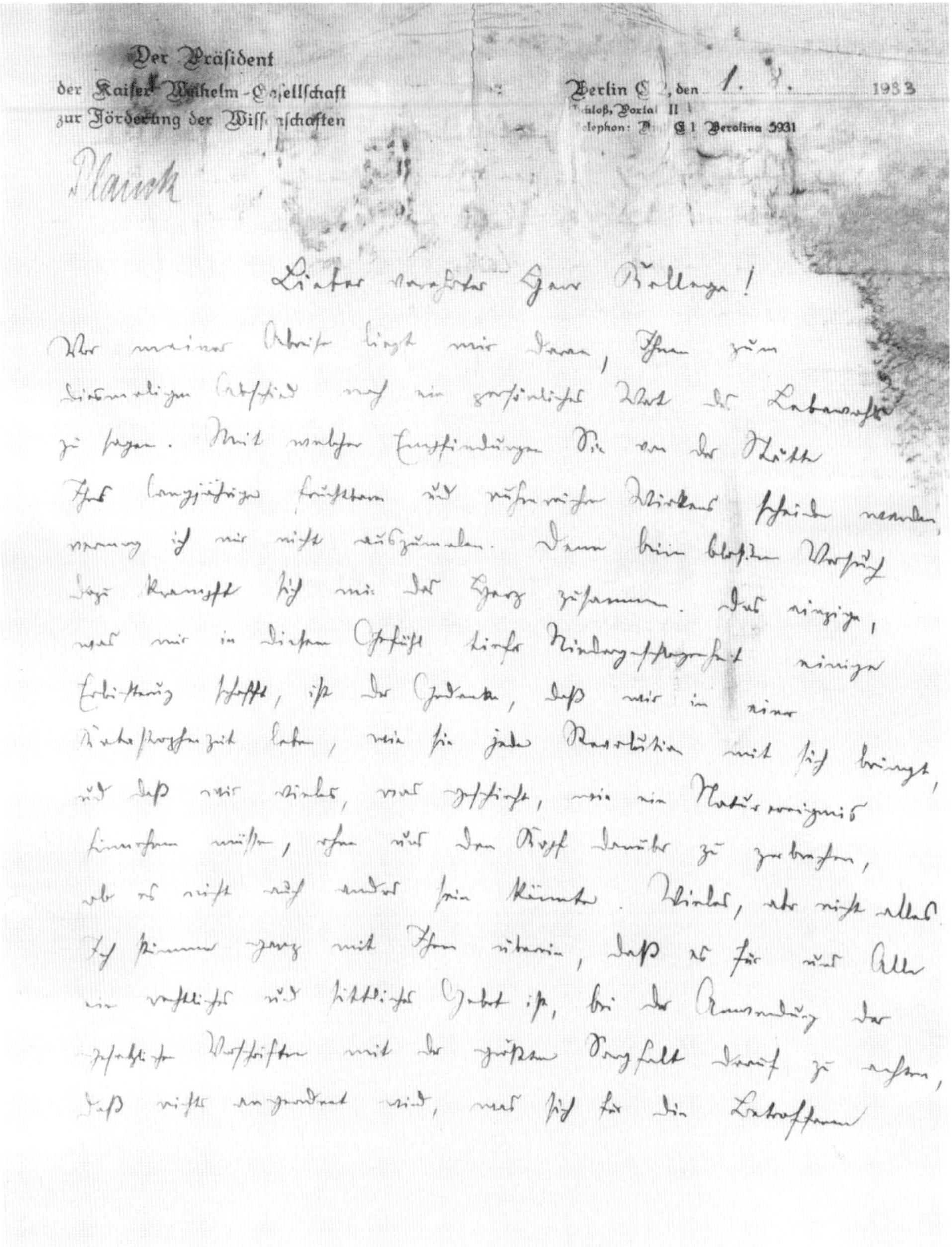

Der Präsident
der Kaiser-Wilhelm-Gesellschaft
zur Förderung der Wissenschaften

Berlin C 2, den 1. 8. 1933
Schloß, Portal II
Telephon: E 1 Berolina 5931

Planck

Lieber verehrter Herr Kollege!

1.8.1933 – Planck an Fritz Haber zum Abschied (Va. Abt., Rep. 5 F. Haber, Nr. 1153. Zwei weitere Abschiedsschreiben datieren vom 23. und 24.12.33; ebenda Nr. 1154).

[Briefkopf] 1. 8. 1933

Lieber verehrter Herr Kollege!

Vor meiner Abreise liegt mir daran, Ihnen zum diesmaligen Abschied noch ein persönliches Wort des Lebewohls zu sagen. Mit welchen Empfindungen Sie von der Stätte Ihres langjährigen fruchtbaren und ruhmreichen Wirkens scheiden werden, vermag ich mir nicht auszumalen. Denn beim bloßen Versuch dazu krampft sich mir das Herz zusammen. Das einzige, was mir in diesem Gefühl tiefer Niedergeschlagenheit einige Erleichterung schafft, ist der Gedanke, daß wir in einer Katastrophenzeit leben, wie sie jede Revolution mit sich bringt, und daß wir vieles, was geschieht, wie ein Naturereignis hinnehmen müssen, ohne uns den Kopf darüber zu zerbrechen, ob es nicht auch anders sein könnte. Vieles, aber nicht alles. Ich stimme ganz mit Ihnen überein, daß es für uns Alle ein rechtliches und sittliches Gebot ist, bei der Anwendung der gesetzlichen Vorschriften mit der größten Sorgfalt darauf zu achten, daß nichts angeordnet wird, was sich für die Betroffenen und eine unmittelbare Gefahr darstellen würde. In diesem Sinne werde ich auch die an Ihnen gerichtete Frage der Verwendung von Mitteln aus dem sog. Kaiser [illegible] behandeln. Auch Ihren Gedanken der Errichtung einer Forschungsstelle der K. W. G. in Spanien werde ich nicht aus dem Auge lassen. Es könnte ja doch einmal sein, daß die Verhältnisse sich soweit bessern, daß eine Verfolgung dieses Planes mir weniger unmöglich scheint als es gerade unter den gegenwärtigen Umständen der Fall ist. Hoffentlich verträgt die Sache noch einigen Aufschub.

Ihnen und Ihrer verehrten Frau Schwester wünsche ich alles Gute und bitte Sie, mir Ihre freundschaftliche Gesinnung auch ferner zu bewahren. Mit herzlichen Grüßen

Ihr stets ergebener

M. Planck.

als eine unnötige Härte darstellen würde. In diesem Sinne werde ich auch die von Ihnen aufgeworfene Frage der Verwendung von Mitteln aus dem sog*enannten* Haber Fonds behandeln. Auch Ihren Gedanken der Errichtung einer Forschungsstelle der K*aiser* W*ilhelm* G*esellschaft* in Spanien werde ich nicht aus dem Auge lassen. Es könnte ja doch einmal sein, daß die Verhältnisse sich soweit bessern, daß eine Verfolgung dieses Planes mir weniger unmöglich scheint als es gerade unter den gegenwärtigen Umständen der Fall ist. Hoffentlich verträgt die Sache noch einigen Aufschub.

Ihnen und Ihrer verehrten Frau Schwester wünsche ich alles Gute und bitte Sie, mir Ihre freundschaftliche Gesinnung auch ferner zu bewahren. Mit herzlichen Grüßen

Ihr stets ergebener

M*ax* Planck.

Abschrift

Der Präsident
der Kaiser Wilhelm-Gesellschaft
zur Förderung der Wissenschaften.

Berlin C 2, den 4. Oktober33

Betr.: UI Nr.38345
UI Nr.38366

Von der durch den Erlass vom 3o.September ds. Jrs. erfolgten Übertragung der kommissarischen Verwaltung der Stelle des Direktors des Kaiser Wilhelm-Instituts für physikalische Chemie und Elektrochemie an den Herrn Professor Dr. J a n d e r habe ich Kenntnis genommen und werde demgemäss verfahren. Doch weise ich im Hinblick auf die bisherige Bedeutung dieses Kaiser Wilhelm-Instituts darauf hin, dass die Wahl des Herrn Professor Jander ihre Begründung nicht in allgemein wissenschaftlichen Gesichtspunkten finden kann, sondern nur in der speziellen Rücksichtnahme auf die Bedürfnisse des Reichswehrministeriums. Da es sich nur um eine kommissarische Verwaltung handelt, so darf ich als selbstverständlich voraussetzen,dass die getroffene Massnahme nur ein Provisorium darstellt, und dass die endgültige Entscheidung über die Zukunft des Kaiser Wilhelm-Instituts für physikalische Chemie und Elektrochemie z.Zt. im Einvernehmen mit dem Senat der Kaiser Wilhelm-Gesellschaft und mit dem Reichsministerium des Innern erfolgen wird.

gez. Planck

den
Minister für Wissenschaft,
und Volksbildung.

4.10.1933 – Planck an den Preußischen Minister für Wissenschaft, Kunst und Volksbildung wegen der Berufung von Gerhart August Jander zum Direktor des Kaiser-Wilhelm-Instituts für physikalische Chemie und Elektrochemie als Nachfolger von Fritz Haber (III. Abt., Rep. 14 O. Hahn, Nr. 4685, Bl. 31).

er Präsident
aiser Wilhelm-Gesellschaft
Förderung der Wissenschaften

Berlin C 2, den 6. Oktober 1933
Schloß, Portal III
Telephon: Amt C 1 Berolina 5931

Sehr geehrter Herr Kollege !

Soeben empfange ich von Herrn Professor Jander die Mitteilung, dass er beabsichtigt, die ihm vom Kultusministerium übertragene kommissarische Leitung des Kaiser Wilhelm-Instituts für physikalische Chemie und Elektrochemie erst in der Woche nach dem 16.Oktober zu übernehmen. Bis dahin bitte ich Sie daher, die von Ihnen übernommene stellvertretende Leitung des Instituts weiter auszuüben.

Ich werde nun zunächst abwarten, dass Herr Prof. Jander sich mit mir in Verbindung setzt, und werde Ihnen dann rechtzeitig Mitteilung machen von meinen Verhandlungen mit ihm sowie von dem Termin, an welchem ich Sie die Übergabe zu bewerkstelligen bitte. Für die Anwesenheit eines Vertreters der Generalverwaltung bei dem Akt der Übergabe werde ich Sorge tragen.

Mit bestem Gruss
Ihr ergebener

Planck

Herrn Professor Dr. Otto Hahn
Berlin-Dahlem
Thielallee 63

6.10.1933 – Planck an Otto Hahn, Direktor des Kaiser-Wilhelm-Instituts für Chemie, die kommissarische Leitung des Kaiser-Wilhelm-Instituts für physikalische Chemie und Elektrochemie bis zum Antritt Janders am 16. Oktober beizubehalten (III. Abt., Rep. 14 O. Hahn, Nr. 4685, Bl. 32).

Der Präsident 3. November 3

geschr. am 3. 11. 33
abgef. am

Sehr verehrter Herr Kollege !

Da die Herren Haber, Freundlich und Polanyi ausgeschieden sind und für Sie nicht, wie dies sonst üblich ist, der Direktor den Antrag stellen kann, möchte ich hiermit den Antrag stellen, die Genannten zu Auswärtigen Wissenschaftlichen Mitgliedern zu ernennen. Ich bitte, die erforderliche Stellungnahme der Sektion herbeizuführen und verbleibe

mit dem Ausdruck der vorzüglichsten Hochschätzung
stets Ihr sehr ergebener

Gl./Ra. 31.10.33

1.)
An den Vorsitzenden
der chemisch-physikalischen Sektion
des Wissenschaftlichen Rats,
Herrn Professor Dr. O.Hahn

Berlin-Dahlem
Thielallee 63

2.) Wvorl. n. 4 Wochen

3.11.1933 – *Antrag an Otto Hahn als Vorsitzenden der Chemisch-Physikalisch-Technischen Sektion auf Ernennung der ausgeschiedenen Wissenschaftlichen Mitglieder Fritz Haber, Herbert Freundlich und Michael Polanyi zu Auswärtigen Wissenschaftlichen Mitgliedern des Kaiser-Wilhelm-Instituts für physikalische Chemie und Elektrochemie (I. Abt., Rep. 1A KWG, Nr. 182/2, Bl. 32).*

30

Der Präsident   21.November 3

Gl/Reb.

gesch. am } 21.11.33
abges. am }

Nachdem das Rassenamt des Reichsministeriums des Inneren entschieden hat, dass die Assistentin am Kaiser Wilhelm-Institut für Biologie, Fräulein Dr. Mathilde Hertz, als Nichtarierin anzusehen ist, müsste sie auf Grund des Berufsbeamtengesetzes entlassen werden. Ich habe mich daher auch veranlasst gesehen, vorsorglich die erforderliche Kündigung auszusprechen. Da Frl.Dr.Hertz aber tierpsychologische Arbeiten in einem für sie eigens zu diesem Zwecke eingerichteten kleinen Institutsgebäude ausführt, die von anderer Seite in Deutschland nicht gepflegt werden, wäre ich dankbar, wenn der Herr Reichsminister des Inneren auf Grund der Verordnung vom 28.Sept. ds.Js. IV. zulassen würde, dass Frl.Dr.Hertz ihre Tätigkeit fortsetzen kann.

Es liegen m.E. nicht nur dringende Rücksichten der Verwaltung vor, sondern es würde sowohl im Inlande wie im Auslande dankbar anerkannt werden, wenn die Tochter von Heinrich Hertz, dem allein wir die Entdeckung der drahtlosen Welle verdanken, ihre wissenschaftliche Arbeit fortsetzen könnte.

1. An den
   Herrn Reichsminister des Inneren
   Berlin
   Königsplatz 6

2. Z.d.A.
3. Nach 1 Monat.

21.11.1933 – Planck an den Reichsminister des Innern wegen einer Ausnahme vom Berufsbeamtengesetz für Mathilde Hertz, nachdem er sich bereits am 21. Juli für sie mit der Begründung eingesetzt hatte, sie sei als „arisch“ einzustufen (I. Abt., Rep. 1A KWG, Nr. 534/4, Bl. 30; vgl. Bl. 7).

17

Der Präsident pp   15.Dezember 3.

1. Geschr. am 15/12
abges. am

Persönlich !

Hochverehrter Herr Generaloberst,

Die Kaiser Wilhelm-Gesellschaft zur Förderung der Wissenschaften hat den Wunsch, im vaterländischen Interesse die seit Jahren bestehenden wissenschaftlichen Beziehungen zu Heer, Marine und Sanitätswesen auszubauen und intensiver zu gestalten. Sie hat daher dem Herrn Reichsministter des Innern als der für sie zuständigen Aufsichtsinstanz den Vorschlag zur Billigung unterbreitet, einen Ausschuss, bestehend aus Mitgliedern ihrer Verwaltungskörperschaften und den Direktoren der für eine Zusammenarbeit mit dem Reichswehrministerium in Betracht kommenden Institute einzusetzen, in dem oder mit dessen Mitgliedern dringende Fragen der Landesverteidigung, bei denen eine Hilfe durhh die Kaiser Wilhelm-Institute in Betracht kommen kann, beraten und gefördert werden können. Darüber hinaus würde ich dankbar sein, wenn schwebende Fragen auch mit dem Chef des Heereswaffenamtes besprochen werden könnten, so wie dies seit Jahren bereits mit den Chefs der Allgemeinen Abteilung des Generalstabs, der entsprechenden Stelle der Marineleitung und des Sanitätswesens geschehen ist. Durch eine derartige unmittelbare Fühlungnahme würden auch Missverständnisse zu vermeiden sein, wie sie in letzter Zeit sich bedauerlicherweise ergeben haben.

An den

Als

Reichswehrminister
Herrn Generaloberst v. B l o m b e r g ,

Berlin.

I A 1 (33)

15.12.1933 – Planck an Reichswehrminister Generaloberst Werner von Blomberg wegen Beziehung der Kaiser-Wilhelm-Gesellschaft zum Militär (I. Abt., Rep. 1A KWG, Nr. 188, Bl. 17).

18

Als Referent für die Verbindung mit dem Reichswehrministerium ist bei der Generalverwaltung der Kaiser Wilhelm-Gesellschaft der Direktor Dr. v. Cranach bestellt, der seit Jahren bereits in dieser Eigenschaft tätig ist und als Major a.D. und Generalstabsoffizier besonders geeignet erscheint, als Vermittler zwischen den Generalstabsoffizieren und den Forschern der Kaiser Wilhelm-Institute zu dienen.

Wegen der Einzelheiten beziehe ich mich auf den Vortrag, den der Generaldirektor der Kaiser Wilhelm_Gesellschaft Ihnen vor einigen Tagen gehalten hat. Ich wäre dankbar, wenn auch mir einmal Gelegenheit gegeben werden könnte, mich mit Ihnen über die einschlägigen Fragen zu unterhalten.

Mit deutschem Gruss

Ihr sehr ergebener

N.d.H.Pr.

Pl.

~~2.~~ nach 2 Wochen

[illegible]

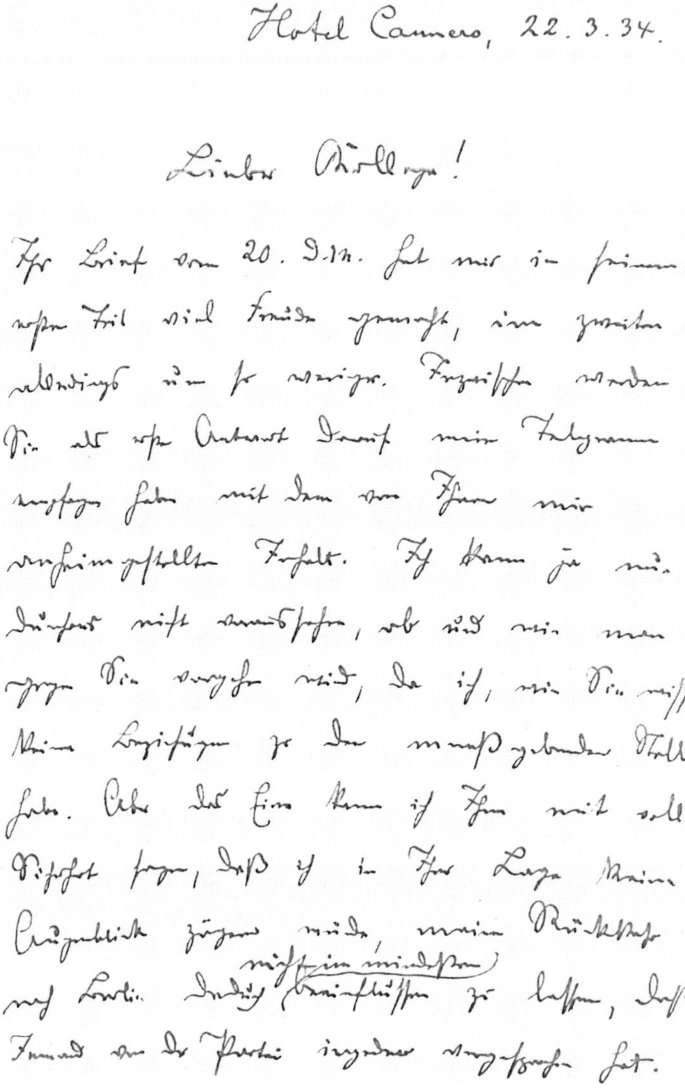
Hotel Cannero, 22.3.34.

Lieber Kollege!

Ihr Brief vom 20. d.M. hat mir im ersten Teil viel Freude gemacht, im zweiten allerdings um so weniger. Begreifen werden Sie als erste Antwort darauf mein Telegramm angesehen haben mit dem von Ihnen mir anheimgestellten Inhalt. Ich kann ja natürlich nicht übersehen, ob und wie man gegen Sie vorgehen wird, da ich, wie Sie wissen, keine Beziehungen zu den maßgebenden Stellen habe. Aber das Eine kann ich Ihnen mit voller Sicherheit sagen, daß ich in Ihrer Lage keinen Augenblick zögern würde, meine Rückkehr nach Berlin dadurch nicht im mindesten beeinflussen zu lassen, daß Jemand von der Partei irgendwas ausgesprochen hat.

22.3.1934 – Planck an Max von Laue mit Ratschlägen zu dessen politischen Schwierigkeiten (Va. Abt., Rep. 11, Nr. 1075; Orig. im Teilnachlass v. Laue im Archiv des Deutschen Museums München).

Hotel Cannero, 22. 3. *1934*

Lieber Kollege!

Ihr Brief vom 20. d*es* M*onats* hat mir in seinem ersten Teil viel Freude gemacht, im zweiten allerdings um so weniger. Inzwischen werden Sie als erste Antwort darauf mein Telegramm empfangen haben mit dem von Ihnen mir anheimgestellten Inhalt. Ich kann ja nur durchaus nicht voraussehen, ob und wie man gegen Sie vorgehen wird, da ich, wie Sie wissen, keine Beziehungen zu den maßgebenden Stellen habe. Aber das Eine kann ich Ihnen mit voller Sicherheit sagen, daß ich in Ihrer Lage keinen Augenblick zögern würde, meine Rückkehr nach Berlin dadurch nicht im mindesten beeinflussen zu lassen, daß Jemand von der Partei irgendwo vorgesprochen hat.

Nach allen meinen Erfahrungen würde jede von Ihnen ergriffene Vorsichtsmaßregel als Zeichen eines schlechten Gewissens Ihrerseits gedeutet werden, und diejenigen, welche Ihnen ohnehin übel gesinnt sind, würden, sobald sie etwas von Ängstlichkeit bei Ihnen zu entdecken glauben, sofort dreister werden und lediglich an Terrain gewinnen. Meine Maxime ist immer: jeden Schritt vorher überlegen, dann aber, wenn man ihn verantworten zu können glaubt, sich nichts gefallen zu lassen. Ich hoffe nur, daß die Ferienerholung schließlich doch die stärkere Wirkung auf Sie ausübt, und daß Sie erfrischt nach Hause zurückkehren. Alles Weitere später geschickt, werden wir ja sehen. Am 10. April bin ich wieder in Berlin.

Mit besten Grüßen Ihr

Planck

Nach allen meinen Erfahrungen würde jede
von Ihnen ergriffene Vorsichtsmaßregel als Zeichen
eines schlechten Gewissens Ihrerseits gedeutet werden,
und diejenigen, welche Ihnen etwa übel gesinnt
sind, würden, sobald sie etwas von Unsicherheit
bei Ihnen zu entdecken glauben, sofort dreister
werden und dadurch an Terrain gewinnen.
Meine Maxime ist immer: jeden Schritt vorher
überlegen, dann aber, wenn man ihn verantworten
zu können glaubt, sich nichts gefallen zu lassen.
Ich hoffe nur, daß die Ferienerholung schließlich
doch die stärkere Wirkung auf Sie ausübt,
und daß Sie erfrischt nach Haus zurückkehren.
Was später geschieht, werden wir ja sehen.
Am 10. April bin ich wieder in Berlin.

Mit besten Grüßen Ihr

Planck

Der Präsident
der Kaiser Wilhelm-Gesellschaft
zur Förderung der Wissenschaften

Berlin C 2, den 22. Jan. 1935
Schloß, Portal III
Telephon: Amt C 1 Berolina 5931

Prof. Dr. M. Planck
Geh. Reg.-Rat
Berlin-Grunewald
Wangenheimstr. 21

Hochverehrter Herr Kollege!

Nehmen Sie meinen besten Dank für Ihren geschätzten Brief. Ich stehe gegenwärtig immer noch in mündlichen Verhandlungen mit Vertretern des Herrn Unterrichtsministers, der leider erkrankt ist; eine Entscheidung ist noch nicht getroffen, die Vorbereitungen für die Feier gehen daher weiter. Für alle Fälle möchte ich Sie aber doch bitten, mir eine Abschrift Ihrer Rede baldgefälligst hierher in meine Wohnung senden zu wollen.

Mit kollegialem Gruß Ihr ganz ergebener

M. Planck.

22.1.1935 – Planck an Karl Friedrich Bonhoeffer wegen der Haber-Gedenkfeier. Bonhoeffers Rede wurde von Otto Hahn verlesen, da jenem als Hochschullehrer die Teilnahme vom Ministerium untersagt worden war (III. Abt., Rep. 23 K. F. Bonhoeffer, Nr. 43/10; vgl. 24.1.1935).

[Briefkopf]

22. Jan*uar 19*35

[privater Adressstempel]

Hochverehrter Herr Kollege!

Nehmen Sie meinen besten Dank für Ihren gestrigen Brief. Ich stehe gegenwärtig immer noch in mündlichen Verhandlungen mit Vertretern des Herrn Unterrichtsministers, der leider erkrankt ist; eine Entscheidung ist noch nicht getroffen, die Vorbereitungen für die Feier gehen daher weiter. Für alle Fälle möchte ich Sie aber doch bitten, mir eine Abschrift Ihrer Rede baldgefälligst hierher in meine Wohnung senden zu wollen.

Mit kollegialem Gruß Ihr ganz ergebener

M*ax* Planck.

Die Kaiser-Wilhelm-Gesellschaft zur Förderung der Wissenschaften

beehrt sich

in Gemeinschaft mit der

Deutschen Chemischen Gesellschaft
und der Deutschen Physikalischen Gesellschaft

zu einer

Gedächtnisfeier für Fritz Haber

am Dienstag, den 29. Januar 1935, 12 Uhr mittags,
im Harnack-Haus, Berlin-Dahlem, Ihnestraße 16–20,

einzuladen.

1. Andante con moto (Thema mit Variationen)
   aus dem Quartett Nr. 14 von Franz Schubert

2. Einleitende Worte

   Geheimrat Prof. Dr. Max Planck, Präsident der Kaiser-Wilhelm-Gesellschaft zur Förderung der Wissenschaften

3. Gedächtnisreden

   Prof. Dr. Otto Hahn, Direktor des Kaiser-Wilhelm-Instituts für Chemie

   Oberst a. D. Dr.-Ing. e. h. Joseph Koeth

   Prof. Dr. Karl-Friedrich Bonhoeffer, Auswärtiges wissenschaftliches Mitglied des Kaiser-Wilhelm-Instituts für physikalische Chemie und Elektrochemie

4. Cavatine (adagio molto espressivo)
   aus dem Quartett op. 130 von Ludwig van Beethoven

   Die Mitglieder des Philharmonischen Orchesters:
   Konzertmeister Siegfried Borries (1. Violine), Karl Höver (2. Violine),
   Reinhard Wolf (Viola), Wolfram Kleber (Cello).

Uniform oder dunkler Anzug

Januar 1935 – Einladung zur Haber-Gedenkfeier (I. Abt., Rep. 1A KWG, Nr. 1171; Va. Abt., Rep. 5 F. Haber, Nr. 1340).

Abschrift/ABt. (von Abschrift)

Der Reichsminister für Wissenschaft, Erziehung und Volksbildung

Berlin W. 8, den 24. Januar 1935
Unter den Linden 4

Hochverehrter Herr Präsident!

Auf Ihr Schreiben vom 18. Januar 1935 teile ich Ihnen ergebenst folgendes mit:
Wenn die Preussische Akademie der Wissenschaften am 28. Juni 1934 dem Andenken Fritz Habers eine besondere Gedächtnisrede widmen konnte, so konnte das allenfalls eher hingehen, als in der Preussischen Akademie der Wissenschaften bedeutende Denker und Forscher des In- und Auslandes, ohne Rücksicht auf Nationalität und Rasse zusammengefasst worden sind.

Die Kaiser Wilhelm-Gesellschaft stellt dagegen eines der vornehmsten Institute deutscher Forschung dar, von dem die deutsche Öffentlichkeit erwartet, dass es sich auch in jedem einzelnen Falle öffentlichen Hervortretens mit den Grundsätzen des Nationalsozialistischen Staates im Einklange befindet.

Ich erkenne gern an, dass Sie, Herr Präsident, von Ihrer positiven Einstellung zum heutigen Staate und zum Führer jederzeit durch Wort und Tat Zeugnis abzulegen bereit sind. Ich bedauere jedoch, dass die geplante Gedächtnisfeier für Fritz Haber den gegenteiligen Eindruck hervorrufen konnte. Professor Haber ist am 30. April 1933 deswegen aus dem Amt geschieden, weil er sich in Gegensatz zum nationalsozialistischen Staate stellte.

Ich kann nach all dem von keinem Beamten des nationalsozialistischen Staates oder von Parteigenossen der N.S.D.A.P. erwarten, dass sie an der von der Kaiser Wilhelm-Gesellschaft geplanten Veranstaltung teilnehmen, und sehe mich daher ausserstande, sehr verehrter Herr Präsident, die diesbezügliche Verfügung aufzuheben.

Andererseits will ich aber mit Rücksicht darauf, dass die Presse des In- und Auslandes bereits auf die Angelegenheit aufmerksam geworden ist, dass ausländische Teilnehmer zu der Feier erwartet werden, und dass schliesslich die Kaiser Wilhelm-Gesellschaft private Mitglieder in ihren Reihen zählt, Ihnen, Herr Präsident, anheimstellen, die Veranstaltung als eine rein interne und private Feier der Kaiser Wilhelm-Gesellschaft stattfinden zu lassen, über die in der Tagespresse aus einleuchtenden Gründen nicht berichtet werden darf. Für den Fall, dass Sie sich hierzu entschliessen, ersuche ich Sie um umgehende Vorlage einer Liste derjenigen Professoren, die in ihrer Eigenschaft als Mitglieder der Kaiser Wilhelm-Gesellschaft bzw. der Deutschen Chemischen Gesellschaft oder der Deutschen Physikalischen Gesellschaft ihr Erscheinen in Aussicht gestellt haben sollten. Ich behalte mir vor, den namhaft gemachten Professoren Dispens von dem Erlass zu erteilen, wenn diese besonderen Wert darauf legen. Ich würde mich freuen, wenn Sie, Herr Präsident, an einem der nächsten Tage mich aufsuchen würden und bin

Mit Hitler-Heil!
Ihr
gez. Rust

An den
Herrn Präsidenten der Kaiser Wilhelm-Gesellschaft zur Förderung der Wissen-
Geheimrat Professor Dr. Planck,
Berlin C 2, Scloss

24.1.1935 – Der Reichsminister für Wissenschaft, Erziehung und Volksbildung Bernhard Rust bestätigt Präsident Planck die Verfügung des Verbots der Haber-Gedenkfeier, stellt sie aber als Privatveranstaltung für die Mitglieder der Kaiser-Wilhelm-Gesellschaft anheim (Va. Abt., Rep. 5, Nr. 1339; vgl. 22.1.1935).

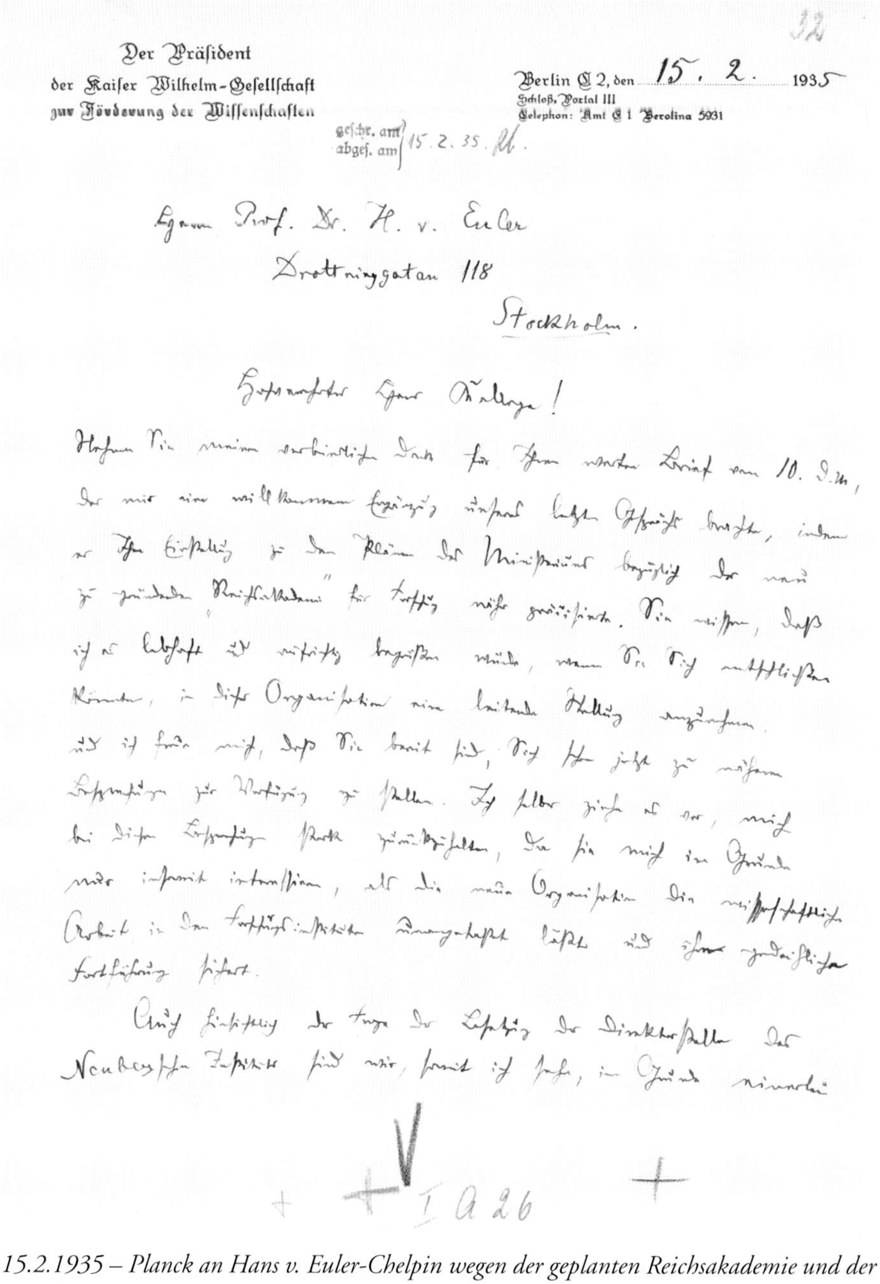

Der Präsident
der Kaiser Wilhelm-Gesellschaft
zur Förderung der Wissenschaften

Berlin C 2, den 15. 2. 1935
Schloß, Portal III
Telephon: Amt C 1 Berolina 5931

32

gesch. am / abges. am 15. 2. 35.

Herrn Prof. Dr. H. v. Euler
Drottninggatan 118
Stockholm.

Hochverehrter Herr Kollege!

Haben Sie meinen verbindlichsten Dank für Ihren werten Brief vom 10. d. M., der mir eine willkommene Ergänzung unseres letzten Gesprächs brachte, indem er Ihre Einstellung zu den Plänen des Ministeriums bezüglich der neu zu gründenden „Reichsakademie" für Forschung näher präzisierte. Sie wissen, daß ich es lebhaft und aufrichtig begrüßen würde, wenn Sie sich entschließen könnten, in dieser Organisation eine leitende Stellung einzunehmen, und ich freue mich, daß Sie bereit sind, sich schon jetzt zu weiteren Besprechungen zur Verfügung zu stellen. Ich selber ziehe es vor, mich bei diesen Besprechungen stark zurückzuhalten, da sie mich im Grunde nur insoweit interessieren, als die neue Organisation die wissenschaftliche Arbeit in den Forschungsinstituten unangetastet läßt und ihre gedeihliche Fortführung sichert.

Auch hinsichtlich der Frage der Besetzung der Direktorstelle des Neubergschen Instituts sind wir, soweit ich sehe, im Grunde einander

I A 26

15.2.1935 – Planck an Hans v. Euler-Chelpin wegen der geplanten Reichsakademie und der Nachfolge Carl Neubergs am Kaiser-Wilhelm-Institut für Biochemie (I. Abt., Rep. 1A KWG, Nr. 202, Bl. 32).

[Briefkopf]* 15. 2. 1935

Herrn Prof*essor* D*okto*r H*ans* v*on* Euler

Drottninggatan 118

Stockholm.

Hochverehrter Herr Kollege!

Nehmen Sie meinen verbindlichen Dank für Ihren werten Brief vom 10. d*es* M*onats*, der mir eine willkommene Ergänzung unseres letzten Gesprächs brachte, indem er Ihre Einstellung zu den Plänen des Ministeriums bezüglich der neu zu gründenden „Reichsakademie" für Forschung näher präzisierte. Sie wissen, daß ich es lebhaft und aufrichtig begrüßen würde, wenn Sie sich entschließen könnten, in dieser Organisation eine leitende Stellung anzunehmen, und ich freue mich, daß Sie bereit sind, Sich schon jetzt zu näheren Besprechungen zur Verfügung zu stellen. Ich selber ziehe es vor, mich bei diesen Besprechungen stark zurückzuhalten, da sie mich im Grunde nur insoweit interessieren, als die neue Organisation die wissenschaftliche Arbeit in den Forschungsinstituten unangetastet läßt und ihre gedeihliche Fortführung sichert.

Auch hinsichtlich der Frage der Besetzung der Direktorstelle des Neubergschen Instituts sind wir, soweit ich sehe, im Grunde einerlei

* darunter Fertigungs- und Absendevermerk des Büros: geschr*ieben* am, abges*andt* am 15. 2. 1935. [Paraphe].

Meinung. Insbesondere erfreut mich Ihr Verständnis für den Standpunkt mancher fachverständiger Kollegen, daß es im wissenschaftlichen Interesse liegt, einen mehr auf der gegenwärtigen Seite arbeitenden Physiker an die Spitze zu berufen, und ich danke Ihnen für Ihre Zusage, daß Sie nicht beabsichtigen, sich zu den Wünschen der K.W.G. in Gegensatz zu stellen.

Die letzte Entscheidung aller dieser Fragen liegt natürlich beim Ministerium. Ich selber werde gern ~~[illegible]~~ bemüht sein, im Einverständnis mit Ihnen an dem Zustandekommen einer vernünftigen Lösung zu arbeiten.

Mit besten Grüßen an Sie und an Ihre verehrte Gattin

Ihr aufrichtig ergebener

[signature]

Meinung. Insbesondere erfreut mich Ihr Verständnis für den Standpunkt
mancher sachverständiger Kollegen, daß es in wissenschaftlichem Interesse liegt,
einen mehr nach der präparativen Seite arbeitenden Chemiker an das
Institut zu berufen, und ich danke Ihnen für Ihre Zusage, daß Sie
nicht beabsichtigen, sich zu den Wünschen der K*aiser* W*ilhelm* G*esellschaft* in Gegensatz
zu stellen.

Die letzte Entscheidung aller dieser Fragen liegt natürlich beim
Ministerium. Ich selber werde gern ~~nach wie vor~~ bemüht sein,
im Einverständnis mit Ihnen an dem Zustandekom*m*en einer vernünftigen Lösung zu arbeiten.

Mit besten Grüßen an Sie und an Ihre verehrte Gattin

Ihr aufrichtig ergebener

Pl*anck*

Der Präsident 15.Oktober 5

1) geschr. am 15.10.
abges. am 14.10.

Auf das Schreiben vom 14.Oktober 1935 - Z II a Nr. 3110. Z I. M, E II b u.a. - betreffend Erlaß des Herrn Reichs= und Preußischen Ministers des Innern wegen der Beurlaubung von jüdischen Beamten beehre ich mich ergebenst zu erwidern, daß ich diesen Erlaß an die Institute der Kaiser Wilhelm-Ge= sellschaft nicht weitergegeben habe, weil mit einer einzigen Ausnahme, die bereits besonders benachrichtigt worden ist, die Institute der Kaiser Wilhelm-Gesellschaft ebenso wie die Gesellschaft selber nicht zu den Körperschaften des öffent= lichen Rechts gehören. Von jüdischen Beamten im Sinne des Erlasses, die Staatsbeamte sind, kommt nur der 2.Direktor des Kaiser Wilhelm-Instituts für Biologie, Herr Prof.Dr. Richard Goldschmidt in Betracht. Ich darf wohl annehmen, daß der Herr Minister in diesem Falle selber zu entscheiden beabsich= tigt. Ich möchte aber darauf hinweisen, daß Herr Prof.Gold= schmidt sich eines besonderen Ansehens in der wissenschaftli= chen Welt, insbesondere der angelsächsischen Länder erfreut und eine sofortige Unterbrechung seiner laufenden Forschungs= arbeiten eine schwere Schädigung der Wissenschaft bedeuten würde. Ich bitte daher zu erwägen, ob nicht zunächst eine Form gefunden werden kann, die eine solche Schädigung aus= schließt.

N.d.H.Präs.

Pl.

An den
Herrn Reichs- und Preußischen
Minister für Wissenschaft, Erzie=
hung und Volksbildung
Berlin W.8
Unter den Linden 4.

2) Nach 2 Wochen

Gl.Mi.15.10.35

15.10.1935 – Planck an den Reichsminister für Wissenschaft, Erziehung und Volksbildung Bernhard Rust wegen weiterer Entlassungen nach dem Reichsbürgergesetz, u. a. Richard Goldschmidt (I. Abt., Rep. 1A KWG, Nr. 545, Bl. 13).

Im Dezember 1935

Am 11. Januar 1911 wurde die Kaiser-Wilhelm-Gesellschaft zur Förderung der Wissenschaften gegründet. Sie kann nach vollendetem erstem Vierteljahrhundert den Erfolg ihrer Arbeiten ruhig dem Urteil der Welt überlassen. Wenn in diesen 25 Jahren ihre wissenschaftlichen Mitglieder in der Lage waren, ihrem Vaterlande 12 Nobelpreise zu schenken, so ist dies nur ein Zeichen für ihr erfolgreiches Wirken. Heute betreut sie 32 Institute auf allen Gebieten wissenschaftlicher Forschung.

Es ist eine Pflicht der Dankbarkeit, der Gesellschaft zu ihrem Jubiläum eine Ehrengabe zu überreichen. Bei dem ersten Aufruf vor 25 Jahren hat die deutsche Wirtschaft in dem reichen Deutschland von damals der Wissenschaft in wenigen Tagen 15 Millionen Mark zur Verfügung gestellt. Das ist heute nicht möglich. Aber wir wissen, daß gerade die deutsche Wirtschaft nur dann zu neuer Blüte kommt, wenn Wissenschaft und Forschung in jenem hohen Sinne, wie er in den Instituten der Gesellschaft zu Hause war, weiterbetrieben wird.

Es ist beabsichtigt, einen

»Max-Planck-Jubiläumsfonds«

der Gesellschaft einzuverleiben, der sie in die Lage versetzen kann, besonderen, neu an sie herantretenden Aufgaben gerecht zu werden. Wir bitten alle Freunde, insbesondere aber die Mitglieder unserer Gesellschaft, herzlichst, sich an dieser Spende zu beteiligen. Je größer die Anzahl der Zeichner ist, um so überzeugender wird der Eindruck im In- und Auslande sein, daß Wissenschaft und Forschung aus Deutschland wie in der Vergangenheit so in der Gegenwart und hoffentlich in aller Zukunft nicht wegzudenken sind.

Albert Vögler	Carl Bosch	Emil Georg v. Stauß
als 1. Schatzmeister	als 2. Schatzmeister	als 3. Schatzmeister

der Kaiser-Wilhelm-Gesellschaft zur Förderung der Wissenschaften

Es wird gebeten, beiliegenden Zeichnungsschein an die Geschäftsstelle der Kaiser-Wilhelm-Gesellschaft zur Förderung der Wissenschaften, Berlin C 2, Schloß, zu senden. Überweisungen von Geldbeträgen werden erbeten auf das Konto der Kaiser-Wilhelm-Gesellschaft »Max-Planck-Jubiläumsfonds« bei der Reichs-Kredit-Gesellschaft A.G., Berlin W 8, Behrenstraße 37.

8881 35 II D

Dezember 1935 – Aufruf der Schatzmeister der Kaiser-Wilhelm-Gesellschaft zu einem Max-Planck-Jubiläumsfonds (I. Abt., Rep. 1A KWG, Nr. 215, Bl. 2).

Entwurf.

Planck - Spende.

§ 1.

Es liegt mir daran, daß die zum 25-jährigen Jubiläum der Kaiser Wilhelm-Gesellschaft zur Förderung der Wissenschaften mir als Planck-Spende zur Verfügung gestellten Mittel ordnungsmäßig verwaltet werden. Ich bestimme daher, daß diese Mittel, solange die Kaiser Wilhelm-Gesellschaft zur Förderung der Wissenschaften als unabhängiges wissenschaftlichen Unternehmen besteht, Verwendung finden, um dort einzugreifen, wo die Mittel der Gesellschaft oder des Staates nicht in Anspruch genommen werden können oder nicht ausreichen. Sie sollen sowohl für personelle wie auch materielle Zwecke Verwendung finden können. Eine Bindung, nur die Zinsen zu verwenden, halte ich nicht für richtig, da größere Aufgaben auch einmal eine Inanspruchnahme des Kapitals notwendig machen könnten.

§ 2.

Die Verwendung der Spende soll in die Hände eines Kuratoriums gelegt werden. Dieses soll aus 5 Mitgliedern bestehen, welche von mir ernannt werden. Nach meinem Tode ist jedes der von mir ernannten Mitglieder berechtigt, seinen Nachfolger selbst zu wählen. Sollte ein Mitglied wegfallen, ohne einen Nachfolger ernannt zu haben, so wird dasselbe von den übrigen Mitgliedern ernannt.

§ 3.

Das Kuratorium wählt aus seiner Mitte einen Vorsitzenden und einen stellvertretenden Vorsitzenden. Der Vorsitzende, in seiner Behinderung der stellvertretende Vorsitzende, beruft das Kuratorium, wenn es ihm nötig erscheint oder wenn ein Mitglied es beantragt, mindestens aber einmal im Jahre, und führt den Vorsitz in den Sitzungen.

§ 4.

Das Kuratorium entscheidet in allen Fällen mit Stimmenmehrheit.

§ 5.

Das Kuratorium ist berechtigt, die laufenden Geschäfte

der

19.3.1937 – Satzungsentwurf für diese „Planck-Spende" (I. Abt., Rep. 1A KWG, Nr. 216, Bl. 1f.).

2

der Vermögensverwaltung einem seiner Mitglieder zu übertragen.

§ 6.

Sollte die Erreichen des in § 1 bezeichneten Zweckes in irgend einem Zeitpunkt dauernd unmöglich sein, so bestimmt das Kuratorium die weitere Verwendung für gemeinnützige wissenschaftliche Zwecke.

Berlin, den 19. 3 37.

G I

Gl.Mi.9.3.37

Dem Führer und Reichskanzler
Berlin

11

6

Mein Führer !

Die Mitglieder und Freunde der Kaiser-Wilhelm-Gesellschaft zur Förderung der Wissenschaften sind versammelt, um den Tag des 25jährigen Bestehens der Gesellschaft feierlich zu begehen. Wissenschaft und Wirtschaft stehen treu zu dem von Ihnen neu aufgerichteten Deutschen Reich und wissen, dass nur unter Ihrer Führung und unter dem Schutz der Wehrmacht sie nützliche Arbeit leisten können. Durchdrungen von dieser Zuversicht entbietet die Kaiser-Wilhelm-Gesellschaft zur Förderung der Wissenschaften Ihnen, mein Führer, ehrfurchtsvolle Grüsse !

N.d.H.P.

11/1.36 9 05

z. d. A.

+ I a 27

11.1.1936 – Ergebenheitsadresse an Adolf Hitler anlässlich des 25jährigen Jubiläums der Kaiser-Wilhelm-Gesellschaft (I. Abt., Rep. 1A KWG, Nr. 210-1/4, Bl. 11; vgl. Nr. 209, Bl. 219: Einladung an Hitler zur Teilnahme).

20

PROF. DR. MAX BIELSCHOWSKY

BERLIN W. 62
KURFÜRSTENSTR. 99a

Pl.

z. Z. Utrecht 12. 1. 36

Psychiatr. und Neurol. Klin. der Reichsuniv.

Eingegangen:
14. JAN. 1936

Hochverehrter Herr Geheimrat!

Aus der Zeitung ersehe ich, dass die K. W. G. die 25. Wiederkehr ihres Gründungstages festlich begangen hat. Gestatten Sie mir Ihnen, dem Praesidenten der Gesellschaft meinen Glückwunsch auszusprechen. Ich gedenke Ihrer noch oft mit dem Gefühl inniger Dankbarkeit als des einzigen, der in den dunklen Tagen des Jahres 1933 für meine trübe Lage Verständnis hatte.

Ich bleibe mit den besten Wünschen für Ihr Wohlergehen

Ihr aufrichtig ergebener

Max Bielschowsky.

12.1.1936 – Max Bielschowski, entlassen 1933 aus dem Kaiser-Wilhelm-Institut für Hirnforschung nach persönlichen Auseinandersetzungen mit Oskar Vogt, gratuliert Planck zum Jubiläum der Kaiser-Wilhelm-Gesellschaft (I. Abt., Rep. 1A KWG, Nr. 210-2/2, Bl. 20).

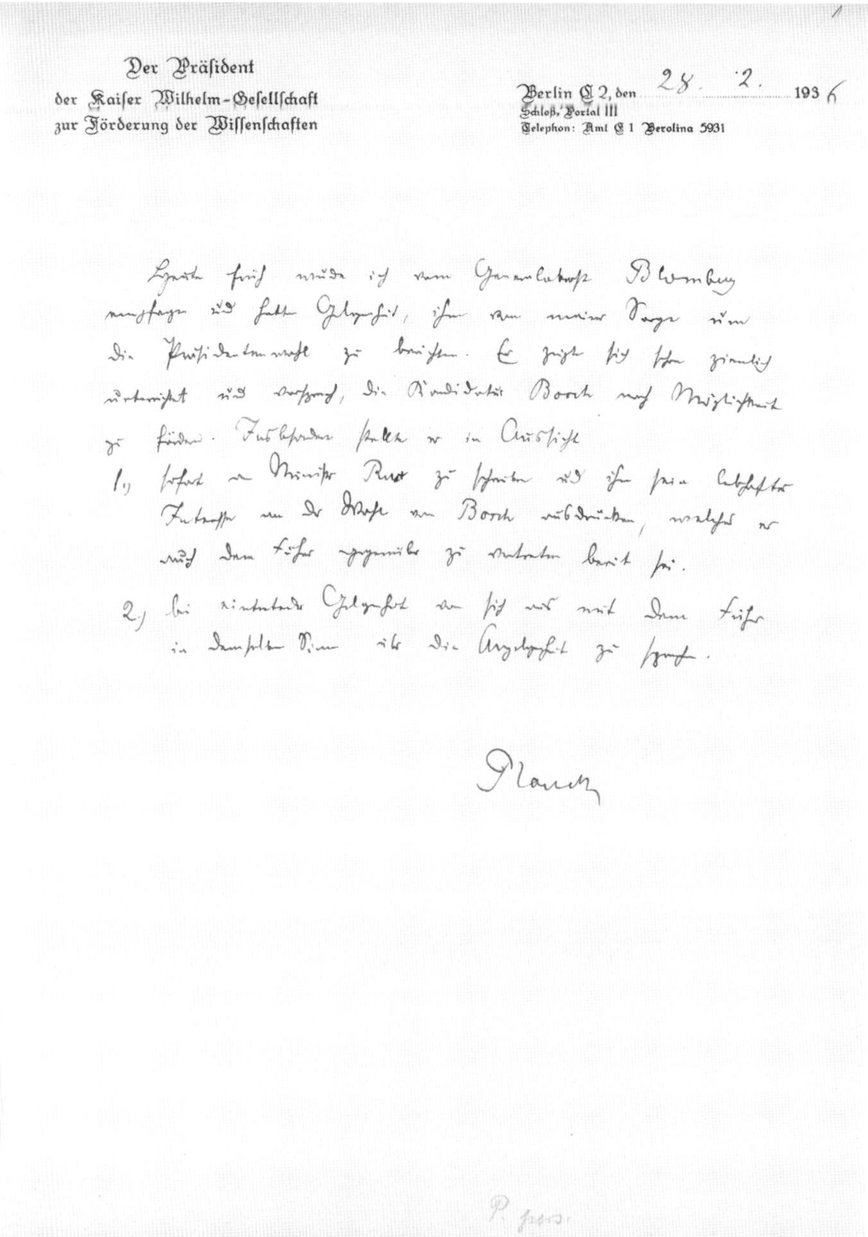

Der Präsident
der Kaiser Wilhelm-Gesellschaft
zur Förderung der Wissenschaften

Berlin C 2, den 28. 2. 1936
Schloß, Portal III
Telephon: Amt C 1 Berolina 5931

Heute früh wurde ich vom Generaloberst Blomberg empfangen und hatte Gelegenheit, ihm von meiner Sorge um die Präsidentenwahl zu berichten. Er zeigte sich schon ziemlich unterrichtet und versprach, die Kandidatur Bosch nach Möglichkeit zu fördern. Entsprechend stellte er in Aussicht

1.) sofort an Minister Rust zu schreiben und ihm sein lebhaftes Interesse an der Person von Bosch auszudrücken, welches er auch dem Führer gegenüber zu vertreten bereit sei.

2.) bei eintretender Gelegenheit an sich auch mit dem Führer in demselben Sinne über die Angelegenheit zu sprechen.

Planck

P. [illegible]

28.2.1936 – Vermerk Plancks über ein Gespräch mit Reichswehrminister Generaloberst Werner von Blomberg wegen der Kandidatur Carl Boschs als Nachfolger im Amt des Präsidenten der Kaiser-Wilhelm-Gesellschaft (II. Abt., Rep. 1A MPG, PA Planck, Nr. 6, Bl. 1).

[Briefkopf] 28. 2. 1936

Heute früh wurde ich vom Generaloberst Blomberg empfangen und hatte Gelegenheit, ihm von meiner Sorge um die Präsidentenwahl zu berichten. Er zeigte sich schon ziemlich unterrichtet und versprach, die Kandidatur Bosch nach Möglichkeit zu fördern. Insbesondere stellte er in Aussicht

1.) sofort an Minister Rust zu schreiben und ihm sein lebhaftes Interesse an der Wahl von Bosch auszudrücken, welches er auch dem Führer gegenüber zu vertreten bereit sei.

2.) bei eintretender Gelegenheit von sich aus mit dem Führer in demselben Sinne über die Angelegenheit zu sprechen.

Planck

23.4.36.

Hochverehrter Herr Präsident!

Wir Angehörigen der Generalverwaltung der Kaiser Wilhelm-Gesellschaft zur Förderung der Wissenschaften, die wir uns durch unsere tägliche Arbeit unter Ihrer Leitung Ihnen besonders nahe verbunden fühlen, sprechen Ihnen zum heutigen Geburtstage ehrerbietige Glückwünsche aus und bitten Sie, unseren Dank dafür entgegen zu nehmen, dass Sie, unbeirrt durch die Stürme des Tages die Kaiser Wilhelm-Gesellschaft im Geiste reiner Wissenschaft lenken und führen und damit jedem einzelnen von uns Grund geben, stolz darauf zu sein, unter einem solchen Präsidenten dem Wohle des Ganzen dienen zu dürfen.

Wir bitten Sie, uns auch künftig Ihr gütiges Wohlwollen zu erhalten.

In aufrichtiger Ergebenheit

23.4.1936
– Geburtstagsglückwunsch der Mitarbeiter der Generalverwaltung

und

– Dank Plancks für die Glückwünsche und für ihre Arbeit
(II. Abt., Rep. 1A MPG, PA Planck, Nr. 6, Bl. 4f.).

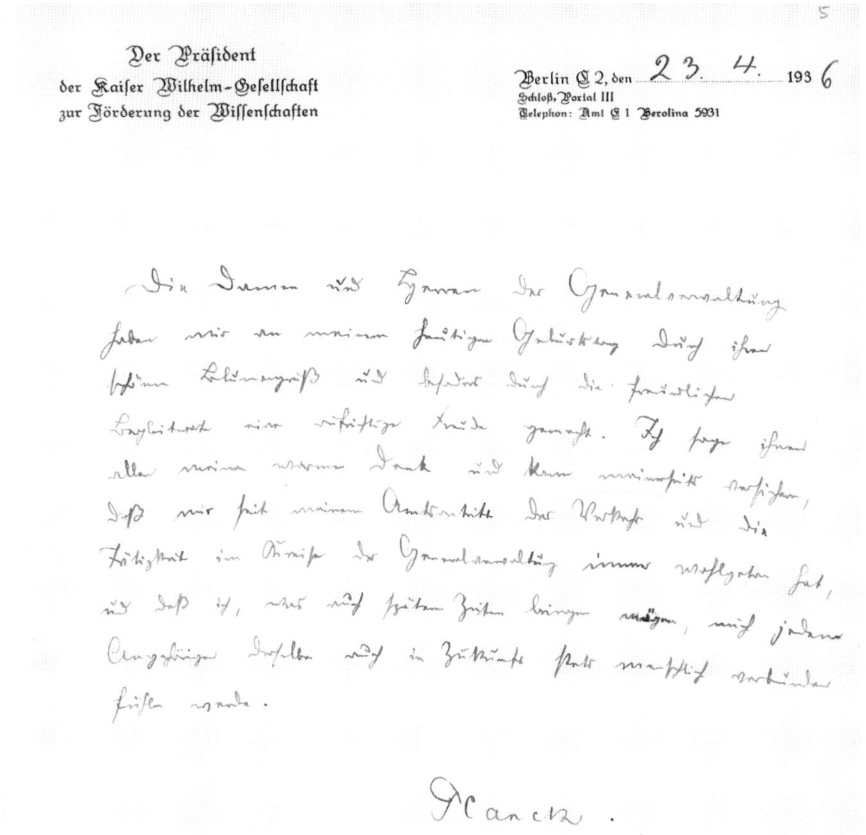
5

Der Präsident
der Kaiser Wilhelm-Gesellschaft
zur Förderung der Wissenschaften

Berlin C 2, den 23. 4. 1936
Schloß, Portal III
Telephon: Amt C 1 Berolina 5931

Die Damen und Herren der Generalverwaltung haben mir an meinem heutigen Geburtstag durch ihren schönen Blumengruß und besonders durch die freundlichen Begleitworte eine aufrichtige Freude gemacht. Ich sage ihnen allen meinen warmen Dank und kann meinerseits versichern, daß mir seit meinem Amtsantritt der Verkehr und die Tätigkeit im Kreise der Generalverwaltung immer wohlgetan hat, und daß ich, was auch spätere Zeiten bringen mögen, mich jedem Angehörigen derselben auch in Zukunft stets menschlich verbunden fühlen werde.

Planck.

[Briefkopf] 23. 4. 1936

Die Damen und Herren der Generalverwaltung
haben mir an meinem heutigen Geburtstag durch ihren
schönen Blumengruß und besonders durch die freundlichen
Begleitworte eine aufrichtige Freude gemacht. Ich sage ihnen
allen meinen warmen Dank und kann meinerseits versichern,
daß mir seit meinem Amtsantritt der Verkehr und die
Tätigkeit im Kreise der Generalverwaltung immer wohlgetan hat,
und daß ich, was auch spätere Zeiten bringen mögen, mich jedem
Angehörigen derselben auch in Zukunft stets menschlich verbunden
fühlen werde.

Planck.

11. Mai 7

geschr. am } 11.5.
abges. am }

Sehr verehrter Herr Reichsbankpräsident!

Wie ich nach meiner Rückkehr von einer Vortragsreise ins Baltikum erfahre, sind Sie inzwischen durch einige Herren der Kaiser Wilhelm-Gesellschaft von dem Ergebnis unserer Besprechung, an der Sie leider nicht teilnehmen konnten, und damit auch von den Schwierigkeiten, in denen sich die Kaiser Wilhelm-Gesellschaft zur Zeit befindet, unterrichtet worden.

Ich habe auf meiner Reise wieder gesehen, wie groß das Ansehen der Kaiser Wilhelm-Gesellschaft zur Förderung der Wissenschaften im Ausland ist. Dieses Ansehen beruht im wesentlichen auf den wissenschaftlichen Leistungen ihrer Institute und ihrer Verwaltung. Wenn jetzt durch die geplanten Veränderungen in sachlicher und persönlicher Hinsicht Unruhe in die Institute getragen würde, so würde dies vor allem aber schwere wirtschaftliche Konsequenzen haben können, denn die Institute der Kaiser Wilhelm-Gesellschaft sind nicht nur zu einem großen Teil seit Jahren mit Problemen beschäftigt, die jetzt durch den Vierjahresplan in den Vordergrund gerückt worden sind, sondern sie bilden angesichts der ernsten Frage des Nachwuchses, die heute die deutschen Hochschulen bedrängt, ein wertvolles Reservoir, aus dem auch für die Hochschulen frische Kraft zu gewinnen ist. Bildet doch die Gesellschaft in ihren Instituten zugleich gewissermaßen auch Generalstabsoffiziere für die Hochschullaboratorien und die Industrielaboratorien aus.

Ich würde es daher dankbar begrüßen, wenn Sie angesichts der schwierigen Lage, in der sich die Kaiser Wilhelm-Gesellschaft aus den Ihnen von den anderen Herren dargelegten Gründen befindet, nicht nur als unser Senator, sondern auch als Reichswirtschaftsminister

Herrn
Reichsbankpräsidenten Dr. Schacht,
Senator der Kaiser Wilhelm-Gesellschaft
Berlin SW.111
Jägerstr.

11.5.1937 – Bitte Plancks an Reichsbankpräsident Hjalmar Schacht als Senator der Kaiser-Wilhelm-Gesellschaft und Reichswirtschaftsminister, sich bei anderen Ministern für die Kaiser-Wilhelm-Gesellschaft angesichts der schwierigen Situation hinsichtlich seiner Nachfolge und der neuen Satzung einzusetzen (I. Abt., Rep. 1A KWG, Nr. 46, Bl. 196a-b).

wirtschaftsminister die Initiative zu einer Besprechung der Lage der Kaiser Wilhelm-Gesellschaft mit dem Reichskultus=minister und vielleicht zugleich noch sonst interessierten Ressorts, wie dem Reichskriegsministerium und dem Reichsfi=nanzministerium ergreifen könnten. Sie würden damit unserer Gesellschaft und zugleich der deutschen Wissenschaft einen großen Dienst erweisen.

Mit Heil Hitler verbleibe ich

Ihr sehr ergebener

Gl

2) Nach 2 Wch.

Gl.Mi.11.5.37

206

Der Reichs- und Preußische Minister für Wissenschaft, Erziehung und Volksbildung

W O 1089

Es wird gebeten, dieses Geschäftszeichen und den Gegenstand bei weiteren Schreiben anzugeben.

Berlin W 8, den 24. Mai 1937
Unter den Linden 69

Fernsprecher: 11 00 30
Postscheckkonto: Berlin 14402
Reichsbank-Giro-Konto
Postfach

Eing. 26. MAI 1937 Kaiser-Wilhelm-Gesellschaft

Zum Schreiben vom 13. Mai 1937.

Es war mir bisher unbekannt, daß die Kaiser Wilhelm-Gesellschaft beabsichtigt, das neu errichtete Kaiser Wilhelm-Jnstitut für Physik Max Planck-Jnstitut zu benennen.

Es wäre angebracht gewesen, wenn die Kaiser Wilhelm-Gesellschaft vor Erwägung solcher Maßnahmen mit mir Fühlung genommen und sich meines Rates bedient hätte, zumal die Angelegenheit hinsichtlich des bevorstehenden Rücktritts des Präsidenten der Kaiser Wilhelm-Gesellschaft gegebenenfalls auch politische Auswirkungen nach sich ziehen könnte.

Bei der augenblicklichen Lage, in der Maßnahmen der Kaiser Wilhelm-Gesellschaft seitens eines Teiles nationalsozialistischer Wissenschaftler nicht ohne Widerspruch geblieben sind, hätte ich dringendst von einem derartigen Schritt abraten müssen und ich bedauere lebhaft, daß Sie in der Angelegenheit mich bisher nicht beteiligt und dies scheinbar auch nicht beabsichtigt haben.

Jch gebe deshalb anheim, von dieser Frage auf der Senatssitzung der K.W.G. Abstand zu nehmen und wegen Klärung derselben zunächst mit mir Verbindung aufzunehmen.

Jm Auftrage

gez. W a c k e r

Schrb.v.28.5.

An

den Generaldirektor der
Kaiser Wilhelm-Gesellschaft
Herrn Professor Dr. G l u m

B e r l i n C 2

Beglaubigt.

Verwaltungssekretär.

II 14 +

24.5.1937 – Der Reichs- und Preußische Minister für Wissenschaft, Erziehung und Volksbildung an Generaldirektor Friedrich Glum wegen der Benennung des Kaiser-Wilhelm-Instituts für Physik als „Max-Planck-Institut“ (I. Abt., Rep. 1A KWG, Nr. 1652/1, Bl. 206).

Durchschlag für Herrn Prof. Debye

A k t e n n o t i z .

In der Besprechung, welche am 26.5.1937 in der Zeit von 11,30 bis 13,30 Uhr im Reichsministerium für Wissenschaft, Erziehung und Volksbildung zwischen Herrn Staatsminister Dr. Wacker und einem seiner Referenten (Name mir nicht bekannt geworden) und dem Herrn Präsidenten der Kaiser Wilhelm-Gesellschaft, sowie den Herren Debye und v. Wettstein stattgefunden hat, wurden folgende wesentliche Punkte besprochen:

Nach einigen die Sachlage klärenden Darlegungen des Herrn Staatsministers Wacker und des Herrn Präsidenten Planck wurden zunächst Personalfragen des Personalfalles Glum behandelt. Es wurde vom Herrn Präsidenten mitgeteilt, daß Herr Generaldirektor Glum den Antrag auf Entlassung aus der Gesellschaft gestellt und daß dieser Antrag vom Herrn Präsidenten angenommen worden sei. Herr Staatsminister Wacker stellte fest, daß er mit dieser Regelung einverstanden ist; wenn diese Regelung nicht durchgeführt wird, sähe sich das Ministerium gezwungen, von § 6 des Beamtengesetzes Gebrauch zu machen. – In Verhandlungen am Ende der Besprechung wurde dazu festgelegt, daß das Ministerium mit einer Weiterführung der Geschäfte bis zum 31.12.37 durch Herrn Generaldirektor Glum einverstanden sei. Von den Herren der Gesellschaft wurde nochmals betont, daß diese Entfernung von Herrn Glum von der Gesellschaft als tief bedauerlich und als schwere Störung der Gesellschaft empfunden wird.

Die weitere Besprechung bezog sich auf den neuen Satzungsentwurf, über den im wesentlichen Einverständnis erzielt wurde. Vor allem wurde festgelegt, daß in § 1 das "insbesondere" bleibt und auch gegen die Weiterführung der geisteswissenschaftlichen Institute

26.5.1937 – Aktennotiz Fritz v. Wettsteins, Direktor des Kaiser-Wilhelm-Instituts für Biologie und Vorsitzender der Biologisch-Medizinischen Sektion des Wissenschaftlichen Rats der Kaiser-Wilhelm-Gesellschaft, über eine Besprechung mit Präsident Planck und Peter Debye, nichts einzuwenden ist.

Ueber den ersten Absatz des § 3 herrschte im wesentlichen Einverständnis. Nur soll noch von einem Sachverständigen geprüft werden, ob die Formulierung "welche Anspruch auf das Reichsbürgerrecht besitzen" richtig ist.- Bei dieser Besprechung wurde vom Ministerium gebeten, womöglich eine Liste der nichtarischen Mitglieder soweit bekannt in den nächsten Tagen dem Ministerium einzureichen oder wenigstens im allgemeinen eine Mitteilung der Zahlen der nichtarischen und arischen Mitglieder; dies betrifft nicht die wissenschaftlichen Mitglieder.

In § 10 ist anstelle von "Führer" "verantwortliche Leiter" zu setzen, im Absatz 2 anstelle "zu hören" "gehört werden soll".

Ueber die Formulierung des § 11 soll noch ein Sachverständiger befragt werden; Ueber den Sinn herrscht Einigkeit, und es wurde festgelegt, daß eine Stellvertretung durch die Mitglieder des Beirates einschließlich den Vorstand der Generalverwaltung notwendig ist.

Ueber den Inhalt von § 12, Generalverwaltung und Vorstand derselben, ist Einverständnis erzielt.

Zu den 3 Sektionen des wissenschaftlichen Rates ist nach unserem Vorschlag das Einverständnis erteilt.

In § 23 erscheint es dem Ministerium wünschenswert, noch einmal einzufügen als letzten Satz: "Sie bedürfen der Genehmigung des Reichsministeriums für Wissenschaft, Erziehung und Volksbildung."

In der Personalangelegenheit v.Cranach wurde vom Ministerium ausdrücklich festgestellt, daß gegen ein Verbleiben von Herrn v.Cranach keine Schwierigkeiten bestehen und vom Ministerium keine Einwendungen erhoben werden.

Schließlich wurde die Frage der Benennung des Kaiser Wilhelm-

Direktor des Kaiser-Wilhelm-Instituts für Physik und Vorsitzender der Chemisch-Physikalisch-Technischen Sektion, im Reichsministerium für Wissenschaft, Erziehung und Volksbildung wegen des dort gewünschten Ausscheidens von Generaldirektor Friedrich Glum und der Ein-

- 3 -

Instituts für Physik als Max Planck-Institut besprochen. Nach längeren Verhandlungen erklärte der Herr Staatsminister Wacker, daß in einem Schreiben an Herrn Prof. Debye dieser um seine Stellungnahme zu der Angelegenheit vom Ministerium aufgefordert wird. Bis dahin wäre die Angelegenheit zu vertagen. Der Herr Staatsminister betonte seinen Wunsch, daß die Angelegenheit nicht in der Senatssitzung am 29.5. behandelt werden soll, da er sonst nicht erscheinen könnte.

führung einer neuen Satzung für die Kaiser-Wilhelm-Gesellschaft (I. Abt., Rep. 34, Nr. 19/1: KWG).

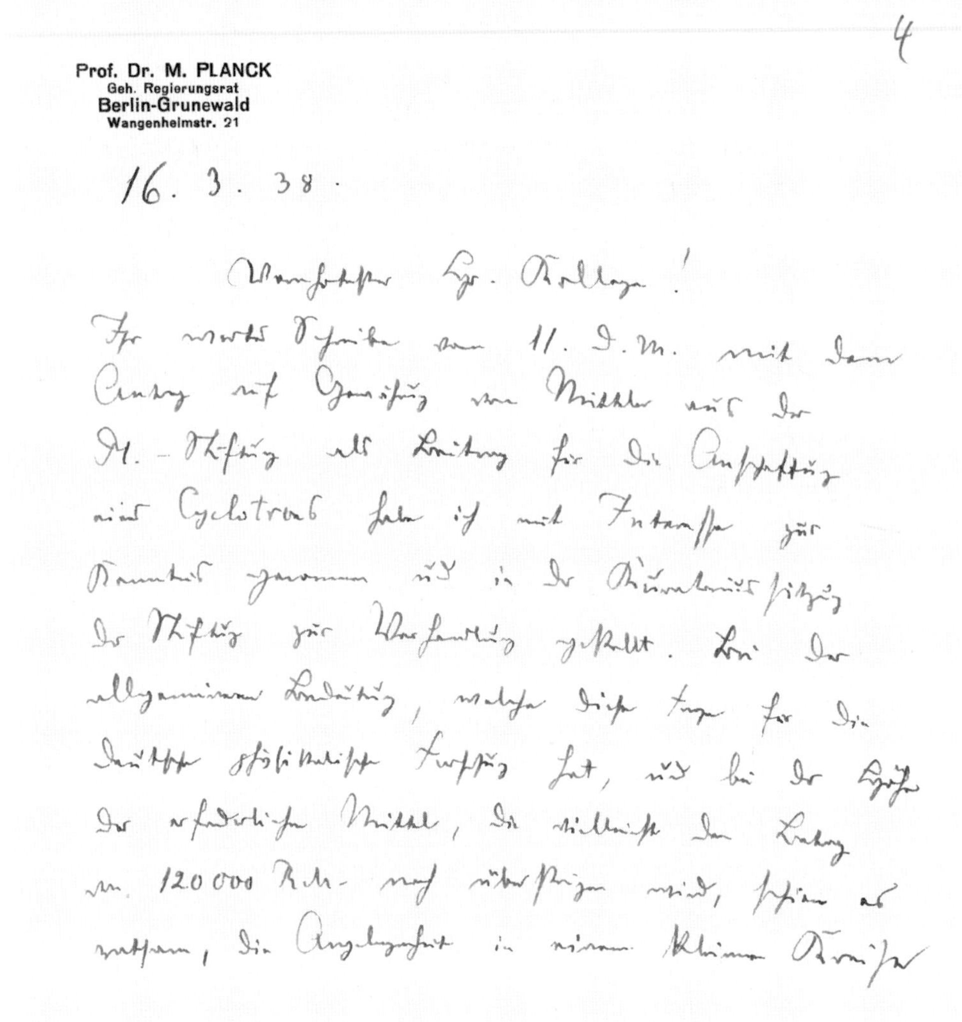

Prof. Dr. M. PLANCK
Geh. Regierungsrat
Berlin-Grunewald
Wangenheimstr. 21

4

16. 3. 38.

Verehrtester Herr Kollege!

Ihr werthes Schreiben vom 11. d. M. mit dem Antrag auf Genehmigung von Mitteln aus der Pl.-Stiftung als Beitrag für die Anschaffung eines Cyclotrons habe ich mit Interesse zur Kenntnis genommen und in der Kuratoriumssitzung der Stiftung zur Verhandlung gestellt. Bei der allgemeinen Bedeutung, welche diese Frage für die deutsche physikalische Forschung hat, und bei der Größe der erforderlichen Mittel, die vielleicht den Betrag von 120000 RM. noch übersteigen wird, schien es ratsam, die Angelegenheit in einem kleinen Kreise

16.3.1938 – Planck an Walther Bothe, Direktor am Kaiser-Wilhelm-Institut für medizinische Forschung, wegen eines Antrags auf Mittel für ein Cyclotron aus der Planck-Spende (III. Abt., Rep. 6 W. Bothe, Nr. 64/1, Bl. 4).

[Briefkopf]

16. 3. *19*38.

Verehrtester H*er*r Kollege!

Ihr wertes Schreiben vom 11. d*es* M*onats* mit dem Antrag auf Gewährung von Mitteln aus der Pl*anck*-Stiftung als Beitrag für die Anschaffung eines Cyklotrons habe ich mit Interesse zur Kenntnis genommen und in der Kuratoriumssitzung der Stiftung zur Verhandlung gestellt. Bei der allgemeinen Bedeutung, welche diese Frage für die deutsche Physikalische Forschung hat, und bei der Höhe der erforderlichen Mittel, die vielleicht den Betrag von 120 000 R*eichs* M*ark* noch übersteigen wird, schien es ratsam, die Angelegenheit in einem kleinen Kreise den Sachverständigen etwas näher zu treten und ein gemeinsames Vorgehen zu vereinbaren, damit die Aktion sich nicht zersplittere. Hr. Debye, (der selber nicht die Absicht hat, für sein Institut ein Cyclotron einzurichten) hat sich erboten, eine derartige Besprechung zu veranstalten, und wird auch Sie einladen, daran teilzunehmen.

Mit kollegialem Gruß

Ihr ergebenster

M. Planck

von Sachverständigen etwas näher zu prüfen und ein gemeinsames Vorgehen zu vereinbaren, damit die Aktionen sich nicht zersplittern. Herr Debye, (der selber nicht die Absicht hat, für sein Institut ein Cyklotron einzurichten) hat sich erboten, eine derartige Besprechung zu veranstalten, und wird auch Sie einladen, daran teilzunehmen.

Mit kollegialem Gruß

Ihr ergebenster

Max Planck

31

Dr.T./Bo. 2.5.1938.

Aktennotiz.

Am 28.4.38 vormittags 12 Uhr besuchte ich Herrn Staatsminister W a c k e r . Es wurde vorwiegend über die Hauptversammlung gesprochen. Herr Staatsminister Wacker erklärte sein Einverständnis

1.) zu der geplanten Schlüsselübergabe und Eröffnung des KWI. für Physik. Dabei soll in den offiziellen Reden die Bezeichnung "Max-Planck-Institut" nicht gebraucht werden. (Für die Presse beachten!) Von einer besonderen Ehrung des Geheimrats Planck anläßlich der Eröffnung soll abgesehen werden.

2.) Bei der Hauptversammlung kann neben der Reichsflagge die Flagge der KWG. auf den Instituten gehißt werden. Bei dieser Gelegenheit machte ich den Vorschlag der Schaffung einer neuen Fahne mit dem Kopf der Pallas Athene, der von Herrn Minister Wacker gebilligt wurde.

3.) Absendung eines Telegramms an den Führer und an den Ministerpräsidenten Göring im Hinblick auf die Arbeit der KWG. im Vierjahresplan.

4.) Absendung einer persönlichen Einladung an den Führer und Reichskanzler, an den Ministerpräsidenten und den Minister Rust.

5.) Ich fragte ferner Herrn Minister Wacker, ob der General jetzt Becker noch als Senator der KWG. zu zählen sei. Herr Wacker erklärte, daß nach seiner Auffassung Herr Becker ausgeschieden sei, jedoch ist dazu noch eine Rückfrage der KWG. im Erziehungsministerium - ev. fernmündlich - erforderlich. Falls durch das Ausscheiden des Herrn Becker ein Platz frei wird, wird von der KWG. dafür Herr Staatssekretär M i l c h vorgeschlagen werden. Herr Minister Wacker erklärte das Einverständnis seines Ministeriums dazu. Lt. Prof. Mentzel ist General Becker ausgeschieden.

Zur Hauptversammlung.

2.5.1938 – Notiz von Generaldirektor Ernst Telschow über ein Gespräch mit Staatsminister Otto Wacker, u. a. wegen der Bezeichnung des neuen Kaiser-Wilhelm-Instituts für Physik als „Max-Planck-Institut“ (I. Abt., Rep. 1A KWG, Nr. 142/4, Bl. 31).

20

Der Oberbürgermeister
R/Ws.

Frankfurt a. M., den 26. Okt. 1943

Eingegangen 30. Okt. 1943
Kaiser-Wilhelm-Gesellschaft

Vertraulich!

An den
Geschäftsführenden Direktor
der Kaiser-Wilhelm-Gesellschaft
Herrn Dr. T e l s c h o w

B e r l i n C 2
Schloss Portal III

Sehr geehrter Herr Direktor!

Auf Ihre Bitte, Ihnen mitzuteilen von welcher Seite Einspruch gegen die Verleihung des Goethepreises an Herrn Geheimrat Planck erhoben worden ist, gestatte ich mir zunächst auf mein Schreiben vom 28.v.M. zu verweisen. Wie ich in Absatz 2 dieses Schreibens ausgeführt habe, kam aus dem Reichspropagandaministerium die Mitteilung, dass gegen die Preisverleihung an Herrn Geheimrat Planck deswegen Bedenken bestünden, weil Planck sich bis in die letzte Zeit hinein für den Juden Albert Einstein eingesetzt habe. Inzwischen hat mir das Reichspropagandaministerium mitgeteilt, der Einspruch gegen die Verleihung des Goethepreises an Planck sei von dem Amt des Reichsleiters Rosenberg erfolgt. Dieses sei der Auffassung, dass zwar "die Verleihung eines reinen Fachpreises für physikalische Forschungen angesichts der Verdienste von Planck auf diesem Gebiet unbedenklich sei, dass jedoch ein ausgeprägter Kulturpreis wegen Plancks Einsatz für den Juden Einstein bis in die jüngste Zeit nicht geeignet erscheine".

P.A. Planck.

Aus

26.10.1943 – Der Oberbürgermeister der Stadt Frankfurt a. M. Fritz Krebs an Generaldirektor Ernst Telschow wegen der Bedenken des Propagandaministeriums gegen die Verleihung des Goethepreises an Planck (II. Abt., Rep. 1A MPG, PA Planck, Nr. 9, Bl. 20).

Aus der Mitteilung des Propagandaministeriums ergibt sich nicht, ob eine bestimmte Einzelpersönlichkeit sich gegen die fragliche Preisverleihung gewandt hat. Immerhin scheint festzustehen, dass nicht das Propagandaministerium von sich aus Herrn Geheimrat Planck abgelehnt hätte. Ich darf Sie bitten, auch diese Aufklärung vertraulich zu behandeln.

Mit den besten Empfehlungen und

Heil Hitler!
Ihr sehr ergebener

Preussischer Staatsrat

Kaiser-Wilhelm-Gesellschaft zur Förderung der Wissenschaften e. V.

Generalverwaltung

M a x   P l a n c k

Bank-Konto: Reichs-Kredit-Ges. A. G.
Postscheck-Konto: Berlin 169 310

Göttingen, ~~Berlin C 2~~ den 25.Juni 1945

An die
Alliierte Wissenschaftliche Kommission
über Royal Monceau
Göttingen, Herzberger Landstr. 81
================================

Als früherer Präsident der Kaiser-Wilhelm-Gesellschaft zur Förderung der Wissenschaften (1929 - 1937) und jetziger Ehrensenator ist es mir Pflicht und Herzensbedürfnis, mich in dieser Zeit für sie einzusetzen. Den Herren der Wissenschaftlichen Kommission ist die Kaiser-Wilhelm-Gesellschaft bekannt. Sie hat seit ihrem Bestehen ihren hohen wissenschaftlichen Ruf gewahrt und sich auch unter der nationalsozialistischen Regierung ihre völlige Unabhängigkeit und ihre wissenschaftliche Selbständigkeit erhalten können. Ich glaube, daß sie dazu berufen ist, in einer Zeit, in der scheinbar alle Bande internationaler Zusammenarbeit für Deutschland zerrissen sind, diejenigen, die noch bestehen, nicht auch noch verloren zu geben.

Die Institute der Kaiser-Wilhelm-Gesellschaft waren bei Kriegsbeginn personell, apparativ und finanziell gut ausgerüstet. Sie haben auch während des Krieges ihre eigentliche Aufgabe, die Grundlagenforschung zu fördern, unbeirrt von den Forderungen des Krieges durchführen können. Die wissenschaftlichen Kommissionen der Alliierten, die in den letzten Wochen die Kaiser-Wilhelm-Institute besucht und ihre Arbeit gesehen haben, werden die Überzeugung gewonnen haben, daß die Kaiser-Wilhelm-Gesellschaft auch heute noch ihren Ruf als wertvollste Forschungsorganisation

./.

25.6.1945 – Planck an die Alliierte Wissenschaftliche Kommission wegen Weiterführung der Kaiser-Wilhelm-Gesellschaft (II. Abt., Rep. 1A MPG Gründung, Nr. 1 (1-6), Bl. 2f.).

Deutschlands rechtfertigt. Deshalb richte ich an die Wissenschaftliche Kommission der Alliierten die Bitte, diese Arbeit auch weiterhin zu erlauben und durch entsprechende Maßnahmen sicherzustellen.

Die Organisation der Kaiser-Wilhelm-Gesellschaft hat sich in den fast vier Jahrzehnten ihres Bestehens so bewährt, daß man sie vielleicht ohne wesentliche Änderungen bestehen lassen kann. Als Wichtigstes erscheint mir, grundsätzliche Beschlüsse über folgendes zu fassen:

1.) Weiterbestehen der Kaiser-Wilhelm-Gesellschaft,
2.) Bestimmung der Institute, welche im Rahmen der Kaiser-Wilhelm-Gesellschaft verbleiben oder evtl. neu aufgenommen werden sollen,
3.) Finanzierung der Institute,
4.) Bergung zahlreichen wertvollen Materials.

Wie mir der Geschäftsführende Vorstand der Kaiser-Wilhelm-Gesellschaft, Herr Dr. TELSCHOW, der alle Vollmachten für die Gesamtverwaltung hat, mitteilt, dürfen fast alle in der westlichen Zone gelegenen Kaiser-Wilhelm-Institute ihre Arbeit fortsetzen. Der gesamte Mitarbeiterstab der Kaiser-Wilhelm-Gesellschaft von etwa 2000 Köpfen ist noch beisammen und stellt eine hochqualifizierte wissenschaftliche Arbeitsgemeinschaft dar. Diese zu erhalten, scheint mir die wichtigste Aufgabe zu sein, und deshalb würde eine baldige Entschließung über die Zukunft der Kaiser-Wilhelm-Gesellschaft von besonderem Wert sein.

Herr Dr.TELSCHOW, der in den Jahren 1930 - 1937 mein Mitarbeiter in der Leitung der Kaiser-Wilhelm-Gesellschaft war und nachher unter den Präsidenten BOSCH

./.

und VÖGLER die Geschäfte der Gesellschaft führte, kann jede Auskunft erteilen, die für die Wissenschaftliche Kommission der Alliierten zur Beschlußfassung notwendig ist. Er steht jederzeit zur Verfügung.

Der Sitz der Generalverwaltung der Kaiser-Wilhelm-Gesellschaft ist nach Zerstörung des Büros im Berliner Schloß in Göttingen, Herzberger Landstr. 24 (Büro) oder Nr. 22 (Dr.Telschows Wohnung). -

Für mich selbst würde es nach einem langen Leben eine besondere innere Befriedigung bedeuten, wenn ich dieses in der Gewißheit beschließen könnte, daß eine Arbeit, der ich mich selbst so lange gewidmet habe, fortgesetzt werden kann von Forschern, deren internationaler Ruf Bürge ist für die Reinheit ihres Wollens, für den Eifer ihres Strebens und für die Schärfe ihres Geistes.

Dr. Max Planck.

1

Kaiser-Wilhelm-Gesellschaft zur Förderung der Wissenschaften e. V.

Generalverwaltung

Bank-Konto: Reichs-Kredit-Ges. A. G.
Postscheck-Konto: Berlin 169 310

Göttingen, ~~Berlin C 2~~, den 30. Juli 1945,
~~Schloß, Portal III~~ Herzberger Landstraße 24 pt.,
~~Fernsprecher: 51 69 31~~
~~Telegr.-Adr.: Wissenschaften Berlin~~ Tel. 2569.

Dr. Max Planck.

An
die Herren Direktoren
aller Kaiser-Wilhelm-Institute.

Es ist für mich eine besondere Freude, daß Herr Dr. Telschow durch einen Auftrag der Militär-Regierung die Möglichkeit hat, die Direktoren aller Kaiser-Wilhelm-Institute in der westlichen Zone zu besuchen und mir nach seiner Reise zu berichten. Ich hoffe, daß es gelingen wird, die Kaiser-Wilhelm-Gesellschaft und ihre Institute auch durch diese besonders schwierige Zeit hindurchzuführen.

Mein Bestreben ist es, sie in ihrer Gesamtheit zu erhalten und damit auch für das einzelne Institut die besten Arbeitsmöglichkeiten zu schaffen, denn gerade in ihrer gemeinschaftlichen Arbeit liegt die Stärke der Kaiser-Wilhelm-Gesellschaft.

Ich bitte, mich in diesem Bestreben zu unterstützen und gegebenenfalls bei Fragen von entscheidender Bedeutung, die örtlich auftreten, dieses Ziel im Auge zu behalten.

Allen Herren wünsche ich persönlich alles Gute und eine erfolgreiche Weiterarbeit für unsere Gesellschaft!

Dr. Max Planck

30.7.1945 – Rundschreiben Plancks an die Direktoren der Kaiser-Wilhelm-Institute wegen Besuch von Generaldirektor Ernst Telschow und Bitte um Unterstützung (II. Abt., Rep. 1A MPG Gründung, Nr. 1 (1-7), Bl. 1).

1

Kaiser=Wilhelm=Gesellschaft zur Förderung der Wissenschaften e. V.

Generalverwaltung

Bank-Konto: Reichs-Kredit-Ges. A. G.
Postscheck-Konto: Berlin 169 310

Dr. Max Planck

Göttingen, ~~Berlin C 2,~~ den 15.Sept.1945
~~Schloß, Portal III~~
~~Fernsprecher: 51 59 31~~
~~Telegr.-Adr.: Minervaschloß Berlin~~
Herzberger Landstr. 24 pt.

Vertraulich!

Rundschreiben.

An die
Herren Direktoren
aller Kaiser-Wilhelm-Institute

Nach den bei der Generalverwaltung eingegangenen Berichten und den persönlichen Besuchen der Institutsdirektoren habe ich die Überzeugung gewonnen, daß im großen und ganzen die Arbeit in den Kaiser-Wilhelm-Instituten gut vorwärts geht, und daß sie fast überall die Anerkennung der alliierten Besatzungsmächte gefunden hat.

Ich bin mir bewußt, daß eine endgültige Entscheidung über die Zukunft der Kaiser-Wilhelm-Gesellschaft damit noch nicht getroffen ist. Es ist mein Bestreben, diese in möglichst kurzer Zeit zu erreichen. Bei der Fülle von vordringlichen Problemen, die für die Besatzungsmächte zurzeit in Deutschland bestehen, wird sich eine Entscheidung über die Kaiser-Wilhelm-Gesellschaft, die wegen der Lage der Kaiser-Wilhelm-Institute in drei bezw. vier verschiedene Zonen besonders schwierig ist, sicher noch längere Zeit hinziehen. Es ist deshalb das Bestreben der Generalverwaltung, zunächst den Weiterbestand der Kaiser-Wilhelm-Institute in den einzelnen Zonen zu sichern, sodaß bei den endgültigen Verhandlungen der alliierten wissenschaftlichen Kommission auf diese Tatsache hingewiesen werden kann.

Auf diesem Wege hat die Generalverwaltung bezw. die Leitungen der einzelnen Kaiser-Wilhelm-Institute in der letzten Zeit erfreuliche Erfolge erzielt. In der englischen Zone ist die Weiterarbeit aller Kaiser-Wilhelm-Institute gesichert. Von den deutschen Behörden ist bereits die Finanzierung der Institute mit planmässigen Mitteln zum Teil in Aussicht gestellt, ebenso können von der Kaiser-Wilhelm-Gesellschaft die Mittel für die etatmässigen Direktorstellen angefordert werden. Der Wiederaufbau des Kaiser-Wilhelm-Instituts für Züchtungsforschung und des Kaiser-Wilhelm-Instituts für Tierzuchtforschung in der Provinz Hannover ist ebenfalls gesichert.

Nach Mitteilungen aus der französischen Zone hat die französische Besatzungsbehörde ebenfalls den Schutz der dort gelegenen Kaiser-Wilhelm-Institute übernommen. Schwierigkeiten

./.

15.9.1945 – Rundschreiben Plancks an die Direktoren der Kaiser-Wilhelm-Institute zur Lage der Kaiser-Wilhelm-Gesellschaft (II. Abt., Rep. 1A MPG Gründung, Nr. 1 (1-8), Bl. 1f.).

bestehen bei dem Kaiser-Wilhelm-Institut für Metallforschung, von dem ein Teil der Mitarbeiter die Arbeit in französischen Diensten aufgenommen hat. Auch sind die Verhältnisse beim Schlesischen Kohlenforschungsinstitut zurzeit noch völlig ungeklärt.

Das Fehlen einzelner Institutsdirektoren bedeutet eine besondere Gefahr für das betreffende Institut. Der Stellvertretende Direktor muß in solchem Falle mit allen Mitteln versuchen, die Disziplin und Arbeitsfreudigkeit im Institut aufrechtzuerhalten. Nur wenn ein Institut arbeitet, kann ich bezw. die Generalverwaltung mit Nachdruck für seine Erhaltung eintreten. Es ist verständlich, daß unter den Mitarbeitern der Institute Ungewißheit über ihre Zukunft besteht und sie deshalb das Bestreben haben, möglichst schnell zu einer Entscheidung über ihre Weiterbeschäftigung oder zur Übernahme einer neuen Stellung zu kommen. Die Institutsdirektoren werden in solchen Fällen weitgehend auf die persönlichen Verhältnisse der Betreffenden Rücksicht nehmen. Es muß aber auf der anderen Seite ihr Bestreben sein, sich den bewährten Mitarbeiterstand zu erhalten.

Durch den Berliner Rundfunk und ebenso durch einige Zeitungen in der russischen Zone wurde vor einiger Zeit die Mitteilung verbreitet, daß ein Herr Dr. Havemann, früherer Assistent bei Professor Heubner, das Amt des Präsidneten der Kaiser-Wilhelm-Gesellschaft übernommen hat bezw. die Verwaltung der Dahlemer Institute. Dr. Havemann selbst hat in einem Schreiben an einzelne Institute seine Ernennung durch den Oberbürgermeister der Stadt Berlin und dem Magistrat, Abteilung Volksbildung, mitgeteilt. Die in Dahlem noch anwesenden Wissenschaftler der Kaiser-Wilhelm-Gesellschaft (Assistenten und Abteilungsleiter) haben gegen seine Ernennung protestiert. Auch wenn die Ernennung von Herrn Dr. Havemann mit Billigung der russischen Besatzungsbehörde erfolgt sein sollte, beschränkt sie sich auf den russischen Besatzungsbereich. Ich habe in einem Schreiben an die Militärregierung darauf hingewiesen, daß die Ernennung des Herrn Dr. Havemann nicht den Satzungen entspricht und von der Kaiser-Wilhelm-Gesellschaft nicht anerkannt wird.

Nach Meldungen aus Berlin sind im übrigen in den Dahlemer Kaiser-Wilhelm-Instituten nach Entfernung des gesamten wissenschaftlichen Inventars, einschließlich der elektrischen Installationen, Büros der amerikanischen Besatzungsstellen untergebracht. Im Kaiser-Wilhelm-Institut für Biochemie befinden sich eine Nahrungsmittel-Untersuchungsstelle und Versuchsküche der Stadt Berlin. Herr Professor Thiessen hat nach eingegangenen Meldungen einen zehnjährigen Vertrag zur Übernahme einer Professur in Moskau abgeschlossen.

./.

Die englische Militärregierung hat sich bereiterklärt, geeignete Mitteilungen über die Kaiser-Wilhelm-Gesellschaft in Presse und Rundfunk bekanntzugeben, Hierzu gehören auch kurze wissenschaftliche, möglichst allgemein verständliche Aufsätze. Für die Unterstützung der Generalverwaltung hierbei wäre ich dankbar.

Allen Institutsdirektoren wünsche ich für ihre weitere Arbeit guten Erfolg. Jeder soll sich bewußt sein, daß er mit der Arbeit seines Instituts für die Erhaltung der gesamten Kaiser-Wilhelm-Gesellschaft eintritt.

Dr. Max Planck

(Dr.Max Planck)

Der Präsident
der Kaiser-Wilhelm-Gesellschaft
zur Förderung der Wissenschaften

Dr. Max P l a n c k

Göttingen, ~~XXXXXXX~~ den 20.9.1945
~~XXXXXXXXX~~
Fernsprecher: ~~XXXXX~~ 2569
~~XXXXXXXXXXXXXXXXX~~
Herzberger Landstr. 24 pt.

An die Herren

Professor Dr. A. B u t e n a n d t,
Vorsitzender der Chemisch-physikalisch-technischen Sektion
des Wissenschaftlichen Rats der Kaiser-Wilhelm-Gesellschaft,

Professor Dr. A. K ü h n,
Vorsitzender der Biologisch-medizinischen Sektion
des Wissenschaftlichen Rats der Kaiser-Wilhelm-Gesellschaft,

Dr. E. T e l s c h o w,
Geschäftsführender Vorstand und Generalsekretär
der Kaiser-Wilhelm-Gesellschaft zur Förderung der Wissenschaften.

Für den Fall, daß ich verhindert sein sollte, die Kaiser-Wilhelm-Gesellschaft bei künftigen Verhandlungen der Kontrollkommission über die Zukunft der Gesellschaft persönlich zu vertreten, bitte ich Sie hiermit, dies zu tun, und erteile Ihnen hierzu als Ehrensenator und früherer Präsident der Kaiser-Wilhelm-Gesellschaft ausdrücklich Vollmacht.

Sie sind der Kaiser-Wilhelm-Gesellschaft seit vielen Jahren verbunden und wissen, welche Grundsätze für sie von entscheidender Bedeutung sind. Es muß unser Bestreben sein, die Kaiser-Wilhelm-Gesellschaft im Ganzen zu erhalten, um die wertvolle Gemeinschaftsarbeit zwischen den einzelnen Forschern zu sichern. Es muß ferner ihre Unabhängigkeit von allen politischen Einflüssen sowie ihre wissenschaftliche und wirtschaftliche Freiheit gewahrt bleiben. Weiterhin erscheint mir eine zentrale Verwaltung - wie sie bisher bestanden hat - gerade unter den jetzigen schwierigen Verhältnissen besonders notwendig.

Ich bitte Sie, diese Grundsätze bei Verhandlungen mit der Kontrollkommission zu beachten, und hoffe, daß es Ihnen gelingen wird, die Kaiser-Wilhelm-Gesellschaft in ihrer bisherigen bewährten Form zu erhalten und neuen Aufgaben zuzuführen.

In Verbundenheit!

Dr. Max Planck

(Dr.Max Planck)

20.9.1945 – Vertretungsvollmacht Plancks als geschäftsführender Präsident der Kaiser-Wilhelm-Gesellschaft für die Sektionsvorsitzenden Adolf Butenandt und Alfred Kühn sowie für Generaldirektor Ernst Telschow (III. Abt., Rep. 84/1 A. Butenandt, Nr. 597).

Der Präsident
der Kaiser-Wilhelm-Gesellschaft
zur Förderung der Wissenschaften

I.V.

Göttingen, ~~Berlin C 2~~ den 19.November 45
~~Schloß Portal IV~~
Fernsprecher: ~~51 69 31~~ 2569
~~Telegr.-Anschr.: Minervaschloß Berlin~~
Herzberger Landstr. 3 I

Rundschreiben!

An die
Herren Direktoren
der in der britischen, amerikanischen
und französischen Zone gelegenen Kaiser-Wilhelm-Institute
oder ihre Vertreter im Amt

Nach Aufnahme des Postverkehrs mit der russischen Zone ist damit zu rechnen, daß Herr Dr.Havemann in Berlin sich an die in den westlichen und südlichen Zonen gelegenen Institute mit Anfragen und Aufforderung zur Berichterstattung wendet. Herr Dr.Havemann ist vom Berliner Magistrat (vor der Besetzung Berlins durch die vier Alliierten Mächte) zum "vorläufigen Leiter" der Kaiser-Wilhelm-Gesellschaft bestellt worden. Er ist von keiner der Alliierten Regierungen bestätigt worden und kann nicht als rechtmäßig gewählter Präsident der Kaiser-Wilhelm-Gesellschaft angesehen werden.

Ich empfehle daher, gegebenenfalls Herrn Dr.Havemann entweder nicht zu antworten oder ihn zu bitten, eine Bestätigung der für die betreffenden Zonen zuständigen Militärregierung über seine Anerkennung beizubringen.

Dr. Max Planck

(Dr.Max Planck)

19.11.1945 – Rundschreiben Plancks an die Direktoren der Kaiser-Wilhelm-Institute in der britischen, amerikanischen und französischen Zone wegen Havemann als „vorläufigem Leiter" der Kaiser-Wilhelm-Gesellschaft (III. Abt., Rep. 84/1 A. Butenandt, Nr. 597).

Kaiser-Wilhelm-Gesellschaft zur Förderung der Wissenschaften e. V.

Generalverwaltung

Der Geschäftsführende
Vorstand

(20) Göttingen, den 7. Dezember 1945,
Herzberger Landstr. 3
Fernsprecher 2569

Dr.T./Bo.

An die
Vorsitzenden des Wissenschaftlichen Rats
der Kaiser-Wilhelm-Gesellschaft,
Herrn Prof. Dr. Butenandt,
" Geheimrqt Heymann,
" Prof. Dr. Kühn,
(14) Tübingen - Hechingen.

Sehr geehrte Herren!

Darf ich mir erlauben, folgende Anregung zu geben:

In der letzten Zeit hat Herr Prälat Schreiber, Rektor der Universität Münster und früher Senator der Kaiser-Wilhelm-Gesellschaft, Herrn Geheimrat Planck und mich mehrfach besucht. Bei einem dieser Besuche brachte er bei Herrn Geheimrat Planck zum Ausdruck, daß er es für richtig hielte, wenn Herr Geheimrat Planck auch weiterhin die Stellung eines Präsidenten behielte und Herr Professor Hahn das Amt eines "Geschäftsführenden Präsidenten" übernähme.

Herr Geheimrat Planck hat mir dazu erklärt, daß er im Hinblick auf sein Alter und die damit verbundenen Behinderungen in der Arbeit (Reisen usw.) es nicht für richtig hielte, einem solchen Wunsche stattzugeben, und ich glaube, daß die Kaiser-Wilhelm-Gesellschaft diese Beweggründe von Herrn Geheimrat Planck verstehen und achten muß. Auf der anderen Seite ist die KWG aber Herrn Geheimrat Planck außerordentlichen Dank schuldig, und ich möchte deshalb anregen, ihm diesen Dank durch eine besondere und bisher einmalige Ehrung zum Ausdruck zu bringen.

Ich stelle daher hiermit den Antrag, Herrn Geheimrat Planck die Bezeichnung "Ehrenpräsident der Kaiser-Wilhelm-Gesellschaft" zu verleihen. Nachdem er bisher "Ehrensenator" gewesen ist - eine Bezeichnung, die auch nicht in den Satzungen der KWG vorgesehen ist -, scheint mir dies im Hinblick auf seine nochmalige Tätigkeit als Präsident besonders sinnvoll.

Frau Planck hat mir gesagt, daß sich Herr Geheimrat Planck sicherlich über einen solchen Beschluß freuen würde.

Wenn es auch für Sie vielleicht nicht möglich ist, jetzt alle Mitglieder des Wissenschaftlichen Rats zu befragen, so glaube ich doch, daß Ihr Votum von allen Wissenschaftlichen Mitgliedern der KWG angenommen und in positivem Sinne begrüßt würde.

7.12.1945 – Antrag von Generaldirektor Ernst Telschow an die Vorsitzenden des Wissenschaftlichen Rates der Kaiser-Wilhelm-Gesellschaft, Planck zum Ehrenpräsidenten der Kaiser-Wilhelm-Gesellschaft zu ernennen (III. Abt., Rep. 84/1 A. Butenandt, Nr. 610).

Für eine baldige Stellungnahme wäre ich Ihnen dankbar. Nach Ihrem Beschluß würde ich eine entsprechende Mitteilung der Militär-Regierung vorlegen und auch für eine Veröffentlichung in Presse und Rundfunk Sorge tragen. -

2.) Es wird für die KWG notwendig sein, bei einem Wiederaufbau den Senat neu zusammenzusetzen. Unter Beibehaltung der alten Mitgliederzahl werden auf jede Zone ungefähr 5 - 6 Senatoren kommen (ich halte es für möglich, daß für einige ausländische Wissenschaftler Plätze frei bleiben müssen). Vielleicht überlegen Sie sich mal, welche deutschen Herren für die Französische Zone in Frage kämen.

Für die Britische Zone wären in Betracht zu ziehen

Minister Grimme
Prälat Schreiber
Professor Konen
Baron v. Reden-Reden (für Landwirtschaft)
ferner Oberpräsidenten usw.

Ich bitte, dies aber alles als vertraulich zu betrachten.

Mit freundlichen Grüßen!
Ihr ergebener

E. Telschow.

57

Der Präsident der Kaiser-Wilhelm-Gesellschaft zur Förderung der Wissenschaften

Göttingen, den 23. März 1946
Herzberger Landstr. 3
Fernsprecher 2569

An die
Herren Direktoren und Wissenschaftlichen
Mitglieder der Kaiser-Wilhelm-Gesellschaft

Als ich mich im Juli v.J. auf Bitten aller Direktoren der Kaiser-Wilhelm-Institute entschloss, nach dem Tode von Herrn Dr. Vögler die Geschäfte des Präsidenten zu übernehmen, geschah dies, um die Tradition der Gesellschaft zu erhalten und vor allen Dingen die satzungsgemässe Wahl des neuen Präsidenten vorzubereiten. Nachdem nunmehr die Direktoren und Wissenschaftlichen Mitglieder der Kaiser-Wilhelm-Gesellschaft, soweit sie erreichbar waren, sich einstimmig für die Ernennung des

Herrn Professor Dr. Otto H a h n,
Direktor des Kaiser-Wilhelm-Instituts für Chemie,

zum Präsidenten der Kaiser-Wilhelm-Gesellschaft ausgesprochen haben, haben die noch im Amt befindlichen Mitglieder des Senats seine Ernennung vollzogen.

Herr Professor Hahn hat sich bereit erklärt, die Wahl anzunehmen und wird sein Amt am 1.April 1946 übernehmen.

Wegen der im Alliierten Kontrollrat noch schwebenden Verhandlungen über die Kaiser-Wilhelm-Gesellschaft wird von einer Veröffentlichung in Presse und Rundfunk vorläufig abgesehen.

Dr. Max Planck

(Dr. Max Planck)

23.3.1946 – Rundschreiben mit Mitteilung Plancks an die Direktoren über die Amtsübergabe an Otto Hahn sowie Mitteilung Hahns über den Beschluss des Wissenschaftlichen Rats auf Ernennung Plancks zum Ehrenpräsidenten (III. Abt., Rep. 14 O. Hahn, Nr. 3318, Bl. 51f.).

52

Professor Dr. Otto H a h n

Nachdem mich der Senat der Kaiser-Wilhelm-Gesellschaft zu ihrem Präsidenten ernannt hat, übernehme ich die Geschäfte des Präsidenten am 1.4.1946. Ich bin mir bewusst, dass die Schwierigkeiten für meine Arbeit in der jetzigen Zeit besonders gross sind und richte deshalb an die Herren Direktoren und Wissenschaftlichen Mitglieder die Bitte, mich bei meinen Bestrebungen um die Erhaltung der Kaiser-Wilhelm-Gesellschaft mit allen Kräften zu unterstützen. Sicherlich werden wir auch mit Rückschlägen und Enttäuschungen rechnen müssen, aber ich werde alles daran setzen, die Unversehrtheit der Kaiser-Wilhelm-Gesellschaft, ihren wissenschaftlichen Ruf und damit ihr internationales Ansehen zu erhalten.

Der Sitz der Generalverwaltung ist wie bisher Göttingen.

Es ist mir eine besondere Freude, gleichzeitig mitzuteilen, dass der Wissenschaftliche Rat der Kaiser-Wilhelm-Gesellschaft beschlossen hat,

Herrn Geheimrat P l a n c k in Dankbarkeit für seine einmaligen Verdienste um die Kaiser-Wilhelm-Gesellschaft zum

Ehrenpräsidenten

zu ernennen.

Otto Hahn

(Otto Hahn)

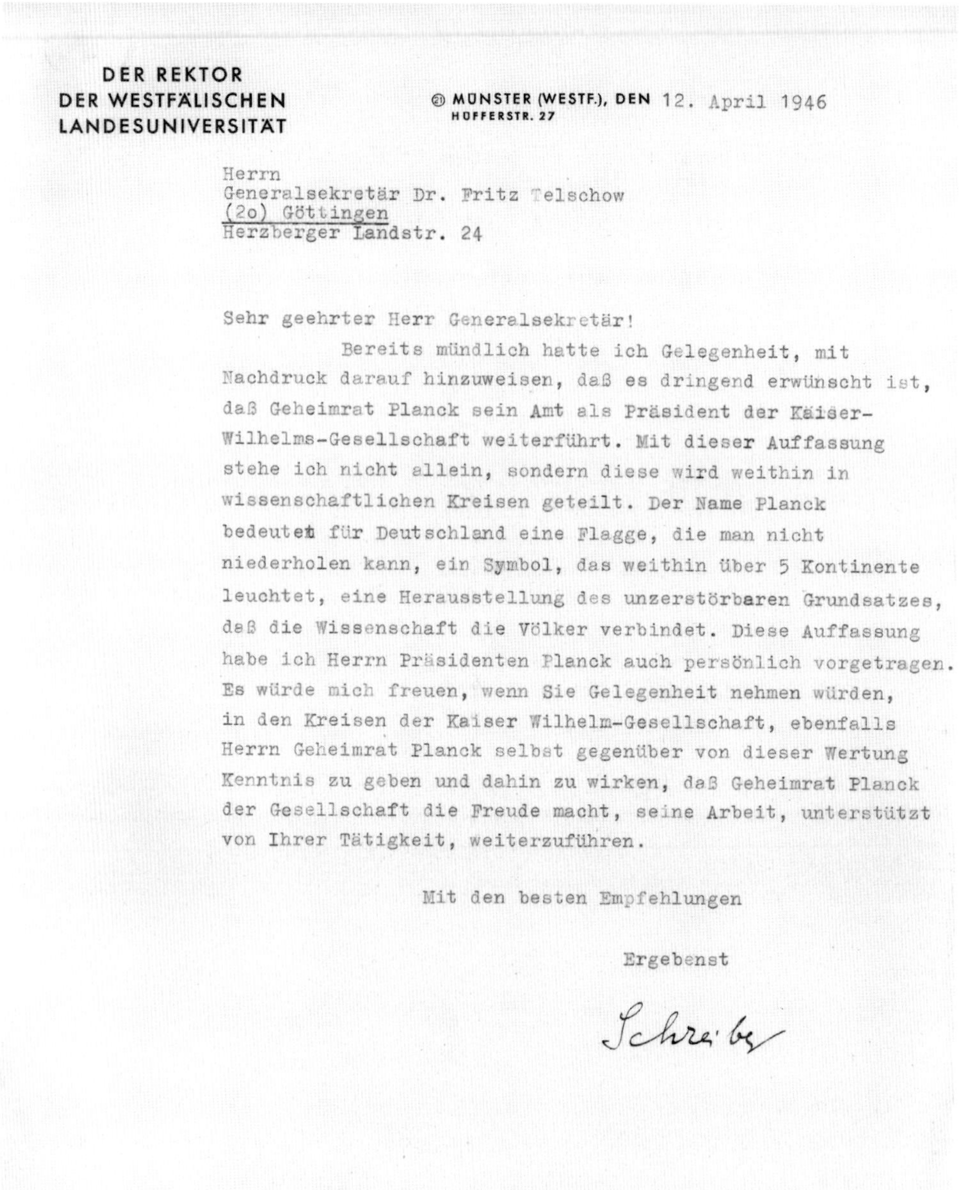

DER REKTOR
DER WESTFÄLISCHEN
LANDESUNIVERSITÄT

(21) MÜNSTER (WESTF.), DEN 12. April 1946
HÜFFERSTR. 27

Herrn
Generalsekretär Dr. Fritz Telschow
(2o) Göttingen
Herzberger Landstr. 24

Sehr geehrter Herr Generalsekretär!

Bereits mündlich hatte ich Gelegenheit, mit Nachdruck darauf hinzuweisen, daß es dringend erwünscht ist, daß Geheimrat Planck sein Amt als Präsident der Kaiser-Wilhelms-Gesellschaft weiterführt. Mit dieser Auffassung stehe ich nicht allein, sondern diese wird weithin in wissenschaftlichen Kreisen geteilt. Der Name Planck bedeutet für Deutschland eine Flagge, die man nicht niederholen kann, ein Symbol, das weithin über 5 Kontinente leuchtet, eine Herausstellung des unzerstörbaren Grundsatzes, daß die Wissenschaft die Völker verbindet. Diese Auffassung habe ich Herrn Präsidenten Planck auch persönlich vorgetragen. Es würde mich freuen, wenn Sie Gelegenheit nehmen würden, in den Kreisen der Kaiser Wilhelm-Gesellschaft, ebenfalls Herrn Geheimrat Planck selbst gegenüber von dieser Wertung Kenntnis zu geben und dahin zu wirken, daß Geheimrat Planck der Gesellschaft die Freude macht, seine Arbeit, unterstützt von Ihrer Tätigkeit, weiterzuführen.

Mit den besten Empfehlungen

Ergebenst

Schreiber

12.4.1946 – Prälat Georg Schreiber an Generaldirektor Ernst [!] Telschow über Planck als Präsident der Kaiser-Wilhelm-Gesellschaft (III. Abt., Rep. 83 E. Telschow, Nr. 34).

TELEPHONES:
REGENT {0669 / 5716.

THE ROYAL INSTITUTION,
21, ALBEMARLE STREET,
LONDON, W.1.

16th July, 1946.

12. VII.

Dear Professor Hahn,

I take the opportunity of Colonel Blount's presence in England to reply to your two letters of June 17th and July 12th. With regard to the letter of June 17th, you may be assured of my full personal sympathy. I hope that, when Colonel Blount returns, he will find that the arrangements have been made for you to be accompanied by Mrs. Hahn on your visit to Stockholm, to deliver your Nobel Lecture and receive the Prize from the Swedish Academy. If there is still any impediment I shall ask to be informed, and to be given the opportunity of further enquiry.

Your object in desiring to retain the scientific reputation which the Kaiser-Wilhelm-Gesellschaft had acquired in the ~~war~~ world, is, of course, easily intelligible to men of science; but I am bound to say that I do see difficulties about the course which you propose, in the form in which you propose it. I have had opportunity, in the last few days, of personal discussion of the same matter with the venerable Max Planck, whom we have so rejoiced to see here at the Newton Celebrations. I shall take the opportunity, before he returns, of having fuller discussion of this matter with Col. Blount, and shall trust him to transmit to you the reactions of myself and other British colleagues. You may be assured of full and sympathetic

. . .

With sincere regards,

Yours truly,

H. H. Dale

Herrn Professor Otto Hahn,
Kaiser-Wilhelm-Gesellschaft,
Göttingen.
Herzberger Landstr. 3.

16.7.1946 – Sir Henry H. Dale an Otto Hahn über Plancks Teilnahme an der Newton-Feier in London (Auszug) (III. Abt., Rep. 14 O. Hahn, Nr. 634, Bl. 13-15).

Der Präsident der KWG

An den
Präsidenten der Vereinigten Staaten von Amerika,
Mr. H. S. T r u m a n ,

W a s h i n g t o n , D.C.
==

Herr Präsident !

Mit dem beifolgenden Schreiben wende ich mich an Sie als das Oberhaupt eines Volkes, dessen Stimme im Rate der Nationen ein entscheidendes Gewicht für die Zukunft Deutschlands, Europas und vielleicht der ganzen Welt hat. Es veranlasst mich dazu die ernste Sorge um die Zukunft der wissenschaftlichen Forschung in Deutschland, als deren Senior ich mich wohl bezeichnen darf.

Als früherer Präsident der KWG in den Jahren 1929 - 37, deren Ehrensenator ich bin, nehme ich jetzt wieder die Geschäfte des Präsidenten wahr. Das Schicksal dieser Vereinigung von international anerkannten Wissenschaftlern liegt mir daher besonders am Herzen. Ich bin kein Politiker, meine Lebensarbeit galt stets der reinen Wissenschaft. Aus einem Gefühl der Verantwortung und tiefen Beunruhigung heraus glaube ich, Ihre Aufmerksamkeit erbitten zu müssen für die Not, in der sich die deutsche wissenschaftliche Forschung gerade in der amerikanischen Zone Deutschlands zurzeit befindet. Ich habe das Vertrauen zu Ihnen, dass Sie, Herr Präsident, als verantwortlicher Leiter einer Nation, die sich stets für Freiheit und Humanität eingesetzt hat, meinen Appell an Sie verstehen und in eine Prüfung der aufgezeigten

ca. August 1946 – Planck an US-Präsident Harry S. Truman mit Denkschrift zur Zukunft der Kaiser-Wilhelm-Gesellschaft (III. Abt., Rep. 83 E. Telschow, Nr. 34).

Probleme eintreten werden.

Mit ausgezeichneter Hochachtung !

Pl.

(Dr. Max Planck)

Die Kaiser-Wilhelm-Gesellschaft zur Förderung der Wissenschaften, E.V.

Die KWGzFdW ist die private grosse Forschungsgesellschaft in Deutschland. Sie hat seit ihrer Gründung im Jahre 1911 in wachsendem Masse internationale Anerkennung gewonnen. Bei Kriegsausbruch unterhielt sie fast 40 Institute oder Forschungsstellen mit einem Mitarbeiterstab von etwa 1800 Personen, von denen ungefähr 500 wissenschaftlich ausgebildete Kräfte waren. Ihre Finanzierung erfolgte fast zu gleichen Teilen aus privaten und aus staatlichen Mitteln. Es ist besonders bemerkenswert, dass diese Mittel der Forschung zuflossen, ohne dass damit eine Zweckbestimmung verbunden war. Die wissenschaftliche Arbeit erfolgte daher vollkommen frei, auch die Verwendung der Gelder wurde nur durch private Instanzen innerhalb der Gesellschaft geprüft.

Die Präsidenten der Gesellschaft waren Adolf v. H a r n a c k , Max P l a n c k , Carl B o s c h , Albert V ö g l e r .

Eine grosse Anzahl von international bekannten Gelehrten stand an der Spitze der Forschungsinstitute und unterhielt wissenschaftliche und persönliche Beziehungen zu den Gelehrten des Auslandes. Es kann gesagt werden, dass die KWG wohl diejenige wissenschaftliche Organisation in Deutschland war, die die meisten ~~Beziehungen~~ Verbindungen zum Ausland hatte. Die Anerkennung des Auslands und besonders der Vereinigten Staaten kam auch dadurch zum Ausdruck, dass von dort der Gesellschaft durch die Rockefeller

-2-

Foundation mehrfach erhebliche Mittel für den Bau von Forschungsinstituten oder für die Arbeiten einzelner Forscher zur Verfügung gestellt wurden. Erwähnt sei nur aus der letzten Zeit (1937) die grosszügige Rockefeller-Stiftung für die Errichtung des "Max-Planck-Instituts" (Kaiser- Wilhelm-Institut für Physik).

Im Kriege selbst hat die KWG stets ihr eigentliches Ziel, die Grundlagenforschung, weitergeführt. Zahlreiche Kommissionen der Alliierten haben - oft mit Erstaunen - festgestellt, in welchem Umfange in den Instituten der Gesellschaft reine Forschung weiter betrieben und dass verhältnismässig wenig eigentliche Kriegsarbeit durchgeführt wurde. Die KWG hat es ferner immer abgelehnt, Apparate, Sammlungen oder sonstiges Eigentum aus den von deutschen Truppen besetzten Gebieten bei sich aufzunehmen oder zu verwenden. Sie hat sich von jeder politischen Betätigung ferngehalten. Aus diesem Grunde konnte die KWG wohl mit Recht erwarten, nach der Einstellung der Feindseligkeiten eine entsprechende Behandlung durch die Besatzungsmächte zu erfahren. Demgegenüber ergibt sich für die KWG in der Amerikanischen Zone Deutschlands folgendes Bild:

1.) Eine grosse Anzahl der Institutsdirektoren ist in Haft genommen und befindet sich zum grossen Teil seit einem halben Jahr in Lagern. Die Verhaftung erfolgte ohne Angabe der Gründe - anscheinend lediglich wegen der Tatsache, dass die Herren Spitzenkräfte der deutschen Wissenschaft sind. Ich erwähne hier nur die

-3-

Namen

Prof. Dr. W. Köster) vom KWI für Metallforschung
Glocker) in
Grube) Stuttgart

Prof. Boris Rajewsky KWI für Biophysik, Frankfurt a/M.
Otto Kirschmer " " "
Ernst Rüdin " " "
Hugo Spatz " " "
u.a.

Nach den mir zugegangenen Mitteilungen sind die Herren monatelang nicht verhört worden, hatten häufig keine Verbindung mit ihrem Institut und ihren Angehörigen und hatten nicht die Möglichkeit, sich zu rechtfertigen. Die Ernährungsverhältnisse waren oft ungenügend. Die international besonders bekannten Direktoren am KWI für Medizinische Forschung in Heidelberg, Prof. Dr. Richard Kuhn (Nobelpreis-Träger) und Professor Dr. Walther Bothe, erhielten Stadtarrest. Professor Kuhn, der niemals Parteigenosse gewesen ist, wurde wegen seiner Stellung als Präsident der Dt. Chem. Gesellschaft seiner Stellung an der Universität Heidelberg enthoben. Professor Bothe, der niemals Parteigenosse war, durfte monatelang sein Institut nicht betreten.

2.) Das genannte KWI für Med. Forschung in Heidelberg wurde der Verwaltung der Amerikanischen Luftwaffe unterstellt. Ein grosser Teil der Räume mit der Einrichtung wurde zur Errichtung eines Instituts für Luftfahrtmedizin der Amerikanischen Luftwaffe eingerichtet und arbeitet jetzt unter amerikanischer Leitung (Col. Benford) mit deutschen Gelehrten, die aus Instituten der

-4-

deutschen Luftwaffe herangezogen wurden. Es ist interessant, dass hierbei die Parteizugehörigkeit kein Hindernis bildete.

3.) Von viel grösserer Bedeutung als das Vorstehende können für die KWG aber Entscheidungen werden, die angeblich durch den Alliierten Kontrollrat bereits getroffen sind oder jedenfalls geplant werden. Amerikanische Mitarbeiter des Kontrollrats haben berichtet, dass von seiten der U.S.-Vertretung ein Bestehen der K.W.G. als Ganzes nicht mehr zugelassen würde. Die KWG müsse aufgelöst werden; sofern sich die Existenz einzelner Institute als wünschenswert erweise, könnten sie als selbständige Institute oder im Anschluss an die Universitäten weitergeführt werden.

Sollte eine solche Massnahme der Alliierten wirklich durchgeführt werden, würde sie das Ende der KWG bedeuten. Die KWG hat in den Jahren der nationalsozialistischen Regierung einen ständigen Kampf um ihre Selbständigkeit geführt und diese sich erhalten können. Es würde nicht zu verstehen sein, wenn eine Gesellschaft, die gerade wegen ihrer unpolitischen Haltung und ihrer Selbständigkeit der früheren deutschen Regierung als suspekt galt, von den Alliierten aufgelöst würde.

Ihren Erfolg verdankt die KWG nicht zum mindesten der Tatsache, dass in der Gesellschaft durch die enge Verbindung der Institute untereinander ein reger geistiger Austausch und eine lebhafte Zusammenarbeit stattfinden konnte. Mit einer Zerschlagung der Gesellschaft würde gerade dieses Haupterfordernis für erfolg-

-5-

reiche Arbeit ausfallen. Sollte aber gerade diese Tatsache und ihre zentrale Leitung und Verwaltung bei den Alliierten Bedenken erregen, so bietet gerade der Umstand einer einheitlichen Gesamtleitung die besondere Möglichkeit einer Ueberwachung und Kontrolle der gesamten Forschungsarbeit. Diese ist erheblich leichter bei einer zentral geleiteten Gesellschaft, ~~deren Vorstand über die gesamten Forschungsarbeiten Auskunft geben kann~~ als bei einer Anzahl von einzelnen Instituten, die verstreut, ohne besondere Aufsicht ihren ~~eigene~~n Arbeiten nachgehen.

Von amerikanischer Seite wurde der Ausdruck "Gehirn-Kartell" für die KWG gebraucht. Er zeigt, wie wenig man das eigentliche Wesen der KWG verstanden hat, wenn man sie mit einem Industriekonzern gleichstellt.

Unabhängig von der Zerstörung der geistigen und materiellen Werte, die durch eine Anordnung der Alliierten auf Auflösung der KWG ausgelöst würde, sollte man auch die politische Auswirkung nicht ausser Acht lassen. Es dürfte bekannt sein, dass andere alliierte Regierungen den deutschen Wissenschaftlern weitgehendes Entgegenkommen zeigen. Es besteht daher das Bestreben, aus der amerikanischen in andere Zonen abzuwandern, sobald die Möglichkeit dazu besteht. Gefördert wird diese Tendenz durch die Handhabung der Entnazifizierungsgesetze, die von allen deutschen und auch z.T. von amerikanischen Stellen als unzweckmässig und unvernünftig angesehen werden. In keiner Zone ist die wissenschaftliche Arbeit d~~er KWG~~ so behindert worden, wie in

-6-

der amerikanischen, und zwar ohne Angabe von Gründen. Es besteht deshalb in deutschen wissenschaftlichen Kreisen leider die Auffassung, dass die Regierung der U.S.A. die deutsche Forschung völlig vernichten oder mindestens für Jahre stillegen will. Ich selbst möchte mich dieser Ansicht nicht anschliessen. Auch die Regierung der U.S.A. wird wissen, dass die politische Umstellung in Deutschland und wissenschaftliche Forschung zwei verschieden zu behandelnde Fragen sind.

Die Wissenschaft in Deutschland und in besonderem Masse die KWG wird die Brücke zu den anderen Nationen und zu einer neuen friedlichen Zusammenarbeit der Völker bilden. Sie zu erhalten und zu fördern - nicht zu zerstören, muss ~~der Wille~~ Bestreben aller derer sein, die gewillt sind, aus den Trümmern dieses Krieges eine neue Welt aufzubauen.

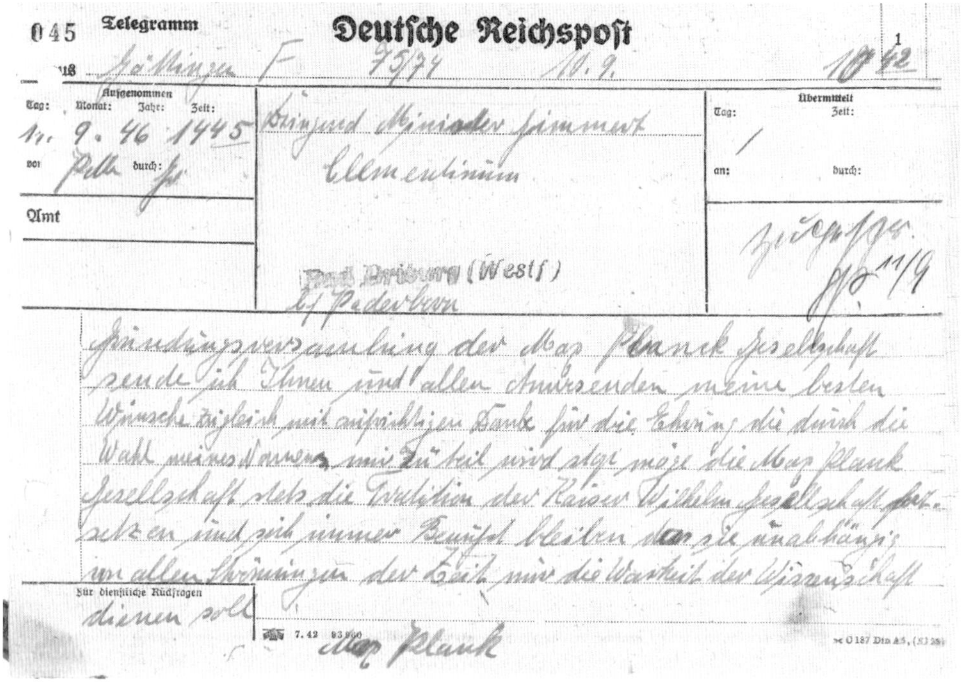

045 Telegramm **Deutsche Reichspost**

Aus Göttingen F 75/74 10.9. 1042

Aufgenommen Tag: 11. Monat: 9. Jahr: 46 Zeit: 1445

von: durch:

Amt

Bad Driburg (Westf)

bj Paderborn

Übermittelt Tag: Zeit: an: durch:

Gründungsversammlung der Max Planck Gesellschaft sende ich Ihnen und allen Anwesenden meine besten Wünsche zugleich mit aufrichtigem Dank für die Ehrung die durch die Wahl meines Namens mir zuteil wird möge die Max Planck Gesellschaft stets die Tradition der Kaiser Wilhelm Gesellschaft fortsetzen und sich immer bewußt bleiben daß sie unabhängig von allen Strömungen der Zeit nur die Wahrheit der Wissenschaft dienen soll

Max Planck

Für dienstliche Rückfragen

7.42 83960

C 187 Din A5, (XI 35)

11.9.1946 – Glückwunschtelegramm Plancks an die Gründer der Max-Planck-Gesellschaft (II. Abt., Rep. 1A MPG Gründung, Nr. 4 (2-12a)).

1

Vertraulich!

Protokoll

über die Gründungssitzung der MAX-PLANCK-GESELLSCHAFT ZUR FÖRDERUNG DER WISSENSCHAFTEN E.V. am Mittwoch, dem 11.9.1946, im Theologischen Konvikt zu Bad Driburg.

Anwesend die Herren:

Staatsminister Adolf G r i m m e	Hannover
Prälat Prof.Dr. Georg S c h r e i b e r	Rektor der Universität Münster
Prof.Dr. F.H. R e i n	Rektor der Universität Göttingen
Prof.Dr. Heinrich K o n e n	Rektor der Universität Bonn
Prof.Dr. Adolf W i n d a u s	Göttingen
Prof.Dr. Max v. L a u e	Göttingen
Prof.Dr. Walther G e r l a c h	Bonn
Generaldirektor Dr. W. B ö t z k e s	Breyell/Rhld.
Prof.Dr. Otto H a h n, Präsident der Kaiser-Wilhelm-Gesellschaft	Göttingen
Dr. Ernst T e l s c h o w, Geschäftsführender Vorstand der Kaiser-Wilhelm-Gesellschaft	Göttingen
Direktor Franz A r n d t, Generalverwaltung der Kaiser-Wilhelm-Gesellschaft	Göttingen

Ferner als Gäste:

Regierungspräsident H a c k e t h a l	Münster
Generaldirektor R o e l e n	Hamborn

Für das Protokoll:

Fräulein Erika B o l l m a n n, Chefsekretärin der Kaiser-Wilhelm-Gesellschaft	Göttingen

Im letzten Teil der Sitzung anwesend:

Colonel B.K. B l o u n t, Control Commission for Germany (B.E.), Trade and Industry Division, B.A.O.R.	Minden - Göttingen

----

./.

11.9.1946 – Beschluss der Gründer der Max-Planck-Gesellschaft in der britischen Zone, Planck bei Inkrafttreten der neuen Gesellschaft zum Ehrenpräsidenten zu ernennen (Protokoll-Auszug) (II. Abt., Rep. 1A MPG Gründung, Nr. 5 (2-16c); wirksam mit Eintrag in das Vereinsregister am 23.11.46).

Der Präsident stellt fest, daß die Arbeit der MAX-PLANCK-GESELLSCHAFT sich zunächst nur auf die britische Zone erstrecken könne. Die Einbeziehung der amerikanischen und französischen Zone sei aber als Ziel anzustreben. In der amerikanischen Auffassung sei gegenüber der Kaiser-Wilhelm-Gesellschaft bereits ein Umschwung festzustellen, da die in der dortigen Zone gelegenen Kaiser-Wilhelm-Institute auf Anweisung der Amerikanischen Militärregierung jetzt neu finanziert würden und ihrer weiteren Arbeit nichts im Wege stünde.

Nach einer eingehenden Aussprache stellt der Minister fest, daß alle Anwesenden mit der Gründung der MAX-PLANCK-GESELLSCHAFT einverstanden sind.

Zu 3):

Die Satzungen der MAX-PLANCK-GESELLSCHAFT, die allen Anwesenden vorliegen und weitgehend den Satzungen der Kaiser-Wilhelm-Gesellschaft entsprechen, werden vorgelesen und die einzelnen Paragraphen durchgesprochen. Die Satzungen, die bereits dem Registerrichter in Göttingen vorgelegen haben, werden nach geringfügigen Änderungen von allen Anwesenden genehmigt und unterschrieben.

Zu 4):

Die Anwesenden nehmen darauf die Gründung der MAX-PLANCK-GESELLSCHAFT vor und unterzeichnen das Gründungsprotokoll. Sie wählen ferner zum vorläufigen Vorstand der neuen Gesellschaft im Sinne des § 26 BGB einstimmig den Präsidenten der Kaiser-Wilhelm-Gesellschaft, Herrn Professor Hahn, und den Geschäftsführenden Vorstand der Kaiser-Wilhelm-Gesellschaft, Dr. Ernst Telschow. Die Gewählten nehmen das Amt an. Auf Wunsch aller Anwesenden wird protokollarisch festgelegt, daß bei Inkrafttreten der MAX-PLANCK-GESELLSCHAFT Herr Geheimrat Planck zum Ehrenpräsidenten ernannt wird.

Herr Grimme übergibt dann den Vorsitz wieder an Herrn Hahn.

Zu 5):

Herr Telschow berichtet hierauf über die Finanzierung der Kaiser-Wilhelm-Gesellschaft in den letzten Monaten vor dem Zusammenbruch und die Übernahme der Finanzierung für die Kaiser-Wilhelm-Institute in den 3 westlichen Zonen durch die deutschen Regierungsstellen. Alle Institute seien mit ausreichenden Geldmitteln versehen worden. In der amerikanischen Zone sei die Arbeit der In-

-3-

7.10.1947 – Traueransprache Max v. Laues bei Plancks Beerdigung (Abschrift) (III. Abt., Rep. 14 O. Hahn, Nr. 3318, Bl. 64f.).

Verehrte Trauerversammlung!

Wir stehen am Sarge eines fast Neunzigjährigen. 90 Jahre bedeuten ein langes Leben und diese 90 Jahre waren ungewöhnlich erlebnisreich. Noch im Alter erinnerte sich Max Planck, wie er 1864 preußische und österreichische Truppen in Kiel, seine Vaterstadt, einziehen sah. Der ganze herrliche Aufstieg des Deutschen Reiches fällt in diese Spanne und ebenso der ganze Verfall und die schauerliche Katastrophe. Auch persönlich haben diese Ereignisse Planck auf das Tiefste betroffen. Vor Verdun fiel 1916 sein ältester Sohn Karl. Im letzten Kriege ging sein Haus unter den Bombenangriffen in Flammen auf. Seine ein ganzes Leben hindurch gesammelte Bibliothek entschwand, niemand weiß, wohin; und das Schrecklichste von allem, sein zweiter Sohn Erwin fiel noch im Januar 1945 dem Terror zum Opfer. Er selbst erlebte auf einer Vortragsreise die Vernichtung von Kassel und war stundenlang in einem Luftschutzraum verschüttet. Mitte Mai 1945 holten ihn die Amerikaner im Auto aus dem zum Kampfgebiet gewordenen Rittergut Rogätz an der Elbe nach Göttingen. Jetzt bringen wir ihn zu seiner letzten Ruhestätte.

Auch in der Wissenschaft war Planck's Lebenszeit voll von tiefgreifenden Umwälzungen. Die heutige Physik trägt ein ganz anderes Gepräge als die von 1875, da Planck sich ihr widmete; und an der größten dieser Umwälzungen hat Planck den ersten, entscheidenden Anteil. Es ist dabei wunderbar zugegangen. Man bedenke: Da entschließt sich ein siebzehnjähriger Abiturient für eine Wissenschaft, die ihm von ihrem berufendsten Vertreter, den er befragen konnte, als wenig aussichtsreich hingestellt wird. Er entscheidet sich im Verlaufe des Studiums für einen Zweig dieser Wissenschaft, der bei den Nachbarwissenschaften durchaus nicht in Ansehen steht, und innerhalb dieses Zweiges für ein Spezialgebiet, für das eigentlich niemand Interesse hat. Seine ersten Arbeiten lesen nicht einmal Helmholtz, Kirchhoff und Clausius, denen dies am nächsten gelegen hätte; und doch bleibt er auf seinem Wege, einer inneren Stimme folgend, bis dann ein Problem an ihn herankommt, das schone viele andere vergeblich zu lösen versucht haben und für welches – wie sich nun herausstellt – gerade der von ihm eingeschlagene Weg die beste Vorbereitung war. Aus Strahlungsmessungen vermag er auf diese Weise das Strahlungsgesetz abzulesen, das seinen Namen für alle Zeiten trägt. Zur theoretischen Begründung dafür muss er freilich eine innere Umstellung vornehmen, indem er auf Methoden der Atomtheorie zurückgreift, der er bis dahin mit gewissen Zweifeln gegenüber gestanden hat. Und darüber hinaus muss er eine Hypothese wagen, deren Kühnheit zunächst niemandem, wohl nicht einmal ihm selber im vollen Umfange klar war. Dann aber konnte er am 14. Dezember 1900, wieder in der Deutschen Physikalischen Gesellschaft, die theoretische Ableitung des Strahlungsgesetzes vortragen. Das war die Geburtsstunde der Quantentheorie. Diese Leistung verewigt seinen Namen auf alle Zeiten.

Deswegen haben heute wissenschaftliche Korporationen in großer Zahl ihre Teilnahme an seinem Tode durch Telegramme oder durch Entsendung von Vertretern zu erkennen gegeben. So sind unter uns der Präsident der Berliner Akademie und der Rektor der Berliner Universität, zweier Körperschaften, mit denen Planck in ganz besonderem Maße verbunden war. Hat er doch über 40 Jahre an der Universität gelehrt und war über 50 Jahre Mitglied der Akademie, gehörte er doch sogar den größten Teil dieser Zeit zu ihren vier beständigen Sekretaren. Ebenso sind durch ihre Präsidenten vertreten die Akademien München und Göttingen, und die Universität Göttingen durch ihren Rektor, die Technische Hochschule Hannover durch ihren Fachvertreter. Kränze haben außerdem niedergelegt die Niedersächsische Staatsregierung, der Regierungspräsident von Hildesheim und die Göttinger Stadtverwaltung.

Auf ein paar der hier liegenden Kränze möchte ich noch besonders hinweisen. Einer stammt vom Deutschen Museum in München, das gerade im Begriff ist, Planck's Büste in seinem Ehrensaal aufzustellen. Dieser Kranz ist neben der Beteiligung der Münchener Akademie der letzte Gruß aus den bayrischen Landen, in denen Planck aufwuchs und in denen er alljährlich Ferienfreude und Erholung suchte und fand.

Ein anderer Kranz trägt die Widmung „Die Deutschen Physikalischen Gesellschaften ihrem Ehrenmitglied". Diese Gesellschaften gedenken der achtundfünfzigjährigen Mitgliedschaft Planck's, seiner aufopfernden Betätigung in den verschiedensten Vorstandsämtern; denn mehrmals war er Vorsitzender und den größten Teil seiner Mitgliedszeit Beisitzer. Sie gedenken erst recht der vielen lichtvollen Vorträge, die er in ihren wissenschaftlichen Sitzungen gehalten hat und vor allem jener Vorträge vom Jahre 1900, in denen er zuerst sein Strahlungsgesetz und seine Ableitung – wie erwähnt – bekanntgab. So ist ein Schimmer seines Ruhmes auch auf die Deutsche Physikalische Gesellschaft gefallen.

Und dann liegt da noch ein schlichterer Kranz ohne Schleife. Den habe ich für die Gesamtheit seiner Schüler niedergelegt, zu denen auch ich mich ja zähle, als ein vergängliches Zeichen unserer unvergänglichen Liebe und Dankbarkeit.

1a

GEDENKFEIER

FÜR

MAX PLANCK

am Freitag, den 23. April 1948, 11.00 Uhr, in der Aula der Universität

Adagio aus der Sonate D-Dur . . . . . *von Johann Sebastian Bach*

Ansprachen: Präsident der Max-Planck-Gesellschaft zur Förderung der Wissenschaften . . . . Prof. Dr. Otto Hahn

Vizepräsident der Deutschen Akademie der Wissenschaften zu Berlin . . . . Prof. Dr. Stille

Vertreter der Royal Society, London . Sir Charles Darwin

Rektor der Universität Berlin . Magnifizenz Prof. Dr. Dersch

Adagio aus der Sonate f-moll . . . . *von Johannes Brahms*

Gedenkreden: Prof. Dr. Max von Laue

Prof. Dr. Werner Heisenberg

Prof. Dr. Richard Becker

Presto aus der Sonate A-Dur . . . . . . *von Ludwig van Beethoven*

Ausführende der musikalischen Darbietungen:

Prof. Karl Klingler . . . . *Violine*

Raimar Dahlgrün . . . . *Klavier*

Martin Saß & Co., Göttingen

23.4.1948 – Gedenkfeier der Max-Planck-Gesellschaft, der Akademie der Wissenschaften zu Göttingen, der Universität Göttingen und der Deutschen Physikalischen Gesellschaft in der Britischen Zone anlässlich des 90. Geburtstages Plancks in Göttingen (II. Abt., Rep. 1A MPG, PA Planck, Nr. 42, Bl. 1).

Max Planck im Bild

zusammengestellt von Susanne Uebele

Die vorliegende Bilddokumentation orientiert sich an der Biografie Max Plancks. Eine chronologische Anordnung wurde angestrebt. Alle ausgewählten Abbildungen sind der Bildersammlung des Archivs der Max-Planck-Gesellschaft (Abteilung VI) entnommen, die erfreulicherweise immer wieder Zugänge aus Familienbesitz, von Verwandten und Freunden Plancks erhalten hat bzw. erhält; weitere Fotos konnten auf Versteigerungen erworben werden. Neben zahlreichen Porträts Max Plancks, zum Teil aufgenommen von bekannten Fotografen wie Tita Binz, Rudolf Dührkoop, Hugo Erfurth und Lotte Meitner-Graf, befinden sich viele Familienfotos in der Sammlung: Eltern und Geschwister Plancks sind zahlreich vertreten, ebenso seine Frauen, Kinder, Enkel, Urenkel, Nichten und Neffen und – nicht zu vergessen – Max Planck bei seinen Wanderungen im Gebirge und im Flachland. Auch Plancks Stellung im öffentlichen Leben lässt sich anhand der vorhandenen Fotos dokumentieren, einiges Bildmaterial zeigt sein Wirken in der Kaiser-Wilhelm-Gesellschaft.

Max Planck inspirierte nicht nur zu seinen Lebzeiten Bildende Künstler, wie beispielsweise die Karikatur von David Levine (Abb. 96) aus dem Jahre 1986 zeigt. Einige Werke sind im Besitz der Max-Planck-Gesellschaft, die hier im zweiten Teil dokumentiert werden (vgl. Abb. 89 bis Abb. 106), sich jedoch nicht alle im Archiv der Max-Planck-Gesellschaft befinden. Eines der bedeutendsten ist das Porträt von Eugen Spiro. Das Gemälde (Abb. 89 und Titelbild) befindet sich im Fritz-Haber-Institut der Max-Planck-Gesellschaft. Es wurde vom preußischen Kultusministerium in den 1920er Jahren gekauft, kam zunächst in das Institut für Theoretische Physik der Friedrich-Wilhelms-Universität, geriet nach 1933 in Gefahr, von den Nationalsozialisten als „entartete Kunst“ vernichtet zu werden, worauf es Max von Laue in seinem Arbeitszimmer im Kaiser-Wilhelm-Institut für Physik in Sicherheit brachte. Nach 1945 war das Gemälde zunächst verschollen. Es wurde im Sommer 1952 ohne Rahmen auf dem Boden des ehemaligen Kaiser-Wilhelm-Instituts für physikalische Chemie und Elektrochemie in Berlin-Dahlem, dem heutigen Fritz-Haber-Institut, aufgefunden.[1]

---

1 Vgl. Archiv der Max-Planck-Gesellschaft, III. Abt., Rep. 50 Nachlass Max von Laue, Nr. 372, Blatt 15.

Das Archiv der Max-Planck-Gesellschaft ist ferner im Besitz von sechs Bronze-Büsten Max Plancks (Abt. Vc, Rep. 12). Hervorgehoben sei hier die von Fritz Klimsch (Abb. 101), die seit der Gründung des Kaiser-Wilhelm-Instituts für Physik 1937 im Kolloquiumsraum des Instituts in Berlin-Dahlem stand und nach den Wirren des 2. Weltkrieges in einem Schutthaufen wieder aufgefunden wurde.[2]

Die ursprüngliche, Mitte der 1920er Jahre geschaffene Büste von Gisela Boeckh-von Tzschoppe befand sich im Haus der Familie Planck in Berlin-Grunewald, das 1944 durch einen Bombenangriff zerstört wurde. Das Archiv der Max-Planck-Gesellschaft besitzt eine Nachbildung (Abb. 102), die Max Planck noch zu seinen Lebzeiten bei der Künstlerin in Auftrag gegeben hat, die aber erst kurz nach seinem Tod fertig gestellt wurde und ihren Platz zunächst im Arbeitszimmer von Otto Hahn in Göttingen fand. Abgüsse dieser Büste sind heute auch in einigen Max-Planck-Instituten zu finden.[3]

Auf weniger abenteuerliche Weise fanden die restlichen vier Büsten ihren Weg ins Archiv – hier handelt es sich ausnahmslos um Abgüsse, die seit Mitte der 1990er Jahre den Bestand des Archivs der Max-Planck-Gesellschaft bereichern.

---

[2] Vgl. ebenda.

[3] Vgl. Walter Boeckh: Erinnerungen an Max Planck (1858-1947). In: Dahlemer Archivgespräche Bd. 12, Berlin 2006, S. 256.

Fotografien

Abb. 1: Die Eltern Emma und Johann Julius Wilhelm (von) Planck, 1867.

Abb. 2: Die Geschwister Adalbert (1852-1930), Max (1858-1947), Hildegard (1854-1915) und Hermann (1851-1870), 1862.

Abb. 3: Das Geburtshaus von Max Planck, der „Jahnshof", Küterstraße 17 in Kiel.

Abb. 4: Die Mutter Emma Planck, geb. Patzig (1821-1914) in München, 1884.

Abb. 5: Der Vater Johann Julius Wilhelm (von) Planck (1817-1900) in München.

Abb. 6: Max Planck in München, 1874.

Abb. 7: Der Bruder Otto Planck (1863-1933) in München.

Abb. 8: Die Schwester Emma (1844-1894) aus der 1. Ehe des Vaters.

Abb. 9: Der Bruder Hugo (1846-1922) aus der 1. Ehe des Vaters.

Abb. 10: Max Planck in München, 1879.

Abb. 11: Die Verlobten Marie Merck und Max Planck in Kiel, 1886.

Abb. 12: Max Planck mit seinem Sohn Karl (1888-1916).

Abb. 13: Der Sohn Karl und die Zwillingstöchter Emma und Grete, ca. 1900.

Abb. 14: Max Planck mit seinen Kindern Erwin und Emma (oder Grete) beim Spaziergang im Grunewald.

Abb. 15: Max Planck mit seiner 1909 verstorbenen Frau Marie im Grunewald.

Abb. 16: Max Planck, ca. 1906, Fotografie von Rudolf Dührkoop.

Abb. 17: Die Tochter Grete, 1906.

Abb. 18: Die Tochter Emma, 1906.

Abb. 19: Max Planck in seinem Arbeitszimmer in der Friedrich-Wilhelms-Universität Berlin, nach 1909, mit dem Bild seiner Kinder über dem Schreibtisch, vgl. auch Abb. 13.

Abb. 20: Max Planck in den Bergen, ca. 1910

Abb. 21: Die Tochter Grete (1889-1917) in Reit im Winkel, 1911.

Abb. 22: Das Haus in der Wangenheimstraße 21 in Grunewald, das die Familie 1905 bezog und das im Februar 1944 durch einen Bombenangriff zerstört wurde.

Abb. 23: Marga von Hoeßlin (1882-1949), Nichte von Marie Planck und spätere Ehefrau Plancks, ca. 1908.

Abb. 24: Max Planck mit seinen Zwillingstöchtern und seiner 2. Frau Marga, ca. 1916.

Abb. 25: Marga und Max Planck mit ihrem Sohn Hermann, 1917.

Abb. 26: Die Tochter Emma (1889-1919).

Abb. 27: Max Planck in seinem Haus in Berlin-Grunewald, 1930er Jahre.

Abb. 28: Marga und Max Planck in Berlin-Grunewald, 1924.

Abb. 29: Max Planck auf einer Rheinfahrt anlässlich eines Vortrags in Bonn, 1928.

Abb. 30: Der amerikanische Physiker Robert Millikan (2. v. r.) im Kreis seiner Berliner Kollegen (v. l. n. r.) Walther Nernst, Albert Einstein, Max Planck und Max von Laue, 1928.

Abb. 31: Max Planck zu Besuch im Kaiser-Wilhelm-Institut für Kohlenforschung in Mülheim/Ruhr mit dem Institutsdirektor Franz Fischer, dem Abteilungsleiter Karl Meyer und Helmut Pichler (v. r. n. l.), 1932.

Abb. 32: Max Planck, ca. 1930.

Abb. 33: Max Planck im Gespräch mit Carl Duisberg anlässlich einer Senatssitzung der Kaiser-Wilhelm-Gesellschaft im Harnack-Haus, Berlin-Dahlem, 1933.

Abb. 34: Max Planck an einer Orgel in Berlin, Ende 1930er Jahre.

Abb. 35: Max Planck mit seinem Sohn Erwin bei einer Bergwanderung, Ende 1930er Jahre.

Abb. 36: Max Planck als Wanderer.

Abb. 37: Max Planck, Goldenhainer Mühle, Mecklenburg, um 1936.

Abb. 38: Max Planck, 1936, Fotografie von Tita Binz.

Abb. 39: Preußische Akademie der Wissenschaften, Berlin, Leibniz-Sitzung, 1930, u. a. mit (1. Reihe v. l.) Walther Nernst, Albert Einstein, Carl Erich Correns, Gottlieb Haberland, Max Rubner, Max Planck, Ernst Heymann und Heinrich Lüders.

Abb. 40: Preußische Akademie der Wissenschaften, Friedrichs-Sitzung, 1932, u. a. mit (1. Reihe v. r.) Max Planck und Max Rubner.

Abb. 41: Die vier Sekretare der Preußischen Akademie der Wissenschaften, (v. l.) Heinrich Lüders, Ernst Heymann, Max Planck und Max Rubner.

Abb. 42: Kaiser-Wilhelm-Institut für Hirnforschung, Einweihung in Berlin-Buch, 2. Juni 1931 (v. l.) Max Planck, Gustav Krupp von Bohlen und Halbach, Ministerialdirektor Max Donnevert.

Abb. 43: Max Planck bei der Grundsteinlegung des Kaiser-Wilhelm-Instituts für Eisenforschung, Düsseldorf, 3. Juni 1934.

Abb. 44: Max Planck mit Albert Vögler (2. v. l.) auf der Ehrentribüne bei der Grundsteinlegung des Kaiser-Wilhelm-Instituts für Eisenforschung, Düsseldorf, 3. Juni 1934.

Abb. 45: Vgl. Abb. 43 u. 44, Max Planck beim Verlassen der Ehrentribüne.

Abb. 46: Max und Marga Planck werden von Werner Köster bei der Einweihung des Kaiser-Wilhelm-Instituts für Metallforschung begrüßt, Stuttgart, 24. Juni 1935.

Abb. 47: Max Planck am Rednerpult anlässlich der Einweihung des Kaiser-Wilhelm-Instituts für Metallforschung, Stuttgart, 24. Juni 1935.

Abb. 48: Vgl. Abb. 46 u. 47, Max Planck (in der 1. Reihe) mit seiner Frau Marga (sitzend in der 2. Reihe rechts) zwischen (v. r.) Carl Eduard Herzog v. Sachsen-Coburg und Gotha und Ministerpräsident Mergentaler.

Abb. 49: Senatssitzung der Kaiser-Wilhelm-Gesellschaft am 10. Januar 1936 im Harnack-Haus in Berlin-Dahlem, ehemaliges Humboldt-Zimmer (im Hintergrund die „Spender-Tafel" der Kaiser-Wilhelm-Gesellschaft), u. a. mit (v. l. n. r.) Friedrich Glum, Viktor Bruns, Eugen Fischer und Max Planck.

Abb. 50: Vgl. Abb. 49, hier die Sitzung des Wissenschaftlichen Rats der Kaiser-Wilhelm-Gesellschaft am 10. Januar 1936 mit u. a. (v. r. n. l.) Carl Eduard Herzog v. Sachsen-Coburg und Gotha, Max Planck, Gustav Krupp v. Bohlen und Halbach, Hjalmar Schacht und Friedrich Glum.

Abb. 51: Max Planck, ca. 1936, Fotografie von Hugo Erfurth.

Abb. 52: Der französische Botschafter André François-Poncet im Gespräch mit Max Planck anlässlich seines 80. Geburtstages, 23. April 1938.

Abb. 53: Carl Bosch trägt sich anlässlich der Einweihung des Kaiser-Wilhelm-Instituts für Physik ins Gästebuch des Instituts in Berlin-Dahlem ein, links stehend Max Planck, rechts Peter Debye, 30. Mai 1938.

Abb. 54: Max Planck auf der Seespitze im Defereggental/Österreich, 1942.

Abb. 55: Max Planck in den Alpen.

Abb. 56: Max Planck in St. Jakob/Defereggental mit seiner Wirtin Frau Santner und deren Tochter, 1942.

Abb. 57: Max Planck bei einer Bergwanderung.

Abb. 58: Max Planck mit (v. l. n. r.) seiner Enkelin Emma Fehling, seiner Frau Marga und Luise Buttmann auf der Holzeralm bei Bad Wiessee, 1943.

Abb. 59: Max Planck, 1942, Fotogafie von Hildegard Jäckel/Dresden.

Abb. 60: Max Planck in der Bibliotheca Hertziana, Rom, mit (v. l.) Leo Bruhns, Armin von Gerkan und Theodor Lewald, 1942.

Abb. 61: Vgl. Abb. 60, Max Planck im Gespräch mit Ernst Telschow (links) und Werner Hoppenstedt (rechts).

Abb. 62: Max Planck am Klavier, 1942.

Abb. 63: Max Planck zu Besuch bei seiner Nichte Luise Graßmann, späte 1930er Jahre oder ca. 1945.

Abb. 64: Vgl. Abb. 63, (v. l. n. r.) Marga und Max Planck, Luise Graßmann und eine weitere Verwandte oder Bekannte.

Abb. 65: Max Planck, 1944, Fotogafie von Hildegard Jäckel/Dresden.

Abb. 66: Max Planck in Rogätz an der Elbe, 1944.

Abb. 67: Gutshaus des Industriellen Carl Still in Rogätz an der Elbe, Zufluchtsort von Marga und Max Planck während der Evakuierung aus Berlin, 1943 bis 1945.

Abb. 68: Der Sohn Erwin (1893-1945).

Abb. 69: Erwin Planck vor dem Volksgerichtshof, Oktober 1944.

Abb. 70: Hochzeitsfoto von Hermann Planck und Dorothea Sonnenburg, 1945.

Abb. 71: Der Sohn Hermann (1911-1954).

Abb. 72: Max Planck in Göttingen, nach 1946.

Abb. 73: Letztes Domizil von Marga und Max Planck bei der Nichte Hilde Seidel und ihrer Familie in Göttingen, Merkelstraße 12.

Abb. 74: Max v. Laue (links) zu Besuch bei Marga (vorne rechts) und Max Planck in Göttingen im Haus der Nichte Hilde Seidel (vorne links), im Sommer 1947.

Abb. 75: Max Planck am Klavier in Göttingen, 1946.

Abb. 76: Max Planck in London, 1946, Fotografie von Lotte Meitner-Graf.

Abb. 77: Max Planck gratuliert Otto Hahn zum Nobelpreis, im Hintergrund (v. l. n. r.) Max von Laue, Adolf Windaus und Werner Heisenberg, Göttingen, 1946.

Abb. 78: Vgl. Abb. 77, Max Planck und Otto Hahn.

Abb. 79: Max Planck während Otto Hahns Nobelpreis-Feier in Göttingen, 1946.

Abb. 80: Vgl. Abb. 79, Max Planck und Elisabeth Heisenberg.

Abb. 81: Max Planck mit Max von Laue in Göttingen, 1947.

Abb. 82: Max und Marga Planck mit den Urenkeln (v. l. n. r.) Christine, Gabriele und Nikolaus Roos im Frühjahr 1947.

Abb. 83: Die Enkelin von Max Planck, Grete-Marie Roos geb. Fehling mit ihrer Tochter Marie Cornelia, 1958.

Abb. 84: Max Planck bei einem Vortrag, vermutlich in Bonn, 1947.

Abb. 85: Vgl. Abb. 84.

Abb. 86: Max Planck, 1947, Fotografie von Kaethe Augenstein/Bonn.

Abb. 87: Kranzniederlegung zum 90. Geburtstag Plancks am Grab auf dem Städtischen Friedhof in Göttingen, (v. l .n. r.) Otto Hahn, Edith Hahn, Marga Planck, Lise Meitner.

Abb. 88: Das Grab von Max Planck auf dem Städtischen Friedhof in Göttingen, 1949.

Abb. 89: Porträt, Eugen Spiro, Öl auf Leinwand, 1920er Jahre; das Gemälde befindet sich im Fritz-Haber-Institut der Max-Planck-Gesellschaft in Berlin-Dahlem.

Abb. 90: Porträt, Fritz Reusing, Öl auf Leinwand, 1837; das Gemälde befindet sich in der Generalverwaltung der Max-Planck-Gesellschaft in München.

Abb. 91: Porträt, Ewald Vetter, Öl auf Leinwand, 1941/42; das Gemälde befindet sich in der Generalverwaltung der Max-Planck-Gesellschaft in München.

Abb. 92: Porträt, Ewald Vetter, Öl auf Leinwand, 1949; das Gemälde hing zur Amtszeit Otto Hahns im Präsidentenzimmer der Max-Planck-Gesellschaft in Göttingen und befindet sich heute in ihrem Archiv in Berlin-Dahlem (VI. Abt., Rep. 2, K 28).

Abb. 93: Porträt, Günther Graßmann (Ehemann von Plancks Nichte Luise Graßmann, vgl. Abb. 63), Tempera auf Papier, ohne Datum (VI. Abt., Rep. 2, K 76).

Abb. 94: Porträt, Günther Graßmann, Tempera auf Papier, ohne Datum (VI. Abt., Rep. 2, K 75).

Abb. 95: Porträt, Arnold Fiedler, Radierung, 1922 (VI. Abt., Rep. 2, K 87).

Abb. 96: Karikatur, David Levine, Tusche, 1986 (VI. Abt., Rep. 2, K 53).

Abb. 97: Plastik, Bernhard Heiliger, Bronze, 1949; die Aufnahme im Atelier des Künstlers stammt aus dem Nachlass Dietrich Schmidt-Ott, der sich im Archiv der Max-Planck-Gesellschaft befindet.

Abb. 98: Vgl. Abb. 97, Plastik, Bernhard Heiliger, Standort auf dem Gelände des Max-Planck-Instituts für Züchtungsforschung in Köln, 1950er Jahre.

Abb. 99: Vorderseite der Max-Planck-Medaille der Deutschen Physikalischen Gesellschaft, verliehen an Lise Meitner 1949, Paul Wilhelm Oesten, Bronze (Abt. Vc, Rep. 4, Nr. 184).

Abb. 100: Vgl. Abb. 99, Rückseite.

Abb. 101: Büste, Fritz Klimsch, Bronze, 1931 (Abt. Vc, Rep. 12, Nr. 18).

Abb. 102: Büste, Gisela Boeckh-von Tzschoppe, Bronze, 1947 (Abt. Vc, Rep. 12, Nr. 7).

Abb. 103: Büste, Philipp Flettner, Bronze, 1937 (Abt. Vc, Rep. 12, Nr. 22).

Abb. 104: Büste, Walter Wolff, Bronze, 1939 (Ebenda, Nr. 20).

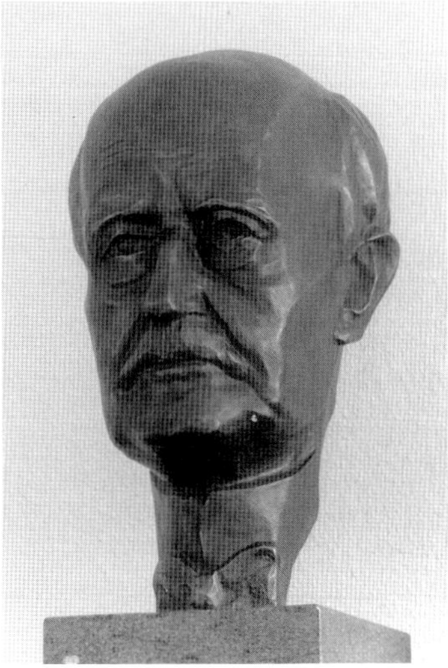

Abb. 105: Büste, Knud Knudsen, Bronze, 1968 (Ebenda, Nr. 15).

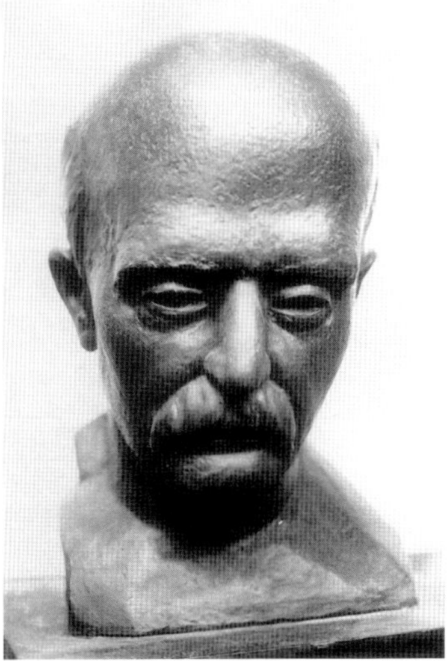

Abb. 106: Büste, Bernhard Horn, Bronze, 1989 (Ebenda, Nr. 16).

Signierter Handpressedruck von Werner Eikel (1929–1998). Das Planck-Zitat wurde sinngemäß seinem Buch „Das Weltbild der neuen Physik" (Leipzig 1929, S. 52) entnommen. (VI. Abt., Rep. 2, K 106).

Zitate

zusammengestellt von Dirk U l l m a n n

Die hier versammelten 100 Zitate vereinen in chronologischer Folge Äußerungen von Max Planck aus den Jahren 1892 bis 1947, die er in Briefen, Monographien, Rundfunk-Ansprachen, Beiträgen für die Tagespresse und populärwissenschaftliche Zeitschriften sowie in Vorträgen mitteilte. Insbesondere in den letzten Lebensjahrzehnten bemühte er sich, seine Erkenntnisse der modernen Naturwissenschaften einer breiteren Öffentlichkeit vorzustellen.
Es versteht sich von selbst, dass viele seiner Äußerungen nur aus dem historischen Kontext und dem persönlichen Erfahrungshorizont heraus verständlich sind. Andererseits gibt es doch „zeitlose" Weisheiten, die ihre Gültigkeit auch in der Gegenwart noch unter Beweis stellen.
Die Zitate sind durch Primärquellen nachgewiesen und damit auch tatsächlich verifizierbar. Ihm zugewiesene, aber nicht überprüfbare Aussprüche fanden hingegen keine Aufnahme. Plancks Schreibweise wurde nur in Ausnahmefällen behutsam zur Verbesserung des Leseflusses angepasst. Das nachfolgende Begriffs-Register erschließt alle Zitate inhaltlich; die Nummern verweisen auf die Fußnoten.

Begriffs-Register:

Philosophie und Naturwissenschaft: 9, 23–24, 35, 39, 72, 75, 78, 84, 87–88, 91, 94

Physikalische Theorien: 5, 7–8, 18, 33–34, 40–41, 52, 60, 85, 93, 100

Physikalisches Weltbild: 42–47, 98

Politik: 13, 15, 36, 66, 70

Wissenschaft und Forschung: 17, 25, 61

Wissenschaft und Öffentlichkeit: 14

Wenn mir irgend ein neuer prinzipieller Gedanke aufstößt, so suche ich ihn zunächst auf einen möglichst konkreten Fall anzuwenden. Finde ich dann, daß das Ergebnis in keinerlei Weise in einen zahlenmäßigen Widerspruch mit allgemein angenommenen Sätzen zu bringen ist, so lege ich ihn zu den Akten, verwerte ihn gelegentlich im Colleg, im Gespräch usw. Wenn es mir aber gelingt, an irgend einer speziellen Stelle einen Haken einzuschlagen, so suche ich den Riß zu erweitern, und erhalte dadurch zugleich eine Prüfung der Richtigkeit des Gedankens. Bei der allenfallsigen Veröffentlichung verfahre ich aber so, daß ich nicht von dem allgemeinen Prinzip ausgehe, sondern von jenem konkreten Fall, und suche dann denselben Beweisgang, den ich ursprünglich allgemein gegangen bin, ins Spezielle zu übersetzen. Denn ich habe gefunden, daß konkrete Wahrheiten auf die Meisten und auch auf den Entwicklungsgang der Wissenschaft einen viel nachhaltigeren Einfluß ausüben, als die logisch noch so strengen allgemeinen Beweise. Ist aber einmal ein einzelner Fall zu Gunsten des Prinzips erledigt, so kommen andere Fälle daran, bis sich dann endlich auch die Idee, die doch Allem vorangegangen ist, ohne Schwierigkeit Anerkennung verschafft. Anders ist es aber glaube ich niemals gegangen.[1]

Mich haben Neigung und Fähigkeiten von jeher auf die theoretische Forschung gewiesen, das einzige Gebiet, auf welchem ich auch in Zukunft Nützliches zu wirken hoffen kann.[2]

---

1 Brief von Max Planck an den Chemiker Albert Ladenburg vom 2. Januar 1892. Archiv der Max-Planck-Gesellschaft, Abt. Va, Rep. 11, Nr. 1999, Bl. 1.

2 Max Planck: Antrittsrede, gehalten am 28. Juni 1894 zur Aufnahme in die Preußische Akademie der Wissenschaften. In: Max Planck in seinen Akademie-Ansprachen. Erinnerungsschrift der Deutschen Akademie der Wissenschaften zu Berlin. Berlin 1948, S. 1.

Mir ist nicht das Glück zuteil geworden, daß ein hervorragender Forscher oder Lehrer in persönlichem Verkehr auf die spezielle Richtung meines Bildungsganges Einfluß genommen hat.[3]

Wenn eine Frau, was nicht häufig, aber doch bisweilen vorkommt, für die Aufgaben der theoretischen Physik besondere Begabung besitzt und außerdem den Trieb in sich fühlt, ihr Talent zur Entfaltung zu bringen, so halte ich es, in persönlicher wie auch in sachlicher Hinsicht, für unrecht, ihr aus prinzipiellen Rücksichten die Mittel zum Studium von vornherein zu versagen, ich werde ihr gerne, soweit es überhaupt mit der akademischen Ordnung verträglich ist, den probeweisen und stets widerruflichen Zutritt zu meinen Vorlesungen und Übungen gestatten, und habe in dieser Beziehung auch bis jetzt nur gute Erfahrungen gemacht.
Andererseits muß ich aber daran festhalten, daß ein solcher Fall immer nur als Ausnahme betrachtet werden kann, und daß es insbesondere höchst verfehlt wäre, durch Gründung besonderer Anstalten die Frauen zum akademischen Studium heranzuziehen, wenigstens sofern es sich um die rein wissenschaftliche Forschung handelt. Amazonen sind auch auf geistigem Gebiet naturwidrig. Bei einzelnen praktischen Aufgaben, z. B. in der Frauenheilkunde, mögen vielleicht die Verhältnisse anders liegen. Im allgemeinen aber kann man nicht stark genug betonen, daß die Natur selbst der Frau ihren Beruf als Mutter und als Hausfrau vorgeschrieben hat, und daß Naturgesetze unter keinen Umständen ohne schwere Schädigungen, welche sich im vorliegenden Falle besonders an dem nachwachsenden Geschlecht zeigen würden, ignoriert werden können.[4]

Von jeher, solange es eine Naturbetrachtung gibt, hat ihr als letztes, höchstes Ziel die Zusammenfassung der bunten Mannigfaltigkeit der physikalischen Erscheinungen in ein einheitliches System, womöglich in eine einzige Formel, vorgeschwebt...[5]

Sicherlich wird über diese prinzipiellen Fragen noch vieles gedacht und geschrieben werden; denn der Theoretiker sind viele, und das Papier ist geduldig.[6]

---

3 Ebenda, S. 4.

4 Arthur Kirchhoff (Hrsg.): Die Akademische Frau. Gutachten hervorragender Universitätsprofessoren, Frauenlehrer und Schriftsteller über die Befähigung der Frau zum wissenschaftlichen Studium und Berufe. Berlin 1897, S. 256f.

5 Max Planck: Die Einheit des physikalischen Weltbildes. Vortrag, gehalten am 9. Dezember 1908 in der naturwissenschaftlichen Fakultät des Studentenkorps an der Universität Leiden. Leipzig 1909, S. 4.

6 Ebenda, S. 37f.

Bei der Einführung der Wirkungsquanten *h* in die Theorie ist so konservativ als möglich zu verfahren, d. h. es sind an der bisherigen Theorie nur solche Änderungen zu treffen, die sich als absolut notwendig herausgestellt haben.[7]

Aber je verwirrender die Fülle der neuen Tatsachen, je bunter die Mannigfaltigkeit der neuen Ideen auf uns eindringt, um so gebieterischer erhebt sich wieder auf der anderen Seite der Ruf nach einer zusammenfassenden Betrachtungsweise.[8]

Eine neue Wahrheit hat aber immer zunächst mit gewissen Schwierigkeiten zu kämpfen; denn sonst wäre sie schon viel früher gefunden worden.[9]

Auch für die Physik gilt der Satz, daß man nicht selig wird ohne Glauben, zum mindesten den Glauben an eine gewisse Realität außer uns.[10]

Kein König der Wissenschaft, der nicht, wenn es darauf ankommt, auch einmal Kärrnerdienste zu leisten fähig und willens ist, sei es im Laboratorium oder im Archiv, in der freien Natur oder am Schreibtisch.[11]

Wie soll ich handeln? – Und eine volle Antwort auf diese Frage findet er nicht beim Determinismus, nicht bei der Kausalität, überhaupt nicht bei der reinen Wissenschaft, sondern er findet sie nur bei seiner sittlichen Gesinnung, bei seinem Charakter, bei seiner Weltanschauung.[12]

Was ich aber Ihnen gegenüber mit besonderem Nachdruck zu betonen wünsche, ist die feste, auch durch die Ereignisse des gegenwärtigen Krieges nie zu erschütternde Über-

---

7 Max Planck: Zur Theorie der Wärmestrahlung. In: Annalen der Physik, 4. Folge 31 (1910), S. 768.

8 Max Planck: Die Stellung der neueren Physik zur mechanischen Naturanschauung. Vortrag, gehalten am 23. September 1910 auf der 82. Versammlung Deutscher Naturforscher und Ärzte in Königsberg i. Pr. Leipzig 1910, S. 4.

9 Ebenda, S. 21.

10 Max Planck: Neue Bahnen der physikalischen Erkenntnis. Rede, gehalten anläßlich des Rektorwechsels an der Friedrich-Wilhelms-Universität zu Berlin am 15. Oktober 1913. Berlin 1913, S. 42.

11 Ebenda, S. 43.

12 Max Planck: Dynamische und statistische Gesetzmäßigkeit. In: Bericht über die Feier zum Gedächtnis des Stifters der Berliner Universität König Friedrich Wilhelms III. am Jahrestage seiner Geburt dem 3. August 1914, erstattet von dem derzeitigen Rektor Max Planck. Berlin 1914, S. 26.

zeugung, daß es Gebiete der geistigen und sittlichen Welt gibt, welche jenseits der Völkerkämpfe liegen, und daß ehrliche Mitwirkung bei der Pflege dieser internationalen Kulturgüter, wie auch nicht minder persönliche Achtung von Angehörigen eines feindlichen Staates, wohl vereinbar ist mit glühender Liebe und tatkräftiger Arbeit für das eigene Vaterland.[13]

Freilich kann gerade die Wissenschaft niemals auf unmittelbares Interesse in der breiten Öffentlichkeit rechnen; ja man darf sagen, daß die reine Wissenschaft ihrem Wesen nach unpopulär ist. Denn das geistige Schaffen, bei dem der arbeitende Forscher in heißem Ringen mit dem spröden Stoff zu gewissen Zeiten einen einzelnen winzigen Punkt für seine ganze Welt nimmt, ist, wie jeder Zeugungsakt, eigenstes persönliches Erlebnis und erfordert eine Konzentration und eine Spezialisierung, die einem Außenstehenden ganz unverständlich bleiben muß. Erst wenn das Erzeugnis zu einer gewissen Reife gediehen ist, vermag es auch nach außen zu wirken und einen seiner Bedeutung entsprechenden Eindruck zu erwecken.[14]

Der wahrhaft soziale Geist äußert sich nicht darin, daß die Arbeit möglichst gleichmäßig auf alle verteilt wird, sondern dadurch, daß man jeden einzelnen nach seiner Eigenart für die Allgemeinheit arbeiten läßt, und zwar um so selbständiger, je schwerer er durch andere ersetzt werden kann.[15]

Ein Gemeinwesen [kann] nur dann gedeihen, wenn auch an dem unscheinbarsten Posten ein jeder, unbeirrt durch äußere Verlockungen und Hemmnisse, nach bestem Können seiner Pflicht nachgeht, ohne erst viel nach dem augenblicklichen Erfolg seiner Arbeit zu fragen.[16]

[Es wird] gerade im Sinne der Bestrebungen unserer Gesellschaft [d. i. Kaiser-Wilhelm-Gesellschaft] liegen, welche ja ihre vornehmste Aufgabe in der Gründung und Erhal-

---

[13] Offener Brief von Max Planck an Hendrik Antoon Lorentz (veröffentlicht am 12. April 1916 im Rotterdamer „Handelsblad"). Zitiert nach Armin Hermann: Max Planck in Selbstzeugnissen und Bilddokumenten. 6. Auflage, Reinbek bei Hamburg 1995, S. 54 (= Rowohlts Monographien).

[14] Max Planck: Ansprache, gehalten in der öffentlichen Sitzung zur Feier des Leibnizschen Jahrestages am 3. Juli 1919. In: Sitzungsberichte der Preußischen Akademie der Wissenschaften (1919), S. 548.

[15] Ebenda, S. 548f.

[16] Max Planck: Das Wesen des Lichts. Vortrag, gehalten in der Hauptversammlung der Kaiser-Wilhelm-Gesellschaft am 28. Oktober 1919. In: Die Naturwissenschaften 7 (1919) 48, S. 903.

tung naturwissenschaftlicher Forschungsinstitute erblickt, wenn in ihren Tagungen die alte Wahrheit auch äußerlich Würdigung findet, daß, wie auf allen Arbeitsgebieten, so auch in demjenigen, welches den Naturkräften gewidmet ist, dem Anwenden das Erkennen vorausgehen muß, und je feiner die Einzelheiten sind, in die wir der Natur auf irgendeinem Pfade folgen können, um so reicher und nachhaltiger wird sich auch der Gewinn erweisen, den wir aus unserer Erkenntnis zu ziehen vermögen.[17]

... der Kern einer physikalischen Theorie [liegt] nicht in den Anschauungen, von denen sie ausgeht, sondern in den Gesetzen, zu denen sie führt.[18]

Unumgängliche Voraussetzung, wenn auch noch lange nicht die Gewähr für einen Erfolg ist freilich die Verfolgung eines bestimmten Zieles, dessen Leuchtkraft auch durch anfängliche Mißerfolge nicht getrübt wird.[19]

[Eine] alte Wahrheit, daß unsere tiefsten und heiligsten Überzeugungen letzten Grundes unabhängig von äußeren Erfolgen im eigenen Innern wurzeln.[20]

Da es in meiner Natur liegt, mich bei der Bearbeitung eines Problems nicht eher zufrieden zu geben, als bis ich in der Lage zu sein glaube, seiner Lösung eine gewisse Abrundung zu geben, so fühle ich von jeher das Bedürfnis, meine Untersuchungen, wenn sie vollendet waren, in eine zusammenfassende Darstellung zu verarbeiten.[21]

Die Wirklichkeit ist eben, obwohl freilich oft gerade das Gegenteil behauptet wird, nur ein ganz spezieller, schmaler Ausschnitt aus dem unermeßlichen Bereich dessen, was die Gedanken zu umspannen vermögen.[22]

---

[17] Ebenda.

[18] Ebenda, S. 906.

[19] Max Planck: Die Entstehung und bisherige Entwicklung der Quantentheorie. Nobel-Vortrag, gehalten vor der Königlich Schwedischen Akademie Wissenschaften zu Stockholm am 2. Juni 1920. Leipzig. 1920, S. 4

[20] Max Planck: Ansprache, gehalten in der öffentlichen Sitzung zur Feier des Leibnizschen Jahrestages am 29. Juni 1922. In: Sitzungsberichte der Preußischen Akademie der Wissenschaften (1922), S. LXXVI.

[21] Max Planck: Lebensgang und wissenschaftliches Lebenswerk, verfaßt für die Akademie der Wissenschaften in Wien am 22. Juli 1922. Abgedruckt in: Dirk Ullmann: Quelleninventar Max Planck. Berlin 1996, S. 86–93 (hier S. 92f.) (= Veröffentlichungen aus dem Archiv der Max-Planck-Gesellschaft, Bd. 8).

[22] Max Planck: Kausalgesetz und Willensfreiheit. Öffentlicher Vortrag, gehalten in der Preußischen Akademie der Wissenschaften am 17. Februar 1923. Berlin 1923, S. 10.

Aber auch die strenge wissenschaftliche Forschung kann ohne das freie Spiel der Einbildungskraft nicht vorwärts kommen. Wer nicht gelegentlich auch einmal kausalwidrige Dinge zu denken vermag, wird seine Wissenschaft nie um eine neue Idee bereichern können.[23]

Was uns täuscht, ist nicht unser Sinn, sondern unser Verstand.[24]

Denn es ist das charakteristische Merkmal wahrer Wissenschaft, daß ihre Erkenntnisse allgemein, objektiv, für alle Zeiten und Völker verbindlich sind, daß ihre Resultate daher unbeschränkte Anerkennung beanspruchen und schließlich auch immer durchsetzen. Fortschritte der Wissenschaft sind eben endgültig und lassen sich unmöglich auf die Dauer ignorieren.[25]

Die Grundlage und die Vorbedingung jeder echten fruchtbringenden Wissenschaft ist die durch reine Logik freilich nicht zu begründende, aber auch durch Logik niemals zu widerlegende metaphysische Hypothese der Existenz einer selbständigen, von uns völlig unabhängigen Außenwelt, von der wir allerdings nur durch unsere besonderen Sinne direkt Kenntnis erhalten können, wie wenn wir einen fremden Gegenstand nur durch eine Brille gewahren können, die bei jedem einzelnen Menschen eine etwas verschiedene Färbung aufweist.[26]

Im Gegenteil: je tiefer die Wissenschaft in die Einzelheiten der Entstehung auch der großen weltgeschichtlichen Geistesbewegungen einzudringen vermochte, desto deutlicher ist immer die kausale Bedingtheit.[27]

In der Tat, es gibt einen Punkt, einen einzigen Punkt in der weiten unermeßlichen Natur- und Geisteswelt, welcher jeder Wissenschaft und daher auch jeder kausalen Betrachtung nicht nur praktisch, sondern auch logisch genommen unzugänglich ist und für immer unzugänglich bleiben wird: dieser Punkt ist das eigene Ich.[28]

---

[23] Ebenda.
[24] Ebenda, S. 14.
[25] Ebenda, S. 25f.
[26] Ebenda, S. 28.
[27] Ebenda, S. 40.
[28] Ebenda, S. 45.

Denn die Verneinung des Lebens bedeutet zugleich eine Verneinung des Denkens, und die Verneinung des Denkens bedeutet eine Verneinung der Religion.[29]

Wissenschaft und Religion, sie bilden in Wahrheit keine Gegensätze, sondern sie benötigen einander in jedem ernsthaft nachdenkenden Menschen zu gegenseitiger Ergänzung. Es ist gewiß kein Zufall, daß gerade die größten Denker aller Zeiten zugleich auch tiefreligiös veranlagt waren, wenn sie auch ihr Heiligstes nicht gern öffentlich zur Schau trugen. Erst aus dem Zusammenwirken der Kräfte des Verstandes mit denen des Willens ersprießt der Philosophie ihre reifste, köstlichste Frucht: die Ethik. Denn auch die Wissenschaft fördert ethische Werte zutage, sie lehrt uns vor allem Wahrhaftigkeit und Ehrfurcht.[30]

So ist auch in der vielfach mißverstandenen Relativitätstheorie das Absolute nicht aufgehoben, sondern es ist im Gegenteil durch sie nur noch schärfer zum Ausdruck gekommen, daß und inwiefern die Physik sich allenthalben auf ein in der Außenwelt liegendes Absolutes gründet.[31]

Indem wir bei jeglichem Naturgeschehen von dem Einzelnen, Konventionellen und Zufälligen dem Allgemeinen, Sachlichen und Notwendigen zustreben, suchen wir hinter dem Abhängigen das Unabhängige, hinter dem Relativen das Absolute, hinter dem Vergänglichen das Unvergängliche. Und so weit ich sehe, zeigt sich diese Tendenz nicht nur in der Physik, sondern in jeglicher Wissenschaft, ja nicht nur auf dem Gebiet des Wissens, sondern auch auf dem des Guten und dem des Schönen.[32]

Die physikalische Gesetzlichkeit richtet sich eben nicht nach den menschlichen Sinnesorganen und dem ihnen entsprechenden Anschauungsvermögen, sondern nach den Dingen selber.[33]

Wer aber trotzdem von der Meinung nicht loskommen kann, daß die Relativitätstheorie schließlich doch an irgendeinem inneren Widerspruch leidet, der möge beden-

---

[29] Ebenda, S. 49.

[30] Ebenda, S. 52.

[31] Max Planck: Vom Relativen zum Absoluten. Gastvorlesung, gehalten in der Universität München am 1. Dezember 1924. Leipzig 1925, S. 22.

[32] Ebenda, S. 22f.

[33] Max Planck: Physikalische Gesetzlichkeit im Lichte neuerer Forschung. Vortrag, gehalten am 14. Februar 1926 in den Akademischen Kursen von Düsseldorf. Leipzig 1926, S. 14.

ken, daß eine Theorie, deren vollständiger Inhalt sich in einer mathematischen Formel fassen läßt, sich selber so wenig widersprechen kann, wie es zwei verschiedene Folgerungen tun können, die beide aus der nämlichen Formel fließen. Unsere Anschauungen müssen sich eben nach den Ergebnissen der Formel richten, nicht umgekehrt.[34]

Es hat Zeiten gegeben, in denen sich Philosophie und Naturwissenschaft fremd und unfreundlich gegenüberstanden. Diese Zeiten sind längst vorüber. Die Philosophen haben eingesehen, daß es nicht angängig ist, den Naturforschern Vorschriften zu machen, nach welchen Methoden und zu welchen Zielen hin sie arbeiten sollen, und die Naturforscher sind sich klar darüber geworden, daß der Ausgangspunkt ihrer Forschungen nicht in den Sinneswahrnehmungen allein gelegen ist und daß auch die Naturwissenschaft ohne eine gewisse Dosis Metaphysik nicht auskommen kann.[35]

Denn die Geschichte der internationalen Wissenschaft hat immer aufs neue gezeigt, daß die Wissenschaft, ebenso wie die Kunst und wie die Religion, zunächst nur auf nationalem Boden recht gedeihen kann. Erst von hier aus ist ein fruchtbarer Zusammenschluß der Völker zu edlem Wettbewerb möglich.[36]

Wir werden also im nächsten Jahr die große Schubert-Feier haben, und ich muß sagen, daß mir diese innerlich eigentlich noch näher [als die Beethoven-Feier 1927] gehen wird. Denn ich kenne keinen Komponisten, der mein musikalisches Empfinden tiefer und nachhaltiger angeregt hat.[37]

Wenn ein jeder Einzelne an dem Platz, auf dem er steht, seine Pflicht nach besten Kräften erfüllt, dann nützt er der Gesamtheit besser als auf irgend eine andere Weise.[38]

---

[34] Ebenda, S. 34.

[35] Ebenda, S. 48.

[36] Max Planck: Ansprache, gehalten in der öffentlichen Sitzung zur Feier des Leibnizschen Jahrestages am 1. Juli 1926. In: Sitzungsberichte der Preußischen Akademie der Wissenschaften (1926), S. LXXXV–LXXXVI

[37] Brief von Max Planck an den Musikwissenschaftler Carl Stumpf vom 24. März 1927. Archiv der Max-Planck-Gesellschaft, Abt. Va, Rep. 11, Nr. 957, Bl. 1.

[38] Brief von Max Planck an Milton Mincha Schayer vom 2. April 1927. University of Denver, Colorado, Penrose Library, Milton Mincha Schayer Collection. Abgedruckt in: Berichte und Mitteilungen aus der Max-Planck-Gesellschaft, 1971 (1), S. 4f. (hier S. 5).

Aber in der Physik, wie in jeder anderen Wissenschaft, regiert nicht allein der Verstand, sondern auch die Vernunft.[39]

Die Relativitätstheorie, welche anfänglich in den hergebrachten Vorstellungen von Raum und Zeit eine gewisse Verwirrung anrichten zu wollen schien, hat sich schließlich tatsächlich als eine Vollendung und Krönung des Gebäudes der klassischen Physik erwiesen.[40]

Diese Heisenbergsche Unsicherheitsrelation ist nun etwas für die klassische Mechanik ganz Unerhörtes.[41]

Wie in der Religion und in der Kunst schon seit langem, so gibt es jetzt auch in der Wissenschaft kaum einen Grundsatz, der nicht von irgend jemand angezweifelt wird, kaum einen Unsinn, der nicht von irgend jemand geglaubt wird, und es erhebt sich die Frage, ob denn überhaupt noch eine Wahrheit besteht, die als allgemein unanfechtbar gelten kann und die einen festen Halt zu bieten vermag gegen die alles umbrandenden Wogen der Skepsis. Die Logik allein, wie sie uns in der Mathematik in ihrer reinsten Form entgegentritt, vermag uns nicht zu helfen. Denn wenn sie selber auch gewiß als unangreifbar zu betrachten ist, so kann sie doch nicht mehr tun als nur aneinanderknüpfen; um inhaltlich bedeutungsvoll zu werden, bedarf sie eines festen Anhaltspunktes. Denn auch die solideste Kette gibt keinen zuverlässigen Halt, wenn sie nicht an einem sicheren Punkt befestigt ist.[42]

Die Quelle jeglichen Wissens und daher auch der Ursprung einer jeden Wissenschaft liegt in den persönlichen Erlebnissen. Diese sind das unmittelbar Gegebene, das Wirklichste, was man sich denken kann, und der erste Anhaltspunkt für die Anknüpfung der Gedankengänge, welche die Wissenschaft ausmachen. Denn das Material, mit dem in jeder Wissenschaft gearbeitet wird, empfangen wir entweder direkt durch unsere sinnlichen Wahrnehmungen oder direkt durch Berichte von anderer Seite, durch unsere Lehrer, durch Schriften, durch Bücher.[43]

---

[39] Max Planck: Das Weltbild der neuen Physik. Leipzig 1929, S. 10.

[40] Ebenda, S. 18.

[41] Ebenda, S. 36.

[42] Max Planck: Positivismus und reale Außenwelt. Vortrag, gehalten am 12. November 1930 im Harnack-Haus der Kaiser-Wilhelm-Gesellschaft zur Förderung der Wissenschaften. Leipzig 1931, S. 1.

[43] Ebenda, S. 3.

Die Aufgabe des physikalischen Weltbildes läßt sich also dahin charakterisieren, daß es einen möglichst engen Zusammenhang herstellen soll zwischen der realen Welt und der Welt der sinnlichen Erlebnisse.[44]

Im übrigen hat das physikalische Weltbild von vornherein nur die eine Bedingung zu erfüllen, daß es in allen seinen Teilen logisch widerspruchsfrei ist.[45]

Es ist eine gefährliche Selbsttäuschung, wenn man versucht, sich eines unbequemen sittlichen Gebotes dadurch zu entledigen, daß man sich auf ein unabwendbares Naturgesetz beruft.[46]

Wir waren ausgegangen von einer einzelnen Fachwissenschaft und wir sind durch Fragen rein physikalischer Art hinausgeführt worden über die Sinneswelt in die reale metaphysische Welt, die uns wegen der Unmöglichkeit, sie direkt zu erkennen, als etwas Geheimnisvolles und unbegreiflich Erhabenes entgegentritt, während sie doch auch wieder bei unserm Versuche, sie abzubilden, eine tiefe innere Harmonie und Schönheit ahnen läßt. Und schließlich sind wir bei den höchsten Fragen angelangt, welche sich einem jeden aufdrängen müssen, der überhaupt einmal über den Sinn seines Lebens ernsthaft nachdenken will.[47]

Es gibt kaum einen Satz, der durch seine Mißverständlichkeit größeres Unheil angerichtet hätte, als der von der Voraussetzungslosigkeit der Wissenschaft.[48]

So darf man sogar noch einen Schritt weitergehen und behaupten, daß schon beim Sammeln des Materials der vorausschauende und vorfühlende Glaube an die tieferen Zusammenhänge gute Dienste leisten kann. Er zeigt den Weg und er schärft die Sinne. Einem Historiker, der im Archiv nach Aktenstücken forscht und die gefundenen studiert, oder einem Experimentator, der im Laboratorium seine Versuchsanordnung aufbaut und die gemachten Aufnahmen unter die Lupe nimmt, wird in vielen Fällen der

---

[44] Ebenda, S. 17.

[45] Ebenda.

[46] Ebenda, S. 33.

[47] Ebenda, S. 34.

[48] Max Planck: Wissenschaft und Glaube. Weihnachtsartikel im „Berliner Tageblatt“ vom 25. Dezember 1930. Zitiert nach: Wege zur physikalischen Erkenntnis. Reden und Vorträge von Max Planck. 2. Auflage, Leipzig 1934, S. 282.

Fortschritt der Arbeit, namentlich die Trennung des Wesentlichen vom Unwesentlichen, erleichtert durch eine gewisse, mehr oder weniger klar bewußte besondere Gedankeneinstellung, mit welcher er seine Untersuchungen einrichtet und die gewonnenen Erlebnisse betrachtet und deutet. Es geht ihm dann ähnlich wie einem Mathematiker, der einen neuen Satz findet und formuliert, ehe er noch imstande ist, ihn zu beweisen.[49]

Je ideenreicher und phantasiebegabter ein Denker ist, um so eindringlicher muß er sich stets vor Augen halten, daß die einzelnen Tatsachen das Fundament bilden, ohne welches Wissenschaft überhaupt nicht bestehen kann, und um so gewissenhafter muß er sich prüfen, ob er ihnen die gebührende Würdigung entgegenbringt.[50]

Die höchste Instanz ist doch schließlich das eigene Gewissen und die eigene Überzeugung – das gilt für Sie und wie für Einstein auch für jeden anderen Physiker – und vor aller Wissenschaft kommt zunächst der Glaube. Für mich ist es der Glaube an eine vollkommene Gesetzlichkeit in allem Geschehen.[51]

„Energie kann nicht verloren gehen." In dieser Form gilt [der Satz] auch heute noch in voller Strenge in der Physik.[52]

... ich möchte [...] einmal mehr von der psychologischen Seite die Überlegungen schildern, die mich seinerzeit zu der Aufstellung der Hypothese der Energiequanten geleitet haben. [...] Kurz zusammengefaßt kann ich die ganze Tat als einen Akt der Verzweiflung bezeichnen. Denn von Natur bin ich friedlich und bedenklichen Abenteuern abgeneigt. [...] Im Uebrigen war ich zu jedem Opfer an meinen physikalischen Überzeugungen bereit.[53]

---

[49] Ebenda, S. 284.

[50] Ebenda, S. 285.

[51] Brief von Max Planck an Niels Bohr vom 19. Oktober 1930. Nachgewiesen in der University of California, Office for History of Science and Technology, Archives for History of Quantum Physics, Berkeley. Zitiert nach John L. Heilbron: Max Planck. Ein Leben für die Wissenschaft 1858 – 1947. Mit einer Auswahl der allgemeinverständlichen Schriften von Max Planck. Stuttgart 1988, S. 150.

[52] Brief von Max Planck an seinen Neffen Max Schirmer vom 25. Februar 1931. Archiv der Max-Planck-Gesellschaft, Abt. Va, Rep. 11, Nr. 1031, Bl. 1.

[53] Brief von Max Planck an Robert Williams Wood vom 7. Oktober 1931. Nachgewiesen in den Sources for History of Quantum Physics, Mf. 66,5. Zitiert nach Armin Hermann: Frühgeschichte der Quantentheorie 1899–1913, Mosbach in Baden 1969, S. 31f.

In keinem einzigen Fall ist es möglich, ein physikalisches Ereignis genau vorauszusagen.[54]

Der Begriff der menschlichen Willensfreiheit hat nur den Sinn, daß der Mensch sich selbst innerlich frei fühlt, und ob das der Fall ist, kann nur er selber wissen.[55]

Wissenschaftliches Denken erfordert immer einen weiten Abstand und eine scharfe Trennung des denkenden Subjekts von dem gedachten Objekt, und dieser Abstand wird am besten gewährleistet durch die Annahme eines idealen Geistes, der nur als Subjekt, niemals als Objekt in Betracht kommen kann.[56]

Denn die Wissenschaft bedeutet nicht beschauliches Ausruhen im Besitz gewonnener sicherer Erkenntnis, sondern sie bedeutet rastlose Arbeit und stets vorwärtsschreitende Entwicklung, nach einem Ziel, daß wir wohl dichterisch zu ahnen, aber niemals verstandesmäßig voll zu erfassen vermögen.[57]

Ich selber habe in den achtziger und neunziger Jahren des vorigen Jahrhunderts am eigenen Leibe erfahren, wie einem Forscher zumute ist, der sich im Besitz einer sachlich überlegenen Idee weiß und der die Wahrnehmung macht, daß alle seine vorgebrachten guten Gründe nicht verfangen, da seine eigene Stimme zu schwach ist, um sich in der wissenschaftlichen Welt das nötige Gehör zu verschaffen. Gegen die Autorität von Männern wie Wilhelm Ostwald, Georg Helm, Ernst Mach war eben damals nicht aufzukommen.[58]

Es kommt weniger darauf an, was in der Schule gelernt wird, als darauf, wie gelernt wird. Ein einziger mathematischer Satz, der von einem Schüler wirklich verstanden wird, besitzt für ihn mehr Wert, als zehn Formeln, die er auswendig gelernt hat und die er auch vorschriftsmäßig anzuwenden weiß, ohne aber ihren eigentlichen Sinn zu ver-

[54] Max Planck: Die Kausalität in der Natur. Erweiterung der Guthrie-Lecture, vorgetragen am 17. Juni 1932 in der Physical Society of London. In: Max Planck: Wege zur physikalischen Erkenntnis. Reden und Vorträge. Leipzig 1933, S. 237.

[55] Ebenda, S. 257.

[56] Ebenda, S. 258.

[57] Ebenda, S. 259.

[58] Max Planck: Ursprung und Auswirkung wissenschaftlicher Ideen. Vortrag, gehalten am 17. Februar 1933 im Verein Deutscher Ingenieure, Berlin. Auszug in: Max Planck: Wege (wie Fußnote 54), S. 266.

stehen. Denn die Schule soll nicht fachmäßige Routine vermitteln, sondern folgerichtiges methodisches Denken.[59]

Und doch gibt es nichts Irreführenderes als den gedankenlosen Satz: Alles ist relativ.[60]

Würden wir eine neue wissenschaftliche Idee erst dann zulassen, wenn sie ihre Berechtigung schon endgültig erwiesen hat, ja würden wir auch nur verlangen, daß ihr von vornherein ein deutlich faßbarer Sinn innewohnt, so würden wir dem Fortschritt der Wissenschaft unter Umständen einen schweren Schaden zufügen. Denn wir dürfen nicht vergessen, daß oft gerade Ideen ohne deutlichen Sinn es waren, von denen die Wissenschaft die stärksten Antriebe zu ihrer Aufwärtsentwicklung empfangen hat.[61]

Es ist eine allgemeine Wahrheit, daß man, um Erfolg zu haben, wohl daran tut, die Ziele etwas höher zu stecken, als sie schließlich erreichbar sind.[62]

Die Ideen sind es, welche dem Forscher die Probleme stellen, welche ihn unablässig zur Arbeit treiben und welche ihm die Augen öffnen, um die gefundenen Resultate richtig zu deuten. Ohne Ideen wird die Forschung planlos, und die auf sie gewendete Energie verpufft ins Leere. Erst die Ideen machen den Experimentator zum Physiker, den Chronisten zum Historiker, den Handschriftenexperten zum Philologen.[63]

Solange unser deutsches Volk an der Arbeit ist, aber auch nur dann, brauchen wir trotz aller Nöte der Gegenwart an einer besseren Zukunft nicht zu zweifeln.[64]

Im Gegenteil: ein jeder, der einmal an einem wirklich neuen Problem der Wissenschaft gearbeitet hat, weiß aus eigener Erfahrung, daß es in der Regel nicht minder schwierig ist, ein Problem zu formulieren, als es zu lösen, ja, daß die genaue endgültige Formulierung oft erst zugleich mit der Lösung gefunden wird.[65]

---

59 Ebenda, S. 267.
60 Ebenda, S. 275f.
61 Ebenda, S. 277.
62 Ebenda.
63 Ebenda, S. 279f.
64 Ebenda, S. 280.
65 Max Planck: Wege (wie Fußnote 54), S. VIII.

Über die vielen Schwierigkeiten, mit denen jetzt die Wissenschaft, besonders die reine, zu kämpfen hat, kann man nur mündlich sprechen." [66]

Meine Maxime ist immer: jeden Schritt vorher überlegen, dann aber, wenn man ihn verantworten zu können glaubt, sich nichts gefallen zu lassen.[67]

Nicht in der Ruhe des Besitzes, sondern in der steten Vermehrung der Erkenntnis liegt die Befriedigung und das Glück des Forschers.[68]

Auch auf diesem Gebiete ist die Stellung der Physik stark und entschieden. Ihre wissenschaftliche Widerspruchslosigkeit enthält unmittelbar die ethische Forderung der Wahrhaftigkeit und der Ehrlichkeit, die gleichfalls für alle Kulturvölker und für alle Zeiten Geltung besitzt und daher den Rang der ersten und vornehmsten Tugend beanspruchen darf.[69]

Von der Wahrhaftigkeit unzertrennlich ist die Gerechtigkeit, die ja nichts weiter bedeutet, als die widerspruchsfreie praktische Durchführung der sittlichen Beurteilung von Gesinnungen und Handlungen. Wie die Naturgesetze ehern und folgerichtig wirken, im Großen nicht anders wie im Kleinen, so verlangt auch das Zusammenleben der Menschen gleiches Recht für alle, für Hoch und Niedrig, Vornehm und Gering. Wehe einem Gemeinwesen, wenn in ihm das Gefühl der Rechtssicherheit ins Wanken kommt, wenn bei Rechtsstreitigkeiten die Rücksicht auf Stellung und Herkunft eine Rolle spielt, wenn der Wehrlose sich nicht mehr von oben geschützt weiß vor dem Zugriff des mächtigeren Nachbars, wenn offenbare Rechtsbeugungen mit fadenscheinigen Nützlichkeitsgründen bemäntelt werden.[70]

Es ist eben in der Ethik genau wie in der Wissenschaft. Das Wesentliche ist nicht der stabile Besitz, sondern das Wesentliche ist der unaufhörliche, auf das ideale Ziel hin gerich-

---

[66] Brief von Max Planck an Max Born vom 12. Februar 1934. Archiv der Max-Planck-Gesellschaft, Abt. Va, Rep. 11, Nr. 2013, Bl. 1.

[67] Brief von Max Planck an Max v. Laue vom 22. März 1934. Archiv des Deutschen Museums in München, Nachlass M. v. Laue. Vgl. Dokument S. 154ff.

[68] Max Planck: Die Physik im Kampf um die Weltanschauung. Vortrag, gehalten am 6. März 1935 im Harnack-Haus, Berlin-Dahlem. Leipzig, 1935, S. 25.

[69] Ebenda, S. 29f.

[70] Ebenda, S. 30f.

tete Kampf, die tägliche und stündliche Erneuerung des Lebens, verbunden mit dem immer wieder von vorn beginnenden Ringen nach Verbesserung und Vervollkommnung.[71]

Bei jedem Erlebnis, bei jeder Untersuchung, bei jeder Gestaltung sucht Leibniz nach Zusammenhängen und Wechselbeziehungen, kein Stück Natur oder des Geisteslebens betrachtet er als von den anderen isoliert, alle stehen vielmehr miteinander in Übereinstimmung und Harmonie. Daher kann auch keines von ihnen ohne das andere in seiner vollen Gesetzlichkeit begriffen werden, in jeder einzelnen Monade spiegelt sich das ganze Universum. Dementsprechend gibt es auch nirgends in der Welt scharfe Trennungslinien, jede Grenze ist fließend, überall finden sich stetige Übergänge, ausnahmslos herrscht das Hauptprinzip der Kontinuität.[72]

Keine Wissenschaft, keine Selbsterkenntnis vermag uns restlos darüber aufzuklären, wie wir selber in einer bestimmten Lebenslage handeln werden.[73]

Nicht die auf verstandesmäßige Überlegungen sich stützende wissenschaftliche Erkenntnis, sondern der auf ethische Ziele hin gerichtete freie Wille ist es, der unseren Handlungen im Leben tatsächlich die Richtung weist.[74]

Man darf wohl sagen, daß es gegenwärtig keine noch so abstrakte Frage der menschlichen Kultur gibt, die nicht in irgendeiner Beziehung stände zu einem naturwissenschaftlich faßbaren Problem.[75]

Wer es also mit seinem Glauben wirklich ernst nimmt und es nicht ertragen kann, wenn dieser mit seinem Wissen in Widerspruch gerät, der steht vor der Gewissensfrage, ob er sich überhaupt noch ehrlich zu einer Religionsgemeinschaft zählen darf, welche in ihrem Bekenntnis den Glauben an Naturwunder einschließt.[76]

---

[71] Ebenda, S. 31f.

[72] Max Planck: Ansprache, gehalten in der öffentlichen Sitzung zur Feier des Leibnizschen Jahrestages am 27. Juni 1935. Wie Fußnote 2, S. 148f.

[73] Max Planck: Vom Wesen der Willensfreiheit. Vortrag, gehalten zuerst in der Deutschen Philosophischen Gesellschaft zu Berlin am 21. Februar 1936. Leipzig 1936, S. 21.

[74] Ebenda, S. 26.

[75] Max Planck: Religion und Naturwissenschaft. Vortrag gehalten im Baltikum (Mai 1937). Leipzig, 1938, S. 3f.

[76] Ebenda, S. 6.

Der tiefreligiöse Mensch, der seinen Glauben an Gott durch die Verehrung der ihm vertrauten Symbole betätigt, klebt gleichwohl nicht an den Symbolen fest, sondern hat Verständnis dafür, daß es auch andere ebenso religiöse Menschen geben kann, denen andere Symbole vertraut und heilig sind, ebenso wie irgendein bestimmter Begriff der nämliche bleibt, ob er durch dieses oder jenes Wort, in dieser oder jener Sprache ausgedrückt wird.[77]

Das Wunderbare [ist], daß in allen Vorgängen der Natur eine universale, uns bis zu einem gewissen Grad erkennbare Gesetzlichkeit herrscht.[78]

Unser nach einer einheitlichen Weltanschauung verlangender Erkenntnistrieb fordert es, die beiden überall wirksamen und doch geheimnisvollen Mächte, die Weltordnung der Naturwissenschaft und den Gott der Religion, miteinander zu identifizieren.[79]

Die Naturwissenschaft braucht der Mensch zum Erkennen, die Religion aber braucht er zum Handeln. Für das Erkennen bilden den einzigen festen Ausgangspunkt die Wahrnehmungen unserer Sinne; die Voraussetzung einer gesetzlichen Weltordnung dient hier nur als die Vorbedingung zur Formulierung fruchtbarer Fragestellungen. Für das Handeln ist aber dieser Weg nicht gangbar, weil wir mit unsern Willensentscheidungen nicht warten können, bis die Erkenntnis vollständig oder bis wir allwissend geworden sind.[80]

Religion und Naturwissenschaft – sie schließen sich nicht aus, wie manche heutzutage glauben oder fürchten, sondern sie ergänzen und bedingen einander. Wohl den unmittelbarsten Beweis für die Verträglichkeit von Religion und Naturwissenschaft auch bei gründlich-kritischer Betrachtung bildet die historische Tatsache, daß gerade die größten Naturforscher aller Zeiten, Männer wie Kepler, Newton, Leibniz von tiefer Religiosität durchdrungen waren.[81]

Es ist der stetig fortgesetzte, nie erlahmende Kampf gegen Skeptizismus und gegen Dogmatismus, gegen Unglaube und gegen Aberglaube, den Religion und Naturwissen-

77 Ebenda, S. 15.
78 Ebenda, S. 21f.
79 Ebenda, S. 29.
80 Ebenda, S. 30.
81 Ebenda, S. 31.

schaft gemeinsam führen, und das richtungweisende Losungswort in diesem Kampf lautet von jeher und in alle Zukunft: Hin zu Gott![82]

In jedem Falle sollten wir, wie ich meine, an der Grundvoraussetzung jeglicher wissenschaftlichen Forschung festhalten, daß alles Weltgeschehen unabhängig verläuft von den Menschen und ihren Meßwerkzeugen.[83]

In dem unermeßlichen Reich der Gedankenwelt nimmt die Natur nur einen ganz schmalen Bezirk ein.[84]

Schließlich noch ein Wort über die Relativitätstheorie. [...] Diese Theorie hat den Bau der theoretischen Physik so ungemein vervollkommnet und zugleich vereinfacht, daß sie aus ihm nicht mehr wegzudenken ist. Daß sie von jüdischer Seite ausgegangen ist, mag ja betrüblich erscheinen, ist aber nicht zu ändern. In jedem Falle ist der Versuch, ihre Bedeutung mit Rücksicht auf diesen Umstand herabzusetzen, abwegig und lächerlich.[85]

... wer es so weit gebracht hat, daß er sich über nichts mehr wundert, der zeigt damit nur, daß er es verlernt hat, gründlich nachzudenken.[86]

Denn je bewährter eine bestehende Theorie ist, um so empfindlicher und widersetzlicher zeigt sie sich gegenüber allen Abänderungsversuchen.[87]

Und in der Tat: der unermeßlich reichen, stets sich erneuernden Natur gegenüber wird der Mensch, soweit er auch in der wissenschaftlichen Erkenntnis fortgeschritten sein mag, immer das sich wundernde Kind bleiben und muß sich stets auf neue Überraschungen gefaßt machen.[88]

---

[82] Ebenda, S. 32.

[83] Max Planck: Determinismus oder Indeterminismus? In: Europäische Revue 14 (1938), S. 968.

[84] Ebenda, S. 969.

[85] Brief von Max Planck an Oberkirchenrat Arthur Neuberg vom 10. November 1939. Auszugsweiser Abdruck in: Rudolf F. Kallir: Autographensammler – lebenslänglich. Zürich 1977, S. 24f.

[86] Max Planck: Sinn und Grenzen der exakten Wissenschaft. Vortrag, gehalten zuerst im November 1941 im Goethe-Saal des Harnack-Hauses der Kaiser-Wilhelm-Gesellschaft zur Förderung der Wissenschaften zu Berlin. Leipzig 1942, S. 13.

[87] Ebenda, S. 27.

[88] Ebenda, S. 31f.

Denn ein rechtlicher Anspruch auf Glück, Erfolg und Wohlergehen im Leben ist niemandem von uns in die Wiege gelegt worden. Darum müssen wir eine jede freundliche Fügung des Schicksals, eine jede froh verlebte Stunde als ein unverdientes, ja als ein verpflichtendes Geschenk entgegennehmen. Das einzige, was wir mit Sicherheit als unser Eigentum beanspruchen dürfen, das höchste Gut, was uns keine Macht der Welt rauben kann, und was uns wie kein anderes auf die Dauer zu beglücken vermag, das ist eine reine Gesinnung, die ihren Ausdruck findet in gewissenhafter Pflichterfüllung. Und wem es vergönnt ist, an dem Aufbau der exakten Wissenschaft mitzuarbeiten, der wird mit unserem großen Dichter sein Genügen und sein innerliches Glück finden in dem Bewußtsein, das Erforschliche erforscht zu haben und das Unerforschliche ruhig zu verehren.[89]

Doch wenn man einmal in Berlin gelandet ist, kommt man hier schlecht weg; denn hier ist doch schließlich der Mittelpunkt aller geistigen Bewegungen in ganz Deutschland.[90]

Das Glück des Forschers besteht nicht darin, eine Wahrheit zu besitzen, sondern die Wahrheit zu erringen.[91]

Je älter man wird, umso mehr fühlt man die Verantwortung für das, was man spricht.[92]

Was mich in der Physik von jeher vor allem interessierte, waren die großen allgemeinen Gesetze, die für sämtliche Naturvorgänge Bedeutung besitzen, unabhängig von den Eigenschaften der an den Vorgängen beteiligten Körper und von den Vorstellungen, die man sich über ihre Struktur bildet.[93]

Die Welt steckt voller Probleme.[94]

---

[89] Ebenda, S. 33.

[90] Film „Geheimrat Max Planck" vom 5. Dezember 1942. Textabdruck in: Max Planck. Vorträge und Ausstellung zum 50. Todestag. Herausgegeben von der Max-Planck-Gesellschaft zur Förderung der Wissenschaften. München 1997, S. 92.

[91] Ebenda, S. 94.

[92] Ebenda.

[93] Max Planck: Zur Geschichte der Auffindung des physikalischen Wirkungsquantums. In: Die Naturwissenschaften 31 (1943), S. 153.

[94] Max Planck: Scheinprobleme der Wissenschaft. Vortrag, gehalten in Göttingen am 17. Juni 1946. In: Göttinger Universitäts-Zeitung. Herausgegeben von Dozenten und Studenten der Universität mit Genehmigung der Militär-Regierung, Nr. 15 vom 2. August 1946, S. 9.

Diese absoluten Werte in Wissenschaft und Ethik sind es, denen zuzustreben die eigentliche Aufgabe eines jeden geistig regsamen Menschen ausmacht, eine Aufgabe, die immer wieder in der einen oder anderen Form, entsprechend der jeweiligen Forderung des Tages, an ihn herantritt.[95]

... denn man lernt nur, indem man sich Fragen stellt.[96]

... daß ich selber seit jeher tief religiös veranlagt bin, daß ich aber nicht an einen persönlichen, geschweige denn an einen christlichen Gott glaube.[97]

Was mich zu meiner Wissenschaft führte und von Jugend auf für sie begeisterte, ist die durchaus nicht selbstverständliche Tatsache, daß unsere Denkgesetze übereinstimmen mit den Gesetzmäßigkeiten im Ablauf der Eindrücke, die wir von der Außenwelt empfangen, daß es also dem Menschen möglich ist, durch reines Denken Aufschlüsse über jene Gesetzmäßigkeiten zu gewinnen. Dabei ist von wesentlicher Bedeutung, daß die Außenwelt etwas von uns Unabhängiges, Absolutes darstellt, dem wir gegenüberstehen, und das Suchen nach den Gesetzen, die für dieses Absolute gelten, erschien mir als die schönste wissenschaftliche Lebensaufgabe.[98]

Eine neue wissenschaftliche Wahrheit pflegt sich nicht in der Weise durchzusetzen, daß ihre Gegner überzeugt werden und sich als belehrt erklären, sondern vielmehr dadurch, daß die Gegner allmählich aussterben und daß die heranwachsende Generation von vornherein mit der Wahrheit vertraut gemacht ist.[99]

Meine vergeblichen Versuche, das Wirkungsquantum irgendwie der klassischen Theorie einzugliedern, erstreckten sich auf eine Reihe von Jahren und kosteten mich viel Arbeit. Manche Fachgenossen haben darin eine Art Tragik erblickt. Ich bin darüber anderer Meinung. Denn für mich war der Gewinn, den ich durch solch gründliche Aufklärung davontrug, um so wertvoller.[100]

---

95 Ebenda, S. 11.

96 Max Planck: Persönliche Erinnerungen aus alten Zeiten. In: Die Naturwissenschaften 33 (1946), S. 231.

97 Brief von Max Planck an den Regensburger Dipl.-Ingenieur Wilhelm Kick vom 18. Juni 1947. Abdruck in: Friedrich Herneck: Wissenschaftsgeschichte. Vorträge und Abhandlungen. Berlin 1984, S. 89f.

98 Max Planck: Wissenschaftliche Selbstbiographie. Mit einem Bildnis und der von Max von Laue gehaltenen Traueransprache. Leipzig 1948, S. 7.

99 Ebenda, S. 22.

100 Ebenda, S. 30.

Pressestimmen

zusammengestellt von Bernd H o f f m a n n

Die folgende Auswahl zeitgenössischer Presseartikel zum Wirken Max Plancks stammt aus der umfangreichen Zeitungsausschnittssammlung des Archivs der Max-Planck-Gesellschaft. Sie dokumentiert die Geschichte der Kaiser-Wilhelm- /Max-Planck-Gesellschaft (Abteilung IX, Rep. 2) und ihrer Mitglieder (Abteilung IX, Rep. 1). Einzelne Zeitungsausschnitte ließen sich ferner aus den Akten der Generalverwaltung der Kaiser-Wilhelm-Gesellschaft (Abteilung I, Rep. 1A) und der Planck-Sammlung (Abteilung Va, Rep. 11) ergänzen.
Die Auswahl bezieht sich hauptsächlich auf die Jahre von 1930 bis 1937, in denen Planck Präsident der Kaiser-Wilhelm-Gesellschaft war. Die Presse berichtete über die Präsidentenwahlen, die jährlichen Hauptversammlungen, über Institutseinweihungen und andere öffentliche Veranstaltungen der Kaiser-Wilhelm-Gesellschaft, druckte aber auch Fachartikel aus Plancks Feder. Die Auswahl wird ergänzt durch einzelne Würdigungen Plancks anlässlich seiner Geburtstage und nach seinem Tode.

Der Unfug der Altersgrenze.

Eine verhängnisvolle Gesetzesbestimmung.

Raubbau am deutschen Hochschulwesen.

Soweit das deutsche Publikum die Vorgänge an unsern Hochschulen verfolgt, hat es sich in den letzten Jahren an die ständige Rubrik: „Von der Lehrverpflichtung wurden entbunden ..." gewöhnen müssen. Dennoch wird das Bedauern, ja Entsetzen darüber allgemein sein, daß zum 1. Oktober dieses Jahres wieder drei über Deutschlands Grenzen hinaus bekannte Gelehrte, Zierden der Berliner Universität, aus dem Amte scheiden müssen, obwohl sie noch vollkommen arbeitsfrisch sind. Es handelt sich um den Nobelpreisträger Professor Planck, einen der berühmtesten Physiker der Welt, und um die beiden hervorragenden Lehrer der inneren Medizin, die Professoren Kraus und Goldscheider. Niemand wird bestreiten wollen, daß man über innere Medizin und über theorethische Physik auch noch fruchtbringend mit 69 oder 70 Jahren dozieren könnte.

Professor Planck.

Es scheint uns überhaupt an der Zeit zu sein, hier einmal mit aller Schärfe gegen den groben Unfug anzugehen, der durch das Altersgrenzengesetz angerichtet worden ist. Man sehe nur einmal das Vorlesungsverzeichnis der Berliner oder einer beliebigen anderen Hochschule durch. Man wird finden, daß ein großer Teil gerade der berühmtesten Lehrer emeritiert ist, in Berlin zum Beispiel Harnack, Delbrück, Kahl, Eduard Meyer, Penck, Brandl, Sering, Rubner, Wilamowitz; von ihnen ist die große Mehrzahl noch körperlich und geistig durchaus auf der Höhe. Zahlreiche andere hervorragende Dozenten stehen kurz vor der Emeritierung. Es war ein schwerer Irrtum der preußischen Landesversammlung, anzunehmen, daß ein Gelehrter schon mit 68 Jahren senil sein müsse: das Forschergenie kennt keine Altersgrenze. Sehr viele Gelehrte haben sich frisch gehalten; sie sind mit 70 noch innerlich jung und glänzende Lehrer. In früheren Zeiten war jede Hochschule besonders stolz auf die berühmten Greise, die an ihr lehrten, und jeder Student pries sich glücklich, daß er noch zu ihren Füßen sitzen durfte. Durch die schematische Durchführung der Altersgrenze beraubt man die Jugend gerade der besten und erfahrensten Lehrkräfte. Ein Prinzip, das bei Weichenstellern und Kanzleisekretären seine Berechtigung haben mag, wirkt hier geradezu ruinös. Denn mit dem Augenblick der Emeritierung lesen die Professoren ja keine Pflichtkollegs mehr, halten z. T. keine Uebungen mehr ab, sind also — trotz aller gegenteiligen schönen Worte — kaltgestellt. Da ihnen aber ihr Gehalt weitergezahlt werden muß, so entsteht für den Staat eine Doppelbelastung: er muß gleichzeitig zwei Professoren für ein Fach bezahlen und erhält doch nur eine Leistung, wie wenn ein Professor da wäre. Der vielgepredigten Sparsamkeit schlägt also diese Gesetzesbestimmung ins Gesicht.

Das Schlimmste aber ist, daß der Gelehrtennachwuchs auf manchen Gebieten (freilich nicht auf allen) gar nicht so glänzend ist, daß wir uns den Luxus leisten könnten, überall neben den alten einen neuen Professor zu setzen. Schon für die Berliner Universität ist es jetzt nicht immer leicht, erste Kräfte aufzutreiben. An den Provinzuniversitäten gar gibt es oft endlose Vakanzen, weil selbst die „zweite Garnitur" vergriffen ist. Ueber die durch Krieg, Inflation usw. verursachte Niveausenkung bei der jungen Generation sei hier nicht im einzelnen gesprochen; die Tatsache als solche wird wohl kaum bestritten werden. Darum sollten wir uns glücklich preisen, wenn von der alten Generation sich noch dieser und jener das Feuer der Jugend bewahrt hat. Es muß ein Weg gefunden werden, um solche Männer im Amt zu erhalten und ihnen noch für ein paar Jahre die Weiterarbeit zu ermöglichen.

In Oesterreich beträgt die Altersgrenze bei Professoren 70 Jahre; diese Grenze wäre auch für Preußen und die anderen Länder das zunächst zu erstrebende Ziel.

Will man aber das Altersgrenzengesetz nicht ändern, so sollte das Kultusministerium andere Wege suchen, um dem immer gefährlicher werdenden Raubbau am deutschen Hochschulwesen ein Ende zu bereiten.

Dr. Felix Hirsch.

24.7.1926 – Nationalzeitung (IX. Abt., Rep. 1, Max Planck).

Der zukünftige Präsident der Kaiser-Wilhelm-Gesellschaft.

Aus einer Reihe von Veröffentlichungen der letzten Tage erfährt man, dass um die Nachfolge Harnacks im Präsidium der Kaiser-Wilhelm-Gesellschaft ein lebhafter Kampf entstanden ist, der bei der Bedeutung dieses Postens, aber auch mit Rücksicht auf die Begleitumstände des ganzen Streits auch für weitere Kreise nicht ohne Interesse ist. Man hatte seit Jahren in den beteiligten Kreisen als sicher angenommen, dass Nachfolger Harnacks einmal der preussische Kultusminister Becker werden würde. Zumal nach dem inzwischen erfolgten Rücktritt Beckers und den näheren Umständen, unter denen dieser Rücktritt geschah, galt es nach dem Ableben Harnacks als sicher, dass nunmehr Becker gewählt werden würde. Gegen seine Wahl scheinen indes mittlerweile sehr erhebliche Widerstände aufgetaucht zu sein. Wie man hört, haben sich massgebende Kreise innerhalb des Senats der Kaiser-Wilhelm-Gesellschaft, der für die Wahl des Präsidenten zuständig ist, auf den Physiker Professor Planck geeinigt. Gegen die Berufung dieses hochverdienten und in der ganzen Welt angesehenen Gelehrten auf den Präsidentenstuhl der Kaiser-Wilhelm-Gesellschaft ist selbstverständlich an sich nicht das Geringste einzuwenden. Aber es mehren sich die Anzeichen dafür, dass Becker seines politischen Standpunktes willen abgelehnt werde. Eine dankenswert offene Notiz im „Berliner Lokalanzeiger“ besagte, dass Becker einem grossen Teil der Senatsmitglieder als der „Exponent einer scharf betonten politischen Richtung“ gelte und als Minister „politisch zu stark engagiert“ gewesen sei. Damit wird die ganze Frage zu einer grundsätzlichen und bedeutsamen. Wenn es wirklich so ist, dass ein Minister, der jahrelang mit Entschiedenheit für die Republik sich eingesetzt hat, eben dieser Stellungnahme wegen vom Senat der Kaiser-Wilhelm-Gesellschaft abgelehnt wird, so wirft das ein merkwürdiges Licht auf die innere Struktur der Gesellschaft. Und der preussische Ministerpräsident verdient Anerkennung, wenn er, wie wir hören, sich solchen Tendenzen gegenüber mit Entschiedenheit für die Berufung Beckers an die Spitze der Kaiser-Wilhelm-Gesellschaft eingesetzt hat. Der Senat besteht aus 43 Mitgliedern, von denen je 10 von Reich und Preussen benannt sind. Reich und Preussen haben ihre Senatoren völlig neutral unter den Freunden und den Gegnern der Regierungspolitik ausgewählt, so dass beide Regierungen im Senat nicht „vertreten“ sind. Um so notwendiger ist es, dass die Gesellschaft in diesem entscheidenden Augenblick von sich aus eine reibungslose Zusammenarbeit zwischen ihrem Präsidium und den Regierungen sichert und bei der Wahl des Präsidenten ebenso wenig von politischer Voreingenommenheit sich bestimmen lässt, wie die Regierungen sich bei der Ernennung der Senatoren von solchen Neigungen und Abneigungen haben leiten lassen.

15.7.1930 – Berliner Tageblatt (I. Abt., Rep. 1A, Nr. 55/3, Bl. 96).

Wer wird Harnacks Nachfolger?

Ein Kampf hinter den Kulissen.

Man schreibt uns:

Die „Kaiser-Wilhelm-Gesellschaft zur Förderung der Wissenschaften" ist eine Stiftung, die von reichen Industriellen im Jahre 1911 dem früheren Kaiser gemacht und seitdem ständig vergrößert wurde. Die Gesellschaft sollte vor allem die Naturwissenschaften pflegen. Bis 1914 bestanden sieben wissenschaftliche Institute, acht wurden während des Krieges geschaffen. Die übrigen achtzehn entstanden nach dem Kriege. Die Stiftung verlor durch Krieg und Inflation ihr Vermögen. Seitdem

bestreiten Reich und Länder den Hauptteil der Ausgaben.

Der Rest wird durch Beiträge öffentlicher Körperschaften, der Privatwirtschaft usw. aufgebracht. Dennoch haben die Regierungen in den elf Jahren der Nachkriegszeit sich jeden Einflusses auf die nicht immer unpolitische Verwaltung der Gesellschaft enthalten. Von 43 Senatoren sind nur 20 vom Reich und Preußen ernannt worden, aber diese Minderheit sind nicht etwa Vertreter der Regierungen, aus deren Mitteln die größere Hälfte des Millionetats der Gesellschaft bestritten wird. Die Industrie ist in dieser Beziehung robuster. Seit Jahren versucht man in republikanischen Kreisen, den Namen der Gesellschaft zu ändern. Mit fast unbegreiflichem Langmut sahen die Regierungen, die republikanischen Abgeordneten, die dem Senat angehören, und die zahlreichen öffentlichen Körperschaften, auf deren Mitarbeit die Gesellschaft entscheidendes Gewicht legt, daß nicht nur der Name der Gesellschaft unverändert blieb, obwohl Reich und Preußen für die Gesellschaft mehr getan haben als der frühere Kaiser, sondern daß auch alle neuen naturwissenschaftlichen Institute, die nach dem Kriege entstanden, den Namen „Kaiser-Wilhelm-Institut" bekamen, obwohl sie mit Wilhelm nicht das geringste zu tun haben. Man sucht auf die republikanischen Kreise dadurch einzuwirken, daß man die Zurückziehung aller Beiträge aus der Privatwirtschaft androht, wenn der Name geändert wird.

Die Verwaltung der Kaiser-Wilhelm-Gesellschaft steht durchaus [illegible]s. Um so entscheidender ist die Lösung der Frage, wer der Nachfolger des verstorbenen Präsidenten der Gesellschaft, des Professors von Harnack, werden soll. Eine Korrespondenz berichtet, daß die preußische Regierung dem Senat der Gesellschaft vorgeschlagen habe, den früheren Kultusminister Professor Dr. Becker zum Präsidenten zu wählen. Einige Zeitungen schließen daran die Bemerkung, daß die Gesellschaft eine solche Politisierung ablehnen müsse. Wieso Politisierung? Weil die preußische Regierung einen im In- und Auslande anerkannten Gelehrten vorschlägt, der sich zweifellos um Wissenschaft und Universitäten (gewiß nicht politische, aber kulturelle) Verdienste erworben hat? Das soll der Versuch einer Politisierung sein?

Die Gründe für den Widerstand gegen die Kandidatur Becker liegen tiefer. Die Hugenberg-Presse berichtet, daß man in der Kaiser-Wilhelm-Gesellschaft als aussichtsreichsten Kandidaten den Berliner Physiker Planck, ferner als aussichtsvoll den Wiener Botaniker Wettstein und den Großindustriellen Dr. Krupp von Bohlen ansehe. Es handelt sich um nichts anderes, als um den Versuch,

die Herrschaft der ältesten Generation aufrechtzuerhalten,

die das wissenschaftliche Leben Deutschlands immer noch regiert. Auch in der „Notgemeinschaft der deutschen Wissenschaft" und der „Kaiser-Wilhelm-Gesellschaft" sind dieselben Siebzigjährigen wie an den Universitäten maßgebend (unter unverständlicher Duldung der jüngeren Generation und der öffentlichen Körperschaften); von ihnen ist der gesamte Nachwuchs abhängig. Diese alten Professoren und Politiker, deren Verdienste um Wissenschaft und Staat ebenso unbestreitbar sind wie ihre jetzige, durch Alter und Lebensferne bedingte Einseitigkeit, werden von jüngeren Leuten aus politischen und persönlichen Gründen als Aushängeschild benutzt, weil man ohne weiteres annimmt, daß der berühmte Name im Notfall Schutz sein wird. Im vorliegenden Falle ist es natürlich ein Skandal, daß die Verwaltung der Gesellschaft es wagt, einen alten zweiundsiebzigjährigen Mann, wie den verdienstvollen Professor Planck, zum Präsidenten vorzuschlagen, während die Größe der Verwaltung und die besonderen Umstände der Gesellschaft eine elastische und starke Persönlichkeit gebieterisch fordern.

Dazu kommt folgendes: vor geraumer Zeit behauptete eine Kleine Anfrage der demokratischen Landtagsfraktion, daß die Verwaltung der Gesellschaft nicht in Ordnung sei. Seltsamerweise ist die Kleine Anfrage bis heute nicht beantwortet. Becker scheint daraufhin während seiner Ministerschaft den Versuch gemacht zu haben,

die notwendige Staatsaufsicht über die Verwaltung der Gesellschaft auszuüben.

Daß er dabei auf den erbitterten Widerstand derjenigen stieß, die an der Publizität ihrer Verwaltung kein Interesse haben, ist nur zu verständlich. Aus diesem Widerstand erklärt sich wohl die Gegnerschaft gegen den pensionierten Minister.

Planck ist alt und wird sich um die Einzelheiten der Verwaltung nicht sehr kümmern können. Krupp sitzt in Essen, Professor Wettstein in Wien. Es ist also dafür gesorgt, daß, wenn einer dieser Kandidaten gewählt wird, der neue Präsident kein Hindernis für die Verwaltung ist. Man darf mit Spannung abwarten, wie sich die Dinge bei der Kaiser-Wilhelm-Gesellschaft weiter entwickeln werden — von der Wahl des Präsidenten wird es abhängen, wie sich in Zukunft die öffentlichen Körperschaften zu der Gesellschaft stellen werden.

16.7.1930 – Vorwärts, Abend-Ausgabe (I. Abt., Rep. 1A, Nr. 55/3, Bl. 98).

„Stillstand der Wissenschaft macht Wiederaufbau unmöglich!"

Harnacks Nachfolger Planck spricht hier über die Zukunft unserer Forschung.

Vor einigen Tagen wurde der weltberühmte Schöpfer der Quantentheorie, Geheimrat Professor Dr. Max Planck, der als Nobel-Preisträger, ständiger Sekretär der Preußischen Akademie der Wissenschaften und Mitglied zahlreicher ausländischer wissenschaftlicher Körperschaften ein berufener Repräsentant deutscher Wissenschaft ist, vom Senat der Kaiser-Wilhelm-Gesellschaft zur Förderung der Wissenschaften einstimmig zum Präsidenten gewählt. Er trat damit das große Erbe des jüngst verstorbenen Gründers und bisherigen Präsidenten der Kaiser-Wilhelm-Gesellschaft, Adolf von Harnack, an. Seine Amtsübernahme ist zweifellos ein solches Ereignis im deutschen wissenschaftlichen Leben, daß auch die weiteste Oeffentlichkeit Anspruch darauf hat, zu erfahren, wie sich Geheimrat Planck die Entwicklung der Kaiser-Wilhelm-Gesellschaft und zugleich der deutschen Forschung vorstellt. Wir hatten Gelegenheit, dem Präsidenten der Kaiser-Wilhelm-Gesellschaft Fragen vorzulegen, die sich auf die Zukunft seiner Gesellschaft beziehen, und die darüber hinaus auch seine Einstellung zu wichtigen wissenschaftlichen Problemen berühren.

Geheimrat Max Planck.

Das Erbe Harnacks.

„Die Kaiser-Wilhelm-Gesellschaft zur Förderung der Wissenschaften ist eine Schöpfung ihres dahingrgangenen unvergeßlichen Präsidenten Adolf von Harnack. Wenn ich die Zuversicht hege, an seiner Stelle das Notwendige im Interesse der Gesellschaft und der deutschen Forschung überhaupt zu leisten, so liegt das nicht zuletzt daran, daß Adolf von Harnack selbst eine Institution ins Leben rief, die vom Kommen und Gehen der einzelnen Personen unabhängig gedeiht.

Adolf von Harnack kam von den Geisteswissenschaften, besaß jedoch einen universellen Blick und ein Gefühl für Wert und Bedeutung naturwissenschaftlicher Forschungsarbeit. Statutengemäß war sogar die Kaiser-Wilhelm-Gesellschaft vorwiegend zur Förderung naturwissenschaftlicher Forschung gegründet. Erst später ging sie intensiver zur Errichtung auch geisteswissenschaftlicher Forschungsstätten über. Ich als Naturwissenschaftlire fühle mich verpflichtet, ausdrücklich zu betonen, daß ich in der Vernachlässigung der Geisteswissenschaften einen für die Wissenschaft als Ganzes unheilvollen Fehler erblicken würde. Geistes- und Naturwissenschaften sind miteinander eng verbunden; die Verkümmerung der einen würde nur die anderen schädigen.

Schon bevor die gegenwärtige wirtschaftliche Notwelle über uns hereinbrach, hat die Kaiser-Wilhelm-Gesellschaft beschlossen, auf den Bau weiterer Institute vorläufig zu verzichten. Wenn dennoch zwei neue Forschungsinstitute im Entstehen begriffen sind, so liegt das daran, daß die Kaiser-Wilhelm-Gesellschaft von der Rockefeller Foundation 2 700 000 Mark zur Errichtung eines Institutes für zellphysiologische Forschung und eines Institutes für physikalische Forschung erhielt. Beide werden in Dahlem erbaut; dem zellphysiologischen Institut soll bekanntlich Professor Warburg, der durch seine Arbeiten zur Ergründung des Stoffwechsels der Krebszelle Weltberühmtheit erlangte, vorstehen, dem physikalischen Institut der Nobel-Preisträger Professor Max von Laue."

von Kapital zu wissenschaftlichen Zwecken eine äußerst lohnende Geldanlage ist, eilt doch die Wissenschaft in mannigfachster Hinsicht Wirtschaft und Technik zur Hilfe. Wir leben in einem wissenschaftlichen Zeitalter, und Stillstand der Wissenschaft hemmt wirtschaftlichen Aufstieg oder macht den wirtschaftlichen Wiederaufbau unmöglich."

Krise der Wissenschaft?

„Wissenschaft und Forschung dienen nicht nur praktischen Zwecken, sondern gehen in das Kulturbewußtsein einer Zeit ein und sind kulturbildend. Heute wird viel von der Krise der Wissenschaft gesprochen, noch mehr über die Krise jener Einzelwissenschaft, in der ich selbst arbeite, der Physik. Ich bin zuversichtlich und glaube, daß diese Krisen teils Scheinkrisen sind, teils überwindbare Schwierigkeiten. In der Physik hat die Quantentheorie, ebenso die Relativitätstheorie, eine Fülle neuer Gesichtspunkte gezeitigt. Es wäre ein Fehler, sie gleich weltanschaulich auszuwerten. Sicher ist es aber, daß sie bedeutend und schwierig genug sind, um sie erkenntnistheoretisch-philosophisch zu durchdringen und zu klären. Wie denn überhaupt die Physik (und jede Naturwissenschaft) des Beistandes erkenntnistheortischer Forschung bedarf. Denkt man die Gegenwartsprobleme zu Ende, so nehme ich meinerseits an, daß es z. B. nicht notwendig sein wird, die Gültigkeit des Kausalgesetzes für jene Erscheinungen, die den Gegenstand der Gegenwartsphysik ausmachen, zu bezweifeln. Mit der Ursachenforschung wird man in der Physik voraussichtlich immer weiterkommen als mit anderen Methoden.

In neuester Zeit ist von philosophischer Seite wieder die Frage aufgeworfen worden, ob denn die Physik nicht von Anfang an sich auf einem Holzwege befände. Geht sie doch auf die Erfassung von Vorgängen aus, die jenseits der von unseren Sinnen wahrnehmbaren Erscheinungen liegen, und bearbeitet damit eine Welt, die uns nichts angehe. Es sind dies Argumente, die am tiefsten und schönsten von Goethe gegen Newton in seiner Farbenlehre ausgesprochen wurden. Meines Erachtens ist aber eine solche Abtrennung einer nur das Subjektive, d. h. nur das sinnlich Wahrnehmbare gelten lassenden Physik eine ebensolche Willkür, wie die Behauptung, das wahrhaft Wirkliche fange erst dort an, wo es mit der Wahrnehmbarkeit zu Ende sei. Die Wissenschaft muß beiden gerecht werden. Ihr Ziel ist, allen Erscheinungen unter jeglichen Gesichtspunkten gedanklich zu beherrschen. Erreichen wird sie freilich dieses Ziel nie; doch danach zu streben bleibt ihre Pflicht. Sie wird dabei auf die Hilfe der Philosophie nicht verzichten können, hat doch diese bei der Gestaltung des Weltbildes ein gewichtiges Wort mitzureden. Zumal die Welt sich nicht in eine rational-rechnerische Formel auflösen läßt und ein irrationaler Rest immer bleiben wird."

Dr. Podach.

[Fortsetzung S. 316]

24.7.1930 – 8-Uhr-Abendblatt (I. Abt., Rep. 1A, Nr. 771/3, Bl. 385).

Die Internationale der Forschung.

„Gemäß dem Ausspruche Adolf von Harnacks, daß jede Bildung national, Wissenschaft jedoch international sei, unterhält die Gesellschaft bzw. unterhalten die in ihrem Verbande arbeitenden Forscher mit der ausländischen Wissenschaft und Forschung gute und enge Beziehungen. Unmittelbar beteiligt ist die Kaiser-Wilhelm-Gesellschaft an der Erhaltung einiger Forschungsinstitute auf österreichischem Boden. Der Wunsch, führende Persönlichkeiten des wissenschaftlichen Lebens Oesterreichs an gemäßer Stelle zu organisatorischen Arbeiten für die Gesellschaft heranzuziehen, kam zuletzt in der Wahl des Vizepräsidenten der Wiener Akademie der Wissenschaften, Professor Wettstein, zum Senator zum Ausdruck. Außerdem unterhält die Kaiser-Wilhelm-Gesellschaft ein großes kunsthistorisches Institut in Rom und noch eine zweite (naturwissenschaftliche) Forschungsanstalt in Italien. Es ist dies die Zoologische Station in Rovigno. Sie war von der italienischen Regierung beschlagnahmt worden und wird jetzt auf Grund eines Abkommens von der Kaiser-Wilhelm-Gesellschaft und einer entsprechenden italienischen Organisation (Commitato talasso grafico) gemeinsam verwaltet werden. Zur Herstellung weiterer Auslandsbeziehungen von Dauer scheint mir das Beste, wenn man den einzelnen Forscher- und Gelehrtenorganisationen freie Hand läßt und die Wirtschaftspolitik von der großen Politik unabhängig macht. Dann werden sich Forscher verschiedener Länder zur Bearbeitung einzelner Probleme zusammenfinden, und auch manche permanente internationale Wissenschaftsorganisationen werden neben den bereits bestehenden entstehen. Wohl bleibt eine „Weltakademie", eine Landesgrenzen nicht kennende Gelehrtenrepublik das Ideal, ein Ideal, zu dem ich mich auch bekenne. Doch läßt sich so etwas nicht einfach dekretieren, es würde nur ein utopisch leeres Gebilde entstehen, ohne Inhalt und Lebenskraft. Dagegen ist es sicher, daß, wenn sich immer mehr Forscher und Körperschaften der verschiedenen Länder freiwillig zusammenfinden, daraus auch organisch eine Weltakademie in irgendeiner Form erwachsen wird."

Sparsamkeit am rechten Ort!

„Die gegenwärtige Wirtschaftsnot in Deutschland zwingt Reich und Staat zu Einsparungen. Daß davon auch die Kaiser-Wilhelm-Gesellschaft betroffen werden soll, ist mir unbekannt und wenig glaubhaft. Sind doch die kulturellen Ausgaben überhaupt in den letzten Jahren so eingeschränkt worden, daß jede weitere Sperrung von Mitteln zum Ruin führen würde. Was nun die Kaiser-Wilhelm-Gesellschaft insonderheit angeht, solle man nicht vergessen, daß, wo es um Unterhaltung von Instituten geht, schon die Streichung von einigen wenigen Prozenten Stillstand und Rückgang bedeutet. Die Gebäude und vor allem die kostspieligen Apparate müssen instandgehalten werden; dazu gehört ausreichendes Personal Dieses kann man nicht reduzieren; sonst verfällt das Ganze. Streicht man aber jenes wenige Plus, das eben zur Erhaltung der Kontinuität der Forschung notwendig ist, so veralten und entwerten sich die Apparate und Einrichtungen, was einen nicht wieder gutzumachenden Schaden bedeutet. Auch stehe ich auf dem Standpunkt, daß die Unterstützung der Forschung, die Investierung

[Fortsetzung S. 315]

Förderung der Wissenschaften.

Zur Hauptversammlung der Kaiser-Wilhelm-Gesellschaft in Frankfurt a. M.

Von **Max Planck,**
Präsident der Gesellschaft

Die Kaiser-Wilhelm-Gesellschaft zur Förderung der Wissenschaften rüstet sich zur Abhaltung ihrer 21. ordentlichen Hauptversammlung, welche am 30. Mai im großen Saal des Palmengartens eröffnet werden wird. Die Gesellschaft ist der gastlichen Einladung der Stadt Frankfurt, die diesjährige Tagung dem weiten Rahmen der Goethe-Gedächtnisfeiern einzufügen, um so lieber gefolgt, als ihr dadurch zugleich Gelegenheit geboten ist, ihr Bekenntnis zu dem einzigartigen Geist in dem sich alles Große und Edle der deutschen Kulturwelt widerspiegelt, auch durch ein äußeres Zeichen zu bekunden.

Da die Teilnahme an der Hauptversammlung einem jeden freisteht, der an den Aufgaben der Gesellschaft Interesse nimmt, so empfiehlt es sich, deren Wesen und Bedeutung hier mit einigen Worten zu beleuchten.

Die Kaiser-Wilhelm-Gesellschaft ist ein eigenartiges Gebilde, dem sich keine andere Einrichtung im In- und Auslande direkt vergleichen läßt. Sie ist weder eine rein wissenschaftliche Gesellschaft noch ein Interessenverband, weder ein geselliger Verein noch eine staatliche Behörde, aber sie ist gleichzeitig ein Stück von jeder einzelnen dieser Institutionen. Ihre Gründung, auf die Initiative Kaiser Wilhelms II. und unter der Führung Adolf von Harnacks, erfolgte wesentlich unter dem Gesichtspunkt, durch Einrichtung besonderer freier Forschungsstätten eine als notwendig erkannte Ergänzung zu schaffen zu den bestehenden Reichs- und Staatsanstalten, welche wissenschaftlichen Zwecken dienen, welche aber sich entweder wie die Akademien auf die reine Wissenschaft beschränken, oder, wie die Reichsanstalten und die Hochschulen, durch Aufgaben besonderer Art, sei es der Technik, sei es des Unterrichts, in immer steigendem Maße in Anspruch genommen werden. Dementsprechend war die Kaiser-Wilhelm-Gesellschaft ursprünglich vollständig selbständig gestellt und durch das verständnisvolle und opferwillige Zusammenwirken einer Reihe von angesehenen Persönlichkeiten aus allen Schichten des Wirtschaftslebens, welche die immer steigende Bedeutung der wissenschaftlichen Forschung für die Praxis erkannten und welche auch heute noch das Rückgrat der Gesellschaft bilden, mit reichen Mitteln ausgestattet worden. Aber Krieg und Inflation taten das ihre, und die Gesellschaft wäre, trotz der auch ihr zum Segen gewordenen Einrichtung der Notgemeinschaft der deutschen Wissenschaft, dem sicheren Verfall geweiht gewesen, wenn nicht im entscheidenden Augenblick Reich und Staat mit helfender Hand eingegriffen hätten.

Wenn so die Gesellschaft durch die Beteiligung der öffentlichen Hand an ihrer Verwaltung ein Stück ihrer früheren

Alle geschilderten Einrichtungen und Bestimmungen würden im besten Falle ein schönes Programm bleiben, wenn es nicht Persönlichkeiten gäbe, welche es verstehen, dem geschaffenen Organismus wirkliches Leben einzuflößen und die vorgesehenen Pläne in die Tat umzusetzen. Glücklicherweise zeigt uns der Blick auf das in der deutschen Wissenschaft pulsierende Leben, daß wir wenigstens bis heute noch Forscher besitzen, die mit ihren wissenschaftlichen Ideen und durch ihre zielbewußte zähe Arbeit führend in der Welt vorangehen. Diese Männer und ihr ihnen nachstrebender Nachwuchs sind ein Stolz und eine Hoffnung der Nation. Ihre Arbeit anzuerkennen ist heilige Pflicht eines jeden, der etwas über den Tag hinaus an die Zukunft unseres Volkes denken mag. Die deutsche Wissenschaft bildet, nicht minder vom wirtschaftlichen wie vom ethischen Standpunkt aus gesehen, ein Kapital, das der allgemeinen Entwertung bisher standgehalten hat und das unter keinen Umständen verkümmern darf, wenn wir an eine Ueberwindung der gegenwärtigen schweren Krise glauben wollen.

Daß die Direktoren und die wissenschaftlichen Mitarbeiter der Kaiser-Wilhelm-Gesellschaft mit zu diesen wissenschaftlichen Führern gehören, darf man ohne Ueberhebung behaupten. Beweis dafür sind die hervorragenden wissenschaftlichen Leistungen bis hinein in die neueste Zeit. Aeußere Zeichen dafür sind die häufigen Ehrungen durch Berufungen, Einladungen, Preiserteilungen von hervorragender Seite. So sind z. B. gegenwärtig nicht weniger als acht wissenschaftliche Mitglieder der Gesellschaft Träger des Stockholmer Nobelpreises. Eine Reihe von Kaiser-Wilhelm-Instituten ist auch vorbildlich geworden für die Errichtung von gleichartigen Instituten im Auslande.

Dank der den Direktoren zustehenden verhältnismäßig großen Bewegungsfreiheit ist es auch möglich geworden, den scharfen Sparmaßnahmen, welche der Gesellschaft in der letzten Zeit auferlegt wurden, durch geeignete Einschränkungen der Arbeiten, die naturgemäß bei den verschiedenen Instituten in ganz verschiedener Weise vorgenommen wurden, gerecht zu werden, ohne daß wenigstens bisher ein einziges Institut aus Mangel an Mitteln gänzlich geschlossen werden werden mußte. Immerhin darf der Ernst der Lage gerade bei Gelegenheit der Hauptversammlung nicht verschwiegen werden. Möge sich bald wieder der lang ersehnte Ausblick auf eine Besserung der allgemeinen Verhältnisse eröffnen, und möge die bevorstehende Hauptversammlung nicht nur die Mitglieder der Gesellschaft enger zusammenschließen, sondern auch ihr neue Freunde gewinnen helfen zum Segen der deutschen Wissenschaft und ihrer Arbeit für unser Vaterland.

[Fortsetzung S. 318]

29.5.1932 – Frankfurter Zeitung (IX. Abt., Rep. 2, Kaiser-Wilhelm-Gesellschaft).

Selbständigkeit eingebüßt hat, so empfindet sie dafür auf der anderen Seite dankbar die starke Stütze, welche ihr in den gegenwärtigen schwankenden Zeitläuften die Anlehnung an die Autorität der Behörden gewährt. Freilich ist sie sich auch wohl bewußt, daß sie die von öffentlicher Seite gemachten Aufwendungen in reichlichem Maße vergilt. Denn ohne die Schaffung der Mittel für ein zeitgemäßes Fortschreiten der freien wissenschaftlichen Forschung kann, wie schon oft an eindringlichen Beispielen gezeigt worden ist, weder die Technik noch der Unterricht auf die Dauer gedeihen.

In der Tat greifen die Aufgaben der Kaiser-Wilhelm-Forschungsinstitute zum Teil weit über diejenigen der wissenschaftlichen Anstalten von Reich und Staat hinaus. Wohl bestehen mit ihnen enge sachliche und persönliche Beziehungen, die im beiderseitigen Interesse sorglich gepflegt werden. Aber was in den mehr als dreißig großen und kleinen Kaiser-Wilhelm-Instituten, deren Arbeiten sich auf die verschiedensten Gebiete der Natur- und der Geisteswissenschaften erstrecken, zur wissenschaftlichen Behandlung kommt, sind vorzugsweise gerade solche Probleme, welche noch zu wenig ausgereift sind, um sich für die technische oder schulmäßige Verwertung zu eignen, und welche andererseits doch unbedingt systematisch in Angriff genommen werden müssen, wenn die Entwicklung der Wissenschaft in lebendigem Fluß erhalten werden soll.

Auf die richtige Auswahl solcher speziellen Probleme kommt alles an, und da dies nur durch den sachverständigen Fachmann erfolgen kann, so beruhen die Leistungen eines jeden Kaiser-Wilhelm-Instituts im Grunde auf der P e r s ö n l i c h k e i t s e i n e s D i r e k t o r s. Der Direktor ist die Seele des Instituts, er schaltet im Rahmen der allgemeinen satzungsmäßigen Bestimmungen und des ihm zur Verfügung stehenden Etats als Herr im Hause, er bestimmt die Aufgaben, die in Angriff zu nehmen sind und die Methoden, nach denen sie bearbeitet werden, er trägt die Verantwortung für das in dem Institut Geleistete und erstattet Bericht darüber in der ihm geeignet erscheinenden Weise. Mit dem Abgang des Direktors verliert das Institut seine feste Bestimmung, es kann, was bei einem Staatsinstitut undenkbar wäre, ohne weiteres einem anderen Zweck zugeführt oder auch gänzlich geschlossen und durch ein neues Institut ersetzt werden, je nach den gerade vorhandenen Bedürfnissen und Möglichkeiten.

Und damit kommen wir zu dem entscheidenden Punkte, an welchem die Bedeutung und das Schwergewicht des Ansehens der Kaiser-Wilhelm-Gesellschaft und ihrer Institute hängt.

[Fortsetzung S. 317]

Festtag in der Kaiser-Wilhelm-Gesellschaft.

Daß man auch in unserer Notzeit einmal fröhlich sein kann, und daß es bei gutem Willen möglich ist, schaffenden Menschen durch Anerkennung ihrer täglichen, sicherlich nicht immer leichten, Arbeit Freude zu bereiten, das bewies eine Feststunde, die der Präsident der Kaiser-Wilhelm-Gesellschaft zur Förderung der Wissenschaften langjährigen Angestellten der Dahlemer Forschungsinstitute bereitete. Nicht an der Stätte ihrer Arbeit in Dahlem, sondern in den historisch schönen Räumen der Generalverwaltung im Berliner Schloß wurde diese Stunde gefeiert.

Fünfzehn Angestellte, die auf eine mindestens zehnjährige Dienstzeit zurückblicken konnten, waren es, denen der ehrwürdige Präsident der Gesellschaft, Max Planck, geschmückt mit der goldenen Präsidentenkette, warme Worte des Dankes für treue Dienste widmete, Worte des Dankes, aber auch Worte ernster Mahnung, gerade in dieser Zeit sittlichen Verfalls und ethischer Ungebundenheit eingedenk zu sein, daß Anerkennung verpflichte, sich treu seiner Arbeit hinzugeben, sich verbunden zu fühlen mit der großen Sache, für die man letzten Endes, jeder an seiner Stelle, zu wirken habe. Die Arbeit des kleinen und kleinsten Angestellten, wenn sie treu und zuverlässig geleistet werde, könne mehr wert sein, als pflichtlose Erfüllung der Aufgaben eines an hervorragender Stelle stehenden Leiters.

Nach solchen Worten vornehmster menschlicher Pflichtauffassung überreichte der Präsident jedem der Angestellten das Verdienstabzeichen der Gesellschaft, eine kleine Bronzemedaille, welche die Gestalt der Minerva, des Wahrzeichens der Gesellschaft, trägt. Auch die Direktoren der Institute, deren Angehörige ausgezeichnet wurden, hatten es sich trotz drängender Arbeit nicht nehmen lassen, persönlich anwesend zu sein. Die Professoren Correns, Oswald Bauer, Hahn, Neuberg und Vogt freuten sich der Anerkennung ihrer Angestellten, und es war ein hübsches Bild, die Gestalten der gereiften Gelehrten in herzlicher Verbundenheit mit ihren Angestellten zu sehen. Noch ein Blumengruß, der jedem mit auf den Weg gegeben wurde, umrahmte diese festliche Stunde, die allen Beteiligten Kraft zu neuer, freudiger Arbeit im Dienste der Gesellschaft gegeben hat. Ein schönes Zeichen in unserer Zeit sozialer Zerrissenheit von gemeinsamer Arbeit zum Wohle eines Ganzen!

Die Namen der Angestellten, denen bei dieser Gelegenheit das Verdienstabzeichen in Anerkennung mehrjähriger verdienstvoller Tätigkeit überreicht werden konnte, sind folgende: Kaiser-Wilhelm-Institut für Biologie: Oberpräparator Aigner, Sekretärin Gesch, Laborant Marquardt, Garteninspektor Jenke, Hausverwalterin Hille; Kaiser-Wilhelm-Institut für Biochemie: Laboratoriumsgehilfen Malkowski und Klatt; Kaiser-Wilhelm-Institut für Hirnforschung (Berlin-Buch): Sekretärin Noack; Kaiser-Wilhelm-Institut für Chemie: Hausmeister Burmeister, Sekretärin Müller, Maschinenmeister Veit; Kaiser-Wilhelm-Institut für physikalische Chemie und Elektrochemie: Hausverwalter Kühn, Sekretärin Cracauer, Feinmechanikermeister Luetge; Kaiser-Wilhelm-Institut für Metallforschung: Bürovorsteher Kempert. — Einer Reihe von Angestellten der außerhalb Berlins, ja sogar in Oesterreich und Italien liegenden Forschungsinstitute, waren die Abzeichen im Namen des Präsidenten durch die Direktoren der Institute schon vor einigen Tagen überreicht worden. M. R.

Konditorei Strahl.

Juni 1932 – Dahlemer Nachrichten (I. Abt., Rep. 1A, Nr. 776/2, nach Bl. 205).

Deutsche Wissenschaft.

Zur Jahresversammlung der Kaiser-Wilhelm-Gesellschaft zur Förderung der Wissenschaften.

Von

Max Planck,

Präsident der Kaiser-Wilhelm-Gesellschaft.

Gestern ist die Kaiser-Wilhelm-Gesellschaft zur Fördernug der Wissenschaften im Harnackhaus zu ihrer diesjährigen Mitgliedertagung zusammengetreten. Sie wird ihr wie üblich Gelegenheit bieten, eine Ueberschau zu halten über die im verflossenen Jahre geleistete Arbeit, und zugleich von neuem öffentlich Bekenntnis abzulegen von ihrer rückhaltlosen Hingabe in den Dienst am Vaterlande. Zu keiner Zeit war es dringender nötig wie in der heutigen, daß alle Kräfte unseres Volkes, vom einfachen Handarbeiter bis zum freien Künstler und Gelehrten, sich zusammenschließen zur gemeinsamen Aufbauarbeit. Denn wenn es überhaupt gelingen soll, unser jahrelang von Parteien zerrissenes Volk wieder zu einer lebendigen Einheit zu gestalten, so muß es jetzt auf der durch eine elementare Bewegung geschaffenen neuen Grundlage gelingen. Dabei ist ein jeder, der sachliche Arbeit verrichtet, von Wert. Es kommt nur darauf an, wie er gesinnt ist und was er leistet. Man glaube nicht, daß der Gelehrte bei dieser Aufgabe unbeteiligt ist. Nichts ist falscher, als sich vorzustellen, daß dieser das Recht habe, sich auf sich selbst zurückzuziehen und gewissermaßen wie auf einer wohlgeschützten Insel in stiller Geborgenheit die Stürme des nationalen Lebens an sich vorüberrauschen zu lassen. Für jeden, der nicht nur an den nächsten Tag, sondern etwas weiter in die Zukunft zu denken vermag, ist einleuchtend, daß *die wissenschaftliche Forschung, wie mit der geistigen und materiellen Wohlfahrt, so auch mit der politischen Weltgeltung unseres Volkes aufs engste verknüpft ist.* Vor hundert Jahren hat Wilhelm von Humboldt gelegentlich den Satz geprägt, daß die Wissenschaft oft geradezu dann ihren reichsten Segen über das Leben ausgießt, wenn sie sich gleichsam von ihm zu entfernen scheint. Seitdem haben in zahllosen Fällen deutschen Forscher durch die Auswirkung ihrer im stillen Studierzimmer oder im wissenschaftlichen Laboratorium ausgeführten Arbeiten den tiefen Sinn dieses Ausspruches erhärtet. So hat Heinrich Hertz mit seinen drahtlosen Wellen alle Orte der Erde durch Wort und Ton miteinander verbunden, so hat A. W. von Hofmann mit seinen Arbeiten über Anilinfarben den Grund für eine neue chemische Industrie geschaffen, so hat W. C. Röntgen mit seinen durchdringenden Strahlen den unmittelbaren Einblick in das Innere auch des menschlichen Körpers erschlossen. Die Reihe wäre noch um viele weitere Beispiele zu vermehren. Jedes einzelne zeigt auf das deutlichste, daß es für die Erzielung eines wertvollen Fortschrittes unerläßliche Bedingung ist, zunächst einmal durch rein wissenschaftliche Untersuchungen dem wahren inneren Zusammenhang der Dinge auf den Grund zu kommen. Dazu bedarf es allerdings in allen Fällen gewissenhafter und geduldiger wissenschaftlicher Arbeit.

Aber die angeführten Beispiele zeigen noch mehr. Sie zeigen, daß es außer der wissenschaftlichen Arbeit noch einer anderen, nicht minder wichtigen Vorbedingung bedarf, nämlich *der Idee, die zu der Arbeit führt.* Neue wissenschaftliche Ideen lassen sich weder nach einem bestimmten Schema lehren, noch lassen sie sich behördlich in Auftrag geben, sie entspringen ungerufen, und oft ihm selber überraschend, dem Kopf eines genialen Forschers, falls man ihm die nötige Freiheit und die nötigen Mittel gewährt. Und solche Bedingungen zu schaffen, ist gerade die vornehmste Aufgabe der Kaiser-Wilhelm-Gesellschaft. Mit ihren dreißig auf den verschiedensten Gebieten der Natur- und der Geisteswissenschaften arbeitenden Instituten, an deren Spitze weltberühmte Vertreter der Wissenschaft stehen, bildet sie die durchaus notwendige Ergänzung zu den wissenschaftlichen Akademien, welche die reine Forschung ohne Rücksicht auf die Anwendungen in den Vordergrund stellen, sowie zu den Hochschulen, welche in immer steigenderem Maße durch die Aufgaben des Unterrichts in Anspruch genommen werden, und zu den wissenschaftlichen Reichs- und Staatsanstalten, welche im wesentlichen bestimmten vorgezeichneten Aufgaben dienen.

Diese eigenartige Bedeutung der Kaiser-Wilhelm-Gesellschaft ist von allen maßgebenden Stellen stets grundsätzlich anerkannt und gewürdigt worden. Daher haben auch Reich und Staat in der Nachkriegszeit, als das ursprünglich beträchtliche, hauptsächlich aus den Kreisen der Wirtschaft stammende Vermögen der Gesellschaft bis auf einen kleinen Rest zusammengeschmolzen war, mit hilfreicher Hand eingegriffen und haben dadurch der Gesellschaft zur weiteren Entfaltung ihrer Kräfte wieder Licht und Luft verschafft. Aber während anfangs der Kaiser-Wilhelm-Gesellschaft, ebenso wie der Notgemeinschaft der deutschen Wissenschaft, wegen ihrer eigenartigen Aufgabe sogar eine Vorzugsstellung zugebilligt worden war, indem sie von den allgemein eingeführten Etatskürzungen ausgenommen wurde, kam bei der eintretenden Verschlimmerung der allgemeinen Wirtschaftslage diese Sonderbehandlung mit der Zeit ganz in Fortfall, und *gegenwärtig ist es den Institutsleitern nur mit Anspannung äußerster Energie und bei vorsichtigster Arbeitseinteilung möglich, den wissenschaftlichen Betrieb wenigstens mit halber Kraft aufrechtzuerhalten.* Doch auf die Dauer kann dieser Zustand unmöglich bestehen bleiben, wenn nicht die freie wissenschaftliche Forschung und mit ihr das für uns gerade jetzt doppelt wichtige Ansehen der deutschen Wissenschaft im Auslande, von dem die Achtung vor dem Deutschtum ganz wesentlich abhängt, verhängnisvollen Schaden leiden soll. Daher richten sich unsere Blicke vertrauend auf die mächtige Bewegung, die jetzt durch unser Volk geht. *Die Kaiser-Wilhelm-Gesellschaft wird sich, ihrer wichtigen und verantwortungsvollen Aufgaben eingedenk, mit allen wahrhaft national gesinnten Elementen zusammentun, um mit Einsetzung ihrer besten Kräfte an dem Wiederaufbau unseres teuren, hartgeprüften Vaterlandes mitzuarbeiten.*

23.5.1933 – Berliner Börsen-Zeitung (IX. Abt., Rep. 2, Kaiser-Wilhelm-Gesellschaft, Bl. 5).

Gedächtnisfeier in Berlin für Prof. Haber.

K. **Berlin**, 30. Januar. (Privattel.) Gestern Mittag veranstaltete die Kaiser Wilhelm-Gesellschaft in Berlin in Gemeinschaft mit der Deutschen Chemischen Gesellschaft und der Deutschen Physikalischen Gesellschaft eine Gedächtnisfeier für Professor Dr. Fritz Haber, der am 2. Februar 1934 in Basel gestorben ist. Die Feier fand statt im Harnackhause in Berlin-Dahlem und versammelte ein erlesenes Publikum, unter dem sich auch der schweizerische Gesandte, Herr Dinichert, sowie hervorragende Vertreter der deutschen Wissenschaft befanden. Prof. Dr. Fritz Haber hatte nach dem Umsturz in Deutschland seine Lehrtätigkeit in Deutschland eingestellt, da er Jude war, und war nach der Schweiz gegangen. Es ist daher begreiflich, daß man seitens der deutschen Behörden diese Ehrung Habers nicht mit freundlichen Augen betrachtete. So erließ der preußische Minister für Wissenschaft des Reichskultusministeriums ein Rundschreiben, das auch durch Abschriften an die Rektoren der deutschen Universitäten sowie an den gesamten Lehrkörper der Universität zur Kenntnis gebracht wurde. Dieses Rundschreiben lautet: „Die Kaiser Wilhelm-Gesellschaft hat in Gemeinschaft mit der Deutschen Chemischen Gesellschaft sowie der Deutschen Physikalischen Gesellschaft zu einer Gedächtnisfeier für Prof. Dr. Fritz Haber auf Dienstag, 29. Januar 1935, in Berlin-Dahlem, Harnack-Haus, eingeladen. Prof. Dr. Haber ist am 1. Oktober 1933 aus seinem Amt entlassen worden auf Grund eines Antrages, das eindeutig seine innere Einstellung gegen den heutigen Staat zum Ausdruck brachte und in dem die gesamte Oeffentlichkeit seine Kritik an den Maßnahmen des nationalsozialistischen Staates sehen mußte. (Prof. Haber hat damals um seine Entlassung aus dem Staatsdienste gebeten. Er hatte es abgelehnt, daß für ihn eine Ausnahme gemacht würde, wie es seitens der deutschen Behörden anfänglich beabsichtigt war. So hat man ihm anscheinend nicht verziehen.) Das Vorhaben der genannten Gesellschaften, anläßlich des einjährigen Todestages eine Gedächtnisfeier zu veranstalten, muß angesichts dieser Tatsache nunmehr als Herausforderung des nationalsozialistischen Staates aufgefaßt werden, da nur in besondern Ausnahmefällen, bei den größten Deutschen, dieser besonders gedacht wird. Diese Auffassung wird noch dadurch erhärtet, daß sich die Veranstalter nicht gescheut haben, den zur Feier Eingeladenen das Erscheinen in Uniform nahezulegen. Ich sehe mich deshalb veranlaßt, allen meinem Dienstbereich unterstellten Beamten und Angestellten hiermit die Teilnahme an der Feier zu untersagen. In Vertretung, gezeichnet Kunisch."

Diese Abschrift dieses Rundschreibens ist ferner unterschrieben vom Rektor der hiesigen Friedrich Wilhelm-Universität, Fischer. Ferner hat die Reichsfachschaft der Deutschen Chemiker durch Korrespondenzkarten ihre Mitglieder aufgefordert, an dieser Gedächtnisfeier nicht teilzunehmen. Es scheint jedoch, als ob man dieser Aufforderung nicht Folge leistete, denn der große Saal war überfüllt. Allerdings war keine einzige Uniform vertreten; der schwarze bürgerliche Rock herrschte vor. Die Gedächtnisrede hielt Prof. Dr. Otto Hahn, Direktor des Kaiser Wilhelm-Instituts für Chemie, der den Patriotismus und die großen Verdienste Prof. Habers für Deutschland hervorhob. Die einleitenden Worte sprach der Präsident der Kaiser Wilhelm-Gesellschaft selbst, Prof. Dr. Max Planck, der darauf hinwies, daß Deutschland im Weltkrieg in den ersten drei Monaten wirtschaftlich und militärisch zusammengebrochen wäre, hätte Haber nicht seine große Stickstofferfindung gemacht. Nach Prof. Dr. O. Hahn sprach der Oberst a. D. Dr. ing. Koeth, der gleichfalls die ungeheuren Verdienste Habers für die deutsche Sache im Weltkrieg betonte. Haber war es, der die deutsche Gasoffensive und -defensive ermöglichte, daher müßten ihn Millionen deutscher Soldaten zu Dank verpflichtet haben. Eine Würdigung durch Prof. Dr. Friedrich Bonhoeffer, dem berühmten auswärtigen Mitglied des Kaiser Wilhelm-Instituts, wurde durch Prof. Dr. O. Hahn zur Verlesung gebracht.

Die Feier, die mit der Cavatine aus dem Quartett op. 130 von L. v. Beethoven, gespielt von den Mitgliedern des Berliner Philharmonischen Orchesters, geschlossen wurde, machte auf alle Teilnehmer einen ungeheuren und würdigen Eindruck. Der Eindruck war um so stärker, als man wissen mußte, wie ablehnend der heutige nationalsozialistische Staat gerade dem Gefeierten gegenübersteht.

31.1.1935 – vermutlich: Neue Zürcher Zeitung (Va. Abt., Rep. 5 Haber-Sammlung von Johannes Jaenicke, Nr. 1341, Bl. 26).

Max Planck vor dem Mikrophon.

Der Rundfunk, dessen Ehrgeiz es ist, die aktuellen Dinge des Lebens festzuhalten, hat diesmal Geheimrat Professor Dr. Max Planck vor das Mikrophon zitiert und über Dinge seiner besonderen Arbeit als Präsident der Kaiser-Wilhelm-Gesellschaft zur Förderung der Wissenschaft befragen lassen. So erfuhren wir in dem Zwiegespräch des großen Physikers und Denkers über die Wissenschaft mit Dr. Hans Hartmann, wie der Leiter der Gesellschaft als Organisator der Institute und Führer seiner Mitarbeiter den Zusammenhang zwischen „Wissenschaft und Leben“ herstellt und wahrt. Selbstverständlich besteht für den Forscher, der ganz frei und ohne jeden festen Auftrag arbeitet, dem die Gesellschaft die alltäglichen Sorgen für das ganze Leben abnimmt, der nicht einmal durch Lehrtätigkeit an den Hochschulen die äußere Verbindung mit der breiten Masse der Forscher und des Nachwuchses hat, die Gefahr, lebens- und volksfremd zu werden. Wenn auch das Entscheidende daran wohl in der persönlichen Initiative der Leiter und der Auswahl der Mitarbeiter liegt, was nicht durch äußere Angaben belegt werden kann, so zeigte doch schon die ganze Organisation, daß der Blick auf das Ganze gewahrt bleibt.

Die 33 Institute, die in ganz Deutschland und zum Teil auch im Ausland verteilt sind, betreiben eine nach festen Richtlinien zielgerichtete Einzelforschung. Hauptsächlich werden die Probleme der Technik, Industrie und Volksgesundheit beachtet. Wasserbau, Arbeitsbedingungen, Leder- und Metallzubereitung, Autostraßen sind Beispiele von Einzelgebieten. Aber auch geistige Dinge, die in unseren Tagen bedeutsam sind, stehen zur Bearbeitung, etwa die Fragen des nationalen Staates und des Privatrechts. Institute für deutsche Geschichte und für Kunstgeschichte, letzteres in Rom, stehen für allgemeine und rein wissenschaftliche Arbeiten zur Verfügung. Die Befruchtung, die das praktische Leben aus all diesen Instituten erfährt, ist ununterbrochen und stark. Bisweilen liegt die Auswertung aber auch erst in ferner Zukunft, wie etwa bei den Fragen der Atomzertrümmerung. Alle diese Forschung, die einzigartig in der Welt dasteht, erhält eine geniale Zusammenfassung und Zielrichtung in der überragenden Persönlichkeit des Leiters Max Planck. Durch das Zwiegespräch mit ihm gab der Deutschlandsender eine interessante Ergänzung zu Plancks letztem grundlegenden und vielbeachteten Vortrag im Harnackhaus (s. B. B.-Z. Nr. 169).

13.4.1935 – Berliner Börsen-Zeitung (IX. Abt., Rep. 1, Max Planck).

„Das Schwarze Korps" 9. Januar 1936

Blick nach innen

Ein beschränkter Kreis

Unentwegte Zeitungsleser, die täglich ein Dutzend Blätter durchfliegen, bemerkten in den letzten Tagen immer wieder eine Notiz auftauchen, aus der zu entnehmen war, daß am 11. Januar 1936 die „Kaiser-Wilhelm-Gesellschaft zur Förderung der Wissenschaften" ihr 25jähriges Bestehen zu feiern beabsichtigt. Und da man in feierlichster Weise auch die Presse eingeladen hat, um für die nötige Reklame zu sorgen, stehen auch wir nicht an, uns auf unsere Art in den Dienst der Sache zu stellen.

Die „Kaiser-Wilhelm-Gesellschaft zur Förderung der Wissenschaften" war von jeher eine Angelegenheit strengster Exklusivität. Ihr anzugehören bedeutete bei Audienzen — als es noch solche im Berliner Schlosse gab — rascher vorgelassen zu werden und was deren Vorteile mehr waren, die für gewöhnliche Sterbliche eine Wissenschaft bedeuteten.

Es liegt uns völlig fern, der „Kaiser-Wilhelm-Gesellschaft" ihre sachlichen Verdienste absprechen zu wollen. Doch ihren Mitgliedern scheint bei aller angemessenen Würde eines zu fehlen: So ein richtiger Kaiser, der der Gesellschaft den nötigen Glanz verleiht. Daran ändert auch die Tatsache nichts, daß einige sich mit vornehmer Geste zum Nationalsozialismus bekennen.

Wir sind uns bewußt, mit diesen Zeilen den Unwillen des Herrn Geheimrat Planck zu erregen, der die offizielle Leitung der Gesellschaft inne hat. Aber gerade er hat uns zu dieser Annahme veranlaßt. Es gibt da nämlich ein Sammelwerk mit dem sinnigen Titel: „Der Kaiser — wie er war — wie er ist", erschienen im Verlage „Tradition". Natürlich hat es sich auch der Geheime Regierungsrat Prof. Dr. Max Planck nicht nehmen lassen, einen Beitrag zu liefern, nach dessen Lektüre man nicht mehr so recht an all die überschwenglichen Verbundenheitsversicherungen dem neuen Staate gegenüber glauben will. Doch geben wir ihm selbst das Wort:

„... Nach sorgsamen Vorbereitungen ... wurde am 11. Januar 1911 von etwa zweihundert angesehenen Männern und Frauen aus der deutschen Wirtschaft unter dem Protektorate des Deutschen Kaisers und Königs von Preußen die Gesellschaft gegründet, die auch heute noch mit Stolz seinen Namen trägt."

„... auch heute noch mit Stolz ...", dies schrieb der wissenschaftlich ohne Zweifel verdienstvolle Herr Prof. Planck im Jahre 1934.

„Und auch persönliche Beziehungen geruhte er anzuregen, indem er bei festlichen Angelegenheiten den Mitgliedern der Gesellschaft den Zutritt zum kaiserlichen Hof gewährte. Kein Wunder, daß durch solche allerhöchste Huldbeweise der Name der Gesellschaft in der öffentlichen Wertschätzung noch merklich gehoben wurde, und daß es sich die Angehörigen der höheren Stände zur besonderen Ehre rechneten, in diesen Kreis aufgenommen zu werden und sich mit dem Abzeichen der „Kaiser-Wilhelm-Gesellschaft" schmücken zu dürfen ...

Nur eine schwere, auch heute noch nachwirkende Einbuße blieb zurück: das durch die Umstände notwendig gewordene Erlöschen des Allerhöchsten Protektorats. Das ist von tieferer Bedeutung, als man vielleicht beim flüchtigen Nachdenken annehmen möchte. Denn die „Kaiser-Wilhelm-Gesellschaft" besitzt nun einmal ihrem Wesen nach einen gewissen repräsentativen Charakter. Sie wird gebildet von einem beschränkten erlesenen Kreis von Angehörigen der höheren Bildungsschichten ...

Deshalb wird die Gesellschaft auch niemals populär werden im vulgären Sinne des Wortes.

Daher bedarf die Gesellschaft eines äußeren Zeichens der Anerkennung von hoher Stelle, welches ihr in den Augen der Welt das nötige Ansehen und eine gewisse Anziehungskraft verleiht, und dies ist ihr in glücklichster Weise zuteil geworden einmal durch die Verleihung des Namens und dann durch die Übernahme des Protektorats seitens der höchsten Autorität im Reiche. Der Protektor verlieh der Gesellschaft den vornehmen Glanz, er bildete den Kristallisationspunkt, dessen Wirkungen nach allen Seiten ausstrahlten und der mit elementarer Kraft auch entferntere Glieder der höheren Stände heranzog. Mit dem Erlöschen des Protektorats ist die Gesellschaft, deren Bedeutung in wissenschaftlicher, so auch in jeder anderen Beziehung auf dem Rang der in ihr vertretenen Persönlichkeiten beruht, ihres vornehmsten Kleinods verlustig geworden. Aber das andere kostbare Symbol ihrer Würde hat die Kaiser-Wilhelm-Gesellschaft durch die schweren Jahre der Anfechtung hindurch mit Erfolg festzuhalten vermocht: ihren Namen."

Diese reichlichen Auszüge aus der Jubelschrift des Herrn Prof. Planck dürften genügen, um zu beweisen, wessen Geist noch in der Kaiser-Wilhelm-Gesellschaft herrscht. Dieser Gesang auf die „200 angesehenen Männer und Frauen der deutschen Wirtschaft" und was er ihnen noch für Attribute der Auslese gegeben, rückt die eigentlichen Verdienste der Gesellschaft — wir sagen ausdrücklich leider — etwas in den Schatten. Wer diese Zeilen liest, muß den Eindruck gewinnen, daß hier etwas anderes gepflogen wird als die Förderung der Wissenschaften, die keinesfalls abhängig ist von den beiden „Kleinodien", von denen man sich eines zu wahren gewußt hat.

Es liegt in der Natur der Sache, daß, wenn „Männer und Frauen der Wirtschaft" sich auf Wissenschaft verlegen, sie von gewissen Gepflogenheiten nicht lassen können. Und so gibt es natürlich auch einen Generaldirektor. Es ist dies Herr Professor Dr. Glum, der bereits mehrere Schriften herausgegeben hat, die jedoch zum größten Teil im Frühjahr 1933 aus dem Buchhandel verschwanden.

1931 erschien eines unter dem hochtrabenden Titel: „Das geheime Deutschland, die Aristokratie der demokratischen Gesinnung."

Einige Sätze genügen für die geistige Einstellung des Generaldirektors:

„Wenn es (einer neuen Partei) gelänge durch vorurteilsfreie Behandlung, die wertvollen Elemente im Judentum von ihrem vielfach noch vorhandenen Ressentiment ihrer Ghetto-Stimmung gegenüber der übrigen bürgerlichen Gesellschaft zu befreien und ihre oft nur in der Kritik sich erschöpfende Klugheit für die Nation zu gewinnen, sie würden alle Mann an Bord rufen."

Nicht wenig mutete uns dieser Mann zu! Auf die „Ressentiments" der Juden einzugehen, um sie gegen „die übrige bürgerliche Gesellschaft" sanfter zu stimmen! Natürlich kommt ein so politisch denkender Mann auch nicht darum herum, eine Ansicht über den Führer zu verkünden:

„Eine Erneuerungspartei, die den Staat erobern will, darf zwar in den Mitteln radikal, in ihrer geistigen Haltung aber nicht extrem sein. Die faschistische Partei ist dies niemals gewesen. In dieser Hinsicht hat Adolf Hitler, als er das fremde Vorbild zu kopieren versuchte, nicht genau genug beobachtet."

Es ist nicht unsere Absicht, gegen den „beschränkten Kreis" einen Bildersturm zu entfesseln. Aber falls man entrüstet auf die Hakenkreuzfahne deuten sollte, die auf dem Dachfirst weht, so gestatten wir auf die grün-gelb-gestreifte Flagge zu verweisen, die daneben knattert und die von allerhöchster Hand entworfen wurde, jenem Kleinod, das sich zurzeit in Holland befindet. Anlaß zu vorliegenden Zeilen gab nur der beabsichtigte Pomp, mit dem man das Jubiläum feiern will, und wir glauben, darauf hinweisen zu dürfen, daß die Leiter der Kaiser-Wilhelm-Gesellschaft besser daran täten, die Geschichte in aller Ruhe und unter Ausschluß der Öffentlichkeit abzuwickeln, sozusagen im Kreise der „200 angesehenen Männer und Frauen", als einen Staatsakt daraus zu machen.

9.1.1936 – Das Schwarze Korps (I. Abt., Rep. 1A, Nr. 783/3).

THE LAST STAND.

In 1911 some 200 German philanthropists subscribed fifteen million marks to create a research organization in the spirit of a proposal made a century before by WILHELM VON HUMBOLDT. Under the leadership of the theologian ADOLF VON HARNACK the Kaiser Wilhelm Gesellschaft was born. There can be no doubt that patriotism played a part in the movement. Germany saw her scientific supremacy threatened by the great Rockefeller and Carnegie Foundations. The Gesellschaft was founded for the purpose of enabling the leaders in science, history, art and international law to pursue their studies unhampered by bureaucratic control or the necessity of lecturing in universities. Twelve Nobel Prize winners are to be found among those who were enabled to work in carefree seclusion. At the head of the thirty institutes stood men of international fame—pillars of scholarship.

Twenty-five years have passed—glorious years in the history of research. Last Saturday there were appropriate ceremonies to commemorate the anniversary. What would the Nazi officials say of the future? Would Nobel prize-winner MAX PLANCK, the president, defend freedom of research? Scientists wondered. On the whole the occasion passed off better than seemed possible in the tense political atmosphere of Berlin. The Government's orators glorified the Reich but uttered no threats. On the other hand, the Nazi press was hostile to an organization that still enabled a few "non-Aryans" to pursue their inquiries. MAX PLANCK, to his everlasting honor, went as far as common sense permitted in defending the original policies and in reiterating his conviction that personalities and brains count for more in scientific research than race or totalitarianism.

Will the Gesellschaft be able to carry on its work in the old spirit of freedom? It is no longer a private institution. Government funds support it in part and Government officials sit on its administrative boards. Despite MAX PLANCK'S influence it has lost its outstanding figures. Where is FRITZ VON HABER, for twenty years director of the Kaiser Wilhelm Institute for Physical and Electro Chemistry? Dead in an exile's grave. Where are EINSTEIN, FRANK, PLAUT, FAJANS, FREUNDLICH? Banished or forced out. Where are the obscure "non-Aryan" assistants to the great? No one knows. The fate of even such eminences as the physiologists OTTO WARBURG (suppported by the Rockefeller Foundation) and OTTO MEYERHOF is avowedly precarious. That a few outstanding "non-Aryans" are left we have MAX PLANCK to thank. With the fate of the universities before us the future of the Kaiser Wilhelm Gesellschaft and its institutes is dark. An organization that reckons only with ability, that declines to be influenced by considerations of race and religion, and that believes in the right of genius to go its own way has no place in a totalitarian State dominated by fanatics. As it is, German science takes its last stand in defending the integrity of the Kaiser Wilhelm Gesellschaft.

13.1.1936 – The New York Times (I. Abt., Rep. 1A, Nr. 210-1/6, Bl. 411b).

Jubiläum

Zum 25. Jubiläum der Kaiser-Wilhelm-Gesellschaft hat sich der Geheimrat *Planck* nicht enthalten können, ein Begrüssungstelegramm an Hitler zu schicken. Das Telegramm beginnt mit den Worten: „*Mein Führer!*" Dann folgt:

„Wissenschaft und Wirtschaft stehen treu zu dem von Ihnen neu aufgerichteten Deutschen Reich *und wissen, dass nur unter Ihrer Führung* und *unter dem Schutz der deutschen Wehrmacht sie nützliche Arbeit leisten können.* Durchdrungen von dieser Zuversicht entbietet die Kaiser-Wilhelm-Gesellschaft zur Förderung der Wissenschaften Ihnen, mein Führer, ehrfurchtsvolle Grüsse.

Planck."

Vor gar nicht so langer Zeit hat der gleiche Geheimrat Planck einen Vortrag „Physik und Weltanschauung" gehalten, der eine sehr eindeutige Polemik gegen das ganze Nazi-Unwesen war. Aber das berühmte Wort von den Professoren und den Huren gilt noch immer. Es hat nur etwas lange gedauert, bis dem Physiker Planck die Entdeckung gelang, dass „*nur*" unter Hitlers Führung und „nur" unter dem Schutz seiner Wehrmacht die deutsche Wissenschaft „Nützliches" leisten kann.

18.1.1936 – Das Neue Tage-Buch, Paris-Amsterdam (IX. Abt., Rep. 1, Max Planck – nach Bundesarchiv Berlin, R 58 Reichssicherheitshauptamt, Nr. 3998).

Dahlem:

Vor der Fertigstellung des Kaiser-Wilhelm-Instituts

In wenigen Wochen geht in Dahlem, der „Hochburg der Wissenschaft", eine neue Forschungsstätte seiner Vollendung entgegen, die auf dem Gebiete der Physik, ein bedeutendes Institut der Kaiser-Wilhelm-Gesellschaft zur Förderung der Wissenschaften darstellt. Der gewaltige Neubau an der Boltzmann- und Harnackstraße, der im Herbst 1935 mit Hilfe der Rockefeller-Foundation begonnen wurde, ist nunmehr soweit gefördert worden, daß am 23. April d. J., am 79. Geburtstage des berühmten Berliner Physikers, Geheimrats Prof. Dr. Max Planck, dem Präsidenten der Kaiser-Wilhelm-Gesellschaft, die feierliche Einweihung vollzogen werden kann.

Das neue Institut wird den Namen „Planck-Institut" führen. Unter den etwa 25 Assistenten und Professoren werden sich auch verschiedene Ausländer befinden, die in Amerika, in Japan und in England bereits an physikalischen oder chemischen Instituten gearbeitet haben. Während im Hauptgebäude die Räume für wissenschaftliche Untersuchungen untergebracht sind, ist ein Nebenflügel für eine Reihe von Werkstätten vorgesehen. Ein Anbau dient der Erzeugung tiefster Temperaturen. In dem 18 Meter hohen fensterlosen Turm werden insbesondere Atomzertrümmerungsversuche angestellt werden. Außer Prof. Debye, der als Nobelpreisträger einen bekannten Namen hat, werden u. a. hier noch der frühere Nobelpreisträger für Röntgenforschung, Prof. von Laue, von der Berliner Universität und Prof. Schüler (Potsdam), arbeiten.

Esch—.

27.3.1937 – Steglitzer Anzeiger (I. Abt., Rep. 1A, Nr. 1652/1, Bl. 194).

Wechsel im Präsidium der Kaiser-Wilhelm-Gesellschaft.

(Drahtmeldung unseres Korrespondenten.)

kz Köln, 22. Juni. Auf der Hauptversammlung der Kaiser-Wilhelm-Gesellschaft zur Förderung der Wissenschaften fand am Dienstag im Anschluß an die Tätigkeitsberichte der einzelnen Forschungsinstitute eine Mitgliederversammlung statt, auf der Geheimrat Planck, der bisherige Präsident der Gesellschaft, mitteilte, daß er von seinem Amt zurücktrete, nachdem seine Amtszeit schon im April abgelaufen gewesen sei und schon damals eine Neuwahl hätte vorgenommen werden müssen. Die Wahl sei auf Geheimrat Bosch (Heidelberg) gefallen. Präsident Planck gab zur Kenntnis, daß Geheimrat Bosch sich seine endgültige Entscheidung für später vorbehalten habe. Gleich darauf teilte Geheimrat Bosch selbst mit, daß die Gründe für seinen Vorbehalt gefallen seien, er also die Wahl annehme. Er fügte daran den Dank an Geheimrat Planck, der es in einer höchst kritischen Zeit übernommen habe, die Leitung der Kaiser-Wilhelm-Gesellschaft zu übernehmen und die in der Gesellschaft betriebene Forschung wieder in die rechten Wege zu leiten. Die wissenschaftlichen Leistungen von Geheimrat Planck seien schon in die Geschichte übergegangen. Zum Dank für die Arbeit in der Kaiser-Wilhelm-Gesellschaft wurde Professor Planck zum Ehrensenator ernannt, mit ihm der bisherige Vizepräsident Dr. Krupp von Bohlen und Halbach, der der zweite Vizepräsident Staatsminister a. D. Dr. Schmitt-Ott, die damit aus dem Senat ausscheiden. Wie Geheimrat Planck mitteilte, seien Satzungsänderungen angenommen worden, und es sei notwendig gewesen, einen neuen Senat zu wählen. Die Herren des bisherigen Senats wurden gebeten, ihre Geschäfte einstweilen weiterzuführen bis zur offiziellen Bestätigung durch das Reichserziehungsministerium. Der neue Senat der Kaiser-Wilhelm-Gesellschaft wird aus folgenden Herren bestehen:

Vom alten Gremium werden, vorbehaltlich der endgültigen Bestätigung durch den Minister, dem Senat angehören: Staatsminister Dr. Wacker, Reichsamtsleiter Dr. Groß, Bergassessor Pfitzner, Staatssekretär Backe, Professor Körber (Düsseldorf) Dr. Krauch, Direktor der Leunawerke, Professor Stille, Professor Dr. Hörlein (IG Farben), Stadtpräsident Dr. Lippert, Professor Dr. Magnus, Professor Eugen Fischer und Professor Dr. Gerlach (München). Neu wurden folgende Herren in den Senat berufen: Fabrikant Ammer (Reuchlingen), Staatsrat von Stauß, Generaldirektor Krüß, Dr. Winkler, Dr. von Siemens, Generaldirektor Dr. Vögler, General der Artillerie ProfessorDr. Becker, Professo D, Vahlen, D. von Schröder, Prinz August Wilhelm, der Herzog von Koburg, Dr. Schacht, Oberbürgermeister Fiehler (München), Dr. Thyssen, Staatsminister a. D. Dr. Sämisch und Professor Lenard-Heidelberg. Außerdem sind Senatoren die Leiter der wissenschaftlichen Sektionen: Professor Dr. Levye, Professor Dr. Wettstein und Professor Dr. Bruns.

Tradition der Forschung.

Es ist eine denkwürdige Tatsache in der Geschichte der deutschen Wissenschaft, daß die im Jahre 1911 gegründete Kaiser-Wilhelm-Gesellschaft zur Förderung der Wissenschaften, deren Aufgaben anfänglich nur auf naturwissenschaftlichem Gebiet lagen, ihre Gründung einem Theologen verdankt. Es war Adolf von Harnack, ein Mann von universaler Kultur und von tiefem Verständnis für alle Fragen des Lebens und der Wissenschaft, der in erster Linie ihre Gründung bei der Regierung durchsetzte und durch sein überragendes Ansehen die Industrie zur Bereitstellung sehr großer einmaliger und laufender Mittel für ihre Zwecke zu veranlassen wußte. So wurde er auch ihr erster Präsident. Er hat sie sechzehn Jahre geleitet, bis im Jahre 1930 der Tod den 79jährigen abberief. Unter seinem Präsidium entstanden vor dem Kriege die ersten Institute in Berlin-Dahlem, denen dann nach dem Kriege schnell zahlreiche weitere folgten. Heute zählt die Gesellschaft zwölf physikalisch-chemisch-technische, sechzehn biologisch-medizinische und vier geisteswissenschaftliche Institute, von denen sich dreizehn in Berlin, vierzehn in anderen Gegenden Deutschlands, je zwei in Oesterreich und Italien und eines in Brasilien befinden.

Nach Harnacks Tode übernahm der Physiker Max Planck die Leitung der Gesellschaft, ein Mann, der als Gelehrter von Weltruf und als Mensch von umfassender Allgemeinbildung seinem Freunde und Vorgänger Harnack in jeder Hinsicht ebenbürtig war. Planck ist am 23. April 1858 in Kiel geboren und entstammt einer Familie, die Deutschland mehrere seiner bedeutendsten Juristen geschenkt hat. Er studierte in München und Berlin und habilitierte sich bereits als 22jähriger in München als theoretischer Physiker. Auf Grund seiner preisgekrönten Arbeit über das Energieprinzip und weiterer ausgezeichneter Arbeiten auf dem Gebiet der Wärmelehre wurde er bereits 1885 als Professor der theoretischen Physik nach Kiel berufen. Schon 1889 folgte der Ruf an die Universität Berlin, wo ihm der durch den Tod des großen Physikers Kirchhoff verwaiste Lehrstuhl für theoretische Physik übertragen wurde. Damit wurde Berlin endgültig die Stätte von Plancks Wirken als Forscher und als Lehrer. Hier wurde er der Mann, als der er schon heute fast wie eine historische Persönlichkeit der deutschen Geistesgeschichte vor unsern Augen steht, die ihren Namen unvergänglich in das Buch der Wissenschaft eingegraben hat. Denn die Wirkung seines Schaffens geht heute schon weit über den Rahmen der Physik hinaus. Als er im Jahre 1900 bei der Aufstellung und Begründung seines Strahlungsgesetzes die ersten Grundlagen zur Quantentheorie legte, konnte niemand, auch er selbst nicht, voraussehen, daß er damit eine Zeitenwende in der Naturerkenntnis eingeleitet hatte. Die von ihm entdeckte Naturkonstante, die er mit dem Buchstaben h bezeichnete, und die sich so gar nicht in das wohlgerundete Bild der klassischen Physik des 19. Jahrhunderts einfügen wollte, ist ihm lange Zeit selbst fast wie ein Notbehelf erschienen, um eine Schwierigkeit vorläufig zu überbrücken. Seit etwa 30 Jahren aber steht die Physik im Banne dieser Konstante, des Planckschen Wirkungsquantums. Dieses unscheinbare h hat uns den Zugang eröffnet in die Welt der Atome, der Moleküle und der Strahlungen aller Art. Aus Plancks Entdeckung ist die Physik der Neuzeit erwachsen.

Aber diese Umwälzung blieb in ihren Folgen nicht auf die Physik beschränkt. Zunächst ergab sich für die Physik selbst der Zwang, die erkenntnistheoretischen Grundlagen ihrer Denkmethoden einer kritischen Nachprüfung zu unterziehen. Dabei erwies sich, daß die zu ziehenden Folgerungen nicht nur die Physik angingen, sondern an grundlegende Fragen der Erkenntnistheorie überhaupt rührten, ja sogar an Fragen, die so fernab von der Physik zu liegen schienen, wie die Frage der menschlichen Willensfreiheit. Planck hat zu dieser Frage selbst oft und sehr entschieden Stellung genommen. Auch der Biologie beginnen heute die Erkenntnisse der Quantenthorie wirksam zu werden. Kaum je hat ein Forscher die Wissenschaft seiner Zeit so bis ins tiefste gewandelt und gefördert, wie es Planck vergönnt gewesen ist.

Heute nun übergibt Planck das Steuer der Kaiser-Wilhelm-Gesellschaft in andere Hände. Es mag dem Uneingeweihten verwunderlich erscheinen, daß der künftige Präsident ein Mann ist, den die breitere Oeffentlichkeit nur als einen unsrer großen Wirtschaftsführer kennt, Carl Bosch, der Vorsitzende des Aufsichtsrates und Verwaltungsrates der J. G. Farbenindustrie. Bosch ist mit der Kaiser-Wilhelm-Gesellschaft seit ihren Anfängen auf das engste verbunden gewesen, nicht nur in seiner Eigenschaft als führender Mann einer an den Ergebnissen naturwissenschaftlicher Forschung entscheidend interessierten Industrie, sondern auch als einer der hervorragendsten Chemiker unserer Zeit. Es sei hier nur an das Haber-Bosch-Verfahren zur Gewinnung des Luftstickstoffs erinnert, nach dem die beiden großen Werke der J. G. in Leuna und Oppau arbeiten. Welche hervorragende Leistung die Uebertragung dieses von Haber im Laboratorium entwickelten Verfahrens in die gigantischen Maße der Technik durch Bosch bedeutet, vermag nur der Fachmann voll zu beurteilen. Boschs enge Verbundenheit mit der gesamten Naturwissenschaft und Medizin hat auch darin ihren Ausdruck gefunden, daß er im Jahre 1933/34 Erster Vorsitzender der Gesellschaft deutscher

[Fortsetzung S. 328]

23.6.1937 – Frankfurter Zeitung (IX. Abt., Rep. 2, Kaiser-Wilhelm-Gesellschaft).

Naturforscher und Aerzte war. Im Jahre 1931 ist ihm der Nobelpreis für Chemie verliehen worden.

Die deutsche Wissenschaft wird die Wahl Boschs mit großer Freude begrüßen. Sie gewährleistet ein Fortschreiten auf dem bewährten Boden unter einer der hervorragendsten Führerpersönlichkeiten unserer Zeit. Sie wird auch die durch diese Wahl unterstrichene innere Verbindung zwischen Wissenschaft und Technik als ein Unterpfand dafür empfinden, daß die Technik sich der Bedeutung des Wortes: „Die Wissenschaft von heute ist die Technik von morgen“ in vollem Umfange bewußt ist. Das kostbare Erbe von Harnack und Planck liegt in guter Hand.

Professor Dr. Wilhelm Westphal (Berlin).

Die Tagung der Kaiser-Wilhelm-Gesellschaft.

Aus der Arbeit der Institute.

(Drahtmeldung unseres Korrespondenten.)

kz Köln, 22 Juni. Vor der Verkündigung des Wechsels im Präsidium der Kaiser-Wilhelm-Gesellschaft war im Festsaal des Gürzenich durch den Präsidenten der Gesellschaft Geheimrat Planck, die diesjährige Hauptversammlung der Gesellschaft eröffnet worden. Oberbürgermeister Dr. Schmidt hieß die Mitglieder der Kaiser-Wilhelm-Gesellschaft willkommen. In ihrer Arbeit, so sagte er, komme eine Verbindung von „Wissenschaft an sich“ mit „Wissenschaft für die Zwecke der Nation“ zum Ausdruck. Sie sei gleichsam vorweggenommener Nationalsozialismus. Dr. Schmidt gab, auf eine am Vorabend beim Begrüßungsempfang von Geheimrat Planck gemachte Aeußerung zurückverweisend, die Versicherung, daß die Gesellschaft, wenn sich eine engere Beziehung zur Hanse- und Universitätsstadt Köln einmal bewahrheiten würde, hier einen besonders günstigen Boden für die ihr angemessene wissenschaftliche Tätigkeit vorfinden werde.

Der Präsident der Gesellschaft, Geheimrat Planck, konnte als Gäste dieser Hauptversammlung, die die erste nach der im Januar 1936 abgehaltenen Jubiläumstagung ist, Vertreter der Reichs- und Landesbehörden, der Wehrmacht und der NSDAP begrüßen. Die Kaiser-Wilhelm-Gesellschaft, so sagte er, stehe und falle mit der Leistung ihrer Institute, und vor allem sei sie abhängig von der Persönlichkeit derer, die den Instituten vorstünden. Auch in diesem Bereich gelte das Führerprinzip. Ein Führer schreite unabhängig und allein auf sich gestellt der Gefolgschaft voran. Da gebe es für ihn manche Schwierigkeit. Es komme sogar vor, daß selbst Fachkollegen, einen Forscher, der mit hergebrachten Anschauungen bräche und sich mutig in das Dunkel des Neulandes vorwage, verließen. Darum müsse man Respekt vor Männern, die ein solches Risiko auf sich nähmen, deren angebliche Weltfremdheit aber leider allzu leicht dem Gespött ausgesetzt sei. Unumgänglich nötig sei die zwiefache Bewegungsfreiheit der Gesellschaft und ihrer Institute: die Freiheit in der Auswahl der Mitarbeiter und die Freiheit, über die zur Erforschung notwendigen Mittel verfügen zu können. Die Kaiser-Wilhelm-Gesellschaft habe sich in nun 26 Jahren diese Bewegungsfreiheit erhalten können, dank der großzügigen Unterstützung, die ihr durch Staat und Wirtschaft zuteil geworden sei. Noch im letzten Jahre habe sie durch Zuwendungen beträchtliche Bereicherung erfahren. Die Zukunft der Kaiser-Wilhelm-Gesellschaft sei davon abhängig, ob auch weiterhin so wie bisher die günstigen Arbeitsbedingungen für sie geboten sein würden.

Danach wurde ein Ergebenheitstelegramm an den Führer und Reichskanzler abgesandt, in dem die Forscher und Wissen-

[Fortsetzung S. 329]

hat im Frühjahr 1936 seine erste Arbeitstagung in Stuttgart abgehalten. Es wurde daran erinnert, daß sie in enger Zusammenarbeit mit der Wirtschaftsgruppe Nichteisenmetallindustrie und der Deutschen Gesellschaft für Metallkunde stattgefunden habe. Der Vierjahresplan stelle an dieses Institut hohe Anforderungen, da gerade auf dem Gebiet der metallischen Werkstoffe wichtige Entwicklungs- und Umstellungsarbeiten zu leisten seien. Das Institut sei bestrebt, diesen Anforderungen durch eine breiter angelegte Forschung, der an besonderer Findung wissenschaftlicher Resultate gelegen sei, nachzukommen. Für das Kaiser-Wilhelm-Institut für Eisenforschung in Düsseldorf war das Berichtsjahr das erste Jahr der Arbeit in seiner neuen Heimstätte. Dort pflege man mit besonderem Nachdruck die Arbeiten, die mit den Fragen der Rohstoffbewirtschaftung, der Deviseneinsparung und der Verwendung von deutschen Stoffen in engem Zusammenhang stünden. Gerade auch zu diesen Arbeiten werde die Arbeitsleistung des Instituts durch Anforderungen und Aufträgen von behördlichen Stellen in noch stärkerem Maße als früher in Anspruch genommen. Auch mit der regen Beteiligung des Instituts an den Arbeiten der verschiedenen Fachausschüsse des Vereins deutscher Eisenhüttenleute seien seine wirtschaftlichen Mitarbeiter wiederum in den auch hier vordringlich wichtigen Kreis der Roh- und Heimstoffragen eingeschaltet. Im Institut für Kohlenforschung in Mülheim (Ruhr) habe man zu Beginn der vergangenen anderthalb Jahre hauptsächlich auf dem Gebiet der Benzinsynthese gearbeitet. Die Durchbildung dieser Synthese für die Technik sei von der Ruhrchemie A.-G. in ihrer Versuchsfabrik in Oberhausen-Holten in der Berichtszeit mit solchem Erfolge weitergetrieben worden, daß heute bereits mehrere große technische Anlagen nach dem Verfahren von Franz Fischer und H. Tropsch Benzin erzeugten. In engem Zusammenhang mit dieser Entwicklung stünden die bereits früher begonnenen Arbeiten des Instituts über die Herstellung, Inbetriebnahme und Regenerierung der Katalysatoren und die Versuche zur Steigerung der Ausbeute, die zum großen Teil nach Erreichung des gesteckten Zieles hätten abgeschlossen werden können. Hiermit sei aber das Arbeitsprogramm für Benzinsynthese bei weitem noch nicht erschöpft. Das Institut habe es sich zur Aufgabe gemacht, alle Möglichkeiten, die durch die Benzinsynthese geboten seien, bis ins äußerste auszunutzen. Es folgten zwei Vorträge: Professor Dr. H. Spatz, Direktor des Kaiser-Wilhelm-Instituts für Gehirnforschung in Berlin, sprach über „Wege der Gehirnforschung im Wandel der Zeiten“, Professor Dr. A. Kühn, Zweiter Direktor des Kaiser-Wilhelm-Instituts für Biologie in Berlin (Dahlem), sprach über „Die Auswirkung von Erbanlagen“.

Danach wurde ein Ergebenheitstelegramm an den Führer und Reichskanzler abgesandt, in dem die Forscher und Wissenschafter geloben, auch in Zukunft und vor allem im Rahmen des Vierjahresplanes die ihnen obliegenden Pflichten gewissenhaft und freudig zu erfüllen. Anschließend gab Geheimrat Planck kurze Auszüge aus dem Tätigkeitsbericht der Kaiser-Wilhelm-Gesellschaft zur Kenntnis, der sich diesmal über eineinhalb Jahre erstreckt (von Oktober 1935 bis Ende März 1937). Nachdem man das Andenken der im Geschäftsjahr gestorbenen Mitglieder durch Erheben von den Sitzen geehrt hatte und von Geheimrat Planck die Mitteilung gemacht werden konnte, daß den 44 Abgängen der ansehnliche Zugang von 170 neuen Mitgliedern gegenüberstehe, die Gesamtmitgliederzahl nun also 800 betrage, erfuhr man Einzelheiten über die Tätigkeit einiger von den 32 Forschungsinstituten, und zwar vor allem solcher, deren Arbeit für die Erfüllung gegenwärtig notwendiger nationaler Aufgaben besonders dringlich geworden ist.

Der Bau des Kaiser-Wilhelm-Instituts für Physik sei in den letzten anderthalb Jahren so weit fortgeschritten, daß demnächst schon mit der wissenschaftlichen Arbeit darin begonnen werden könne. Dank der Stiftung der „Rockefeller Foundation“ und der großzügigen Unterstützung durch die Reichsregierung sei ein Bau entstanden, der in der Anlage und in allen technischen Einzelheiten den Anforderungen des modernen Physikers entspreche. Höchstspannungsturm und Kältelaboratorium seien vor allen anderen Einrichtungen dieses Hauses interessant, weil durch ihre Laboratorien umfangreiche Forschungen auf den Gebieten der Kernphysik und der Physik der tiefsten Temperaturen ermöglicht würden. Für das Gebiet der Kernphysik bestehe bisher in Deutschland keine ähnlich ausgerüstete Versuchsanlage. Von großer Bedeutung sei es auch, daß durch diesen Neubau zum ersten Male die Möglichkeit geschaffen sei, die beiden sehr wichtigen Forschungsgebiete zu kombinieren. Das Kaiser-Wilhelm-Institut für Metallforschung

[Fortsetzung S. 328]

Goethe-Preis für Max Planck

FRANKFURT a. M. — Die Stadt Frankfurt hat Max Planck den Goethe-Preis verliehen. Die Auszeichnung erfolgte auf Grund eines Vorschlags der Freien Deutschen Gesellschaft für Kunst und Wissenschaft. Max Planck, der 89 Jahre alt ist, konnte an der aus diesem Anlaß veranstalteten Feierlichkeit aus Gesundheitsgründen nicht teilnehmen. Er war in den letzten Jahren dreimal in Vorschlag gebracht worden. Jedesmal aber hatte man in Berlin die Verleihung abgelehnt mit der Begründung, daß der Gelehrte kein Nationalsozialist sei.

6.9.1945 – Allgemeine Zeitung (IX. Abt., Rep. 1, Max Planck).

Max Planck

Von Prof. Dr. Robert Havemann

Gestern beging der weltberühmte Physiker Max Planck in Göttingen seinen 88. Geburtstag.

Wenn dereinst die Geschichte der modernen Naturwissenschaften geschrieben wird, werden die Namen zweier großer deutscher Wissenschaftler am Anfang verzeichnet stehen: Max Planck und Albert Einstein, die Begründer der Quantentheorie und der Relativitätstheorie, dieser beiden Eckpfeiler der

Aufn.: Scherl-Archiv

modernen Physik, auf denen das Gebäude einer Wissenschaft ruht, die das Bild der kommenden Epoche der menschlichen Kulturentwicklung gestalten wird.

Max Planck ging von Untersuchungen über die Licht- und Wärmestrahlung aus und gelangte in konsequenten, theoretischen Betrachtungen an Hand des Erfahrungsmaterials über die Strahlung schwarzer Körper zu dem Ergebnis, daß die Energie der Strahlung nicht in einem kontinuierlichen Strom von der Strahlungsquelle ausgesandt wird, sondern das Licht, Wärmestrahlung und alle elektromagnetische Strahlung überhaupt in einzelnen unteilbaren Teilbeträgen, den Lichtquanten, sich durch den Raum ausbreitet.

Die Planckschen Ergebnisse führten in überraschender Weise zu der alten Korpuskulartheorie des Lichtes zurück, die von Isaac Newton aufgestellt wurde und zwei Jahrhunderte lang der Huygensschen Wellentheorie des Lichtes das Feld hatte räumen müssen. Es ist bezeichnend für die durch Planck und Einstein in die Physik eingeführte Denkweise, daß die Ergebnisse der sogenannten klassischen Physik, an deren Grundlagen zuvor kaum ein Zweifel gewagt wurde, nicht für falsch erklärt zu werden brauchten, daß vielmehr nur durch Gewinnung eines höheren Standortes der Betrachtung die Grenzen der Geltung und die natürliche Begrenztheit der Denkweise der klassischen Physik sichtbar gemacht wird.

Max Planck erhielt 1919 für seine überragenden Leistungen den Nobelpreis, war Mitglied der Akademie der Wissenschaften in Berlin und vieler ausländischer wissenschaftlicher Gesellschaften und bis in die Anfangsjahre des Hitlerregimes Präsident der Kaiser-Wilhelm-Gesellschaft zur Förderung der Wissenschaften.

Der greise Forscher, der sich bis in sein hohes Alter durch unermüdliche Produktivität ausgezeichnet hat, mußte dem Hitlerregim einen furchtbaren Zoll entrichten: Sein Sohn, der Staatssekretär Erwin Planck, wurde wegen Teilnahme an dem Aufstandsversuch des 20. Juli 1944 im Anfang des Jahres 1945 von den faschistischen Mördern am 23. Januar 1945 hingerichtet.

24.4.1946 – Nachtexpress (IX. Abt., Rep. 1, Max Planck).

Im Profil gesehen:

Geheimrat Prof. Dr. Dr. h. c. Max Planck

als erster deutscher Gelehrter nach England eingeladen.

Max Planck lebt im Hause seiner Nichte in Göttingen, am oberen Rande der Stadt. Er erhebt sich, kommt dem Besucher ein paar Schritte entgegen und bietet liebenswürdig Platz an. Ein kleiner Herr, in Kleidung und Aussehen der Zeit vor dem ersten Weltkrieg angehörend. Sein eindringlicher Blick und die ersten Worte, die er spricht, lassen diese äußeren Dinge vergessen. Mit seinen 88 Jahren leidet er zwar körperlich, überschaut aber noch immer fördernd die Weiterführung seines Werks und lebt mitten in unserer Zeit.

„Die Royal Society of Science hat mich nach Cambridge eingeladen", sagt er, „zur Feier des 300. Geburtstags des großen englischen Physikers Isaac Newton. Die Fahrt nach England wird nicht einfach sein für mich alten Mann, aber ich werde die ausgestreckte Hand nicht ausschlagen. Die Wahrheit muß wieder zu Ehren kommen; die Forschung steht über Politik, Kriegen und Völkern."

„Politische Unterdrückung war ihm seit je verhaßt", wirft seine Nichte ein. Der Geheimrat nickt zustimmend und beginnt zu erzählen, was sich in den 90er Jahren in Berlin zugetragen hat: ein jüdischer Dozent wagte es, sich offen als Sozialdemokrat zu bekennen. Das Kultusministerium hatte zweimal an die Philosophische Fakultät das Ansuchen gestellt, ihm die Lehrbefugnis zu entziehen. Zweimal lehnte die Fakultät es ab, und beidemal hatte Prof. Planck den Dozenten verteidigt. „Wie sich im Dritten Reich die Unterdrückung der Wissenschaft ausgewirkt hat", schließt der Geheimrat, „das entzieht sich heute noch der Bekanntgabe".

Der Besucher verabschiedet sich bald, um den Greis am Vorabend seiner Abreise nicht zu überanstrengen, und sucht seinen Vertrauten und Mitarbeiter, Professor Dr v. Laue auf, um mehr über des Geheimrats Lebenswerk zu erfahren. Es stellt sich kurz etwa so dar: im Jahrhundert der Dampfmaschine war man zu der Überzeugung gekommen, daß es möglich sein müsse, Wärme und mechanische Energie beliebig ineinander zu verwandeln. Die Verwandlung von mechanischer Arbeit in Wärme gelang restlos. Die Umkehrung jedoch ist nur bedingt realisierbar. Es wurde ein Maß dafür aufgestellt, wie weit ein Vorgang sich dem Ideal der Umkehrbarkeit nähert. Dieses Maß nannte man die Entropie. Hier nun setzt Plancks ureigenstes Forschungswerk ein. Die Arbeit auf diesem — wie es damals schien — unbedeutenden Teilgebiet führte ihn zu einer völlig neuen Erkenntnis, die zu einem hochwichtigen Zweig der Wissenschaft wurde: zur Quantentheorie. Sie hat viele Berührungspunkte mit der Einsteinschen Relativitätstheorie und sollte später ihren Beitrag zur Erforschung der Atomenergie leisten. Planck war es, der als einer der ersten im Jahre 1905 die Bedeutung der Relativitätstheorie erkannte und Albert Einstein an das Kaiser-Wilhelm-Institut brachte. Plancks Entdeckung führte schließlich zur größten Revolution in der Physik überhaupt, vor der wir heute so staunend und schaudernd stehen.

„Aber er war nicht nur Forscher", sagt Professor von Laue. „Er war ein begeisternder akademischer Lehrer. Als knapp Dreißigjähriger wurde er 1887 als Nachfolger Gustav Kirchhoffs auf den Lehrstuhl für mathematische Physik der Universität Berlin berufen und wirkte 40 Jahre lang als Lehrer dort. Er war Dekan ihrer größten Fakultät und ein Jahr lang ihr Rektor. Er ist Ehrenpräsident der Kaiser-Wilhelm-Gesellschaft, Nobelpreisträger für Physik, seit fünfzig Jahren Mitglied der Preußischen Akademie der Wissenschaften und Ehrenmitglied fast aller großen wissenschaftlichen Gesellschaften der Welt.

Groß war die Zahl seiner Studenten, aber größer noch ist der Kreis derer, die aus seinen ungezählten Lehrbüchern und Abhandlungen indirekt durch ihn überhaupt Physik verstehen gelernt haben. Ich möchte glauben, daß jeder deutsche Physiker und mancher nichtdeutsche das unterschreiben wird, was ein bedeutender Gelehrter, der selbst nie bei Planck gehört hat, zu mir sagte: ‚Wir sind doch alle seine Schüler.'

1946 – vermutlich Probedruck (da ohne bedruckte Rückseite) einer Zeitung der englischen Besatzungsmacht, keine Quelle zu ermitteln (IX. Abt., Rep. 1, Max Planck).

Persönlichkeiten aus dem deutschen Kulturleben. — Von links nach rechts: Der Dichter Johannes R. Becher, Präsident des Kulturbundes zur demokratischen Erneuerung Deutschlands, sprach letzthin mehrfach in der amerikanischen Besetzungszone; der Geiger Prof. Karl Klingler, dessen berühmtes Streichquartett der nationalsozialistischen „Kulturpolitik" zum Opfer fiel, im Gespräch mit dem großen Physiker und Nobelpreisträger Geheimrat Max Planck, der auf englische Einladung an der Londoner Newton-Feier teilnahm; der Dramatiker und Arzt Dr. Friedrich Wolf, dessen „Professor Mamlock" jetzt von den Münchener Kammerspielen erstaufgeführt wird

26.7.1946 – Die Neue Zeitung (IX. Abt., Rep. 1, Max Planck).

Max Planck zum Gedächtnis

Von Geheimrat Prof. Dr. Arnold Sommerfeld

In der Frühe des 4. Oktobers 1947 ist in Göttingen der berühmte deutsche Physiker und Nobelpreisträger Geheimrat Prof. Dr. Max Planck nach kurzer schwerer Krankheit gestorben. Die nachstehende Würdigung schrieb für die „Neue Zeitung" ein anderer Gelehrter von internationalem Ruf und naher Freund des Verstorbenen, der wegen seines Eintretens für die Planck-Einsteinsche Theorie während des nationalsozialistischen Regimes seinen Lehrstuhl an der Universität München verlor.

Ein ganz Großer im Reich der Wissenschaft ist von uns gegangen, der Entdecker der Quantentheorie, im hohen Alter von fast neunzig Jahren.

Er ist in Kiel geboren und kam in jungen Jahren nach München, wohin sein Vater in die Juristische Fakultät der Universität berufen worden war. Der Sohn hat hier studiert, wurde mit einundzwanzig Jahren promoviert und als Privatdozent für Physik habilitiert. Er hatte vorübergehend geschwankt, ob er sich der Physik oder der Musik zuwenden sollte. Bis in sein hohes Alter blieb Planck ein perfekter Klavierspieler, der die Notenschrift glatt von einer Tonart in die andere transponieren konnte.

Seine Habilitationsschrift behandelte den sogenannten zweiten Hauptsatz der Wärmelehre. Er fand damit, wie er selbst kürzlich noch schilderte, nicht viel Anklang. Das hat ihn aber in keiner Weise irrig gemacht. Er ging auf dem Weg, den er als richtig erkannt hatte, fort und gelangte zu seiner großen Entdeckung.

Nachdem er kurze Zeit außerordentlicher Professor in Kiel gewesen war, rief der weitblickende Helmholtz den erst Einunddreißigjährigen auf den Lehrstuhl für theoretische Physik in Berlin als Nachfolger von Kirchhoff.

In der Physikalisch-Technischen Reichsanstalt war der Gleichgewichtszustand der Strahlung in einem gleichtemperierten Hohlraum mit größter Präzision beobachtet worden. Nach einem Satz von Kirchhoff hatte man es hier mit einem System zu tun, das von den Eigenschaften der Wände völlig unabhängig war und nur auf den universellen Eigenschaften der elektromagnetischen Strahlung beruhte. Auf dieses System wandte Planck seine Auffassung der Wärmelehre an. Er konnte den Beobachtungen nur gerecht werden, wenn er eine neue Naturkonstante, das *elementare Wirkungsquantum*, einführte, das nach der Natur des Problems universellen Charakter haben, das heißt von allen sonstigen Eigenschaften der Materie unabhängig sein mußte. Die Bedeutung dieser Konstanten liegt darin, daß sie, mit der Schwingungszahl der Strahlung multipliziert, die kleinste Einheit der Energie für die betreffende Schwingungszahl liefert. Wie die Materie aus kleinsten Einheiten, den Atomen des betreffenden Stoffes, zusammengesetzt ist, so hat auch die Energie eine Art atomistischer Struktur. Dies war eine für die damalige Physik unerhörte und unglaubliche Tatsache.

Die Entdeckung der Quantentheorie fiel in das Jahr 1900. Die Arbeit der folgenden Jahrzehnte war zum großen Teil der experimentellen Bestätigung und theoretischen Verarbeitung dieser Entdeckung gewidmet. Das rapide Aufblühen der Atomphysik war ihr zu verdanken. Im Vorwort zu meinem Buche „Atombau und Spektrallinien" vom Jahre 1919 schrieb ich: „Alle ganzzahligen Gesetze der Spektrallinien und der Atomistik fließen letzten Endes aus der Quantentheorie. Sie ist das geheimnisvolle Organon, auf dem die Natur die Spektralmusik spielt und nach dessen Rhythmus sie den Bau der Atome und Kerne regelt."

Planck war sich der Tragweite seiner Entdeckung von Anfang an bewußt. Dies geht aus einer Mitteilung hervor, die mir der jüngst verstorbene Professor Bavink bei Gelegenheit seines diesjährigen Münchener Vortrags machte, und die er seinem Freunde, dem Sohn Erwin Planck, verdankte: Der Vater habe ihm im Jahre 1900 bei einem Spaziergang im Grunewald gesagt: „Heute habe ich eine Entdeckung gemacht, die ebenso wichtig ist wie die Entdeckung Newtons." Im Munde Plancks war diese Äußerung weit entfernt von einer Ruhmredigkeit. Sachlichkeit war seine Richtschnur bei jeder Zeile, die er schrieb, bei jedem Worte, das er sprach. So betrifft auch diese Äußerung nicht seine Person, sondern die Wichtigkeit der neu entdeckten Naturkonstanten.

Planck war eine wunderbar ausgeglichene Persönlichkeit, zu der jeder Vertrauen hatte. Nach dem Tode von Adolf Harnack wurde er Präsident der Kaiser-Wilhelm-Gesellschaft. Das Kaiser-Wilhelm-Institut für Physik führt den Namen „Max Planck-Institut".

Der große Gelehrte war auch ein großer Bergsteiger. Noch mit achtzig Jahren machte er schwierige Bergtouren, die ihn in Höhen bis zu 3000 Metern führten. Einer streng geregelten Lebensweise verdankte er seine erstaunlich geistige und körperliche Frische bis ins hohe Greisenalter.

Als Repräsentant der deutschen Wissenschaft fühlte er sich verpflichtet, Hitler wegen seiner wissenschaftsfeindlichen Politik persönliche Vorstellungen zu machen und für die jüdischen Gelehrten einzutreten. Natürlich wurde er schroff zurückgewiesen. Aber mehr noch: am 4. Februar 1945 schrieb er mir: „Ich muß Ihnen davon Mitteilung machen, daß mein ältester Sohn Erwin unmittelbar nach den Geschehnissen des 20. Juli vorigen Jahres

lediglich auf Grund der Tatsache, daß einige der Attentäter zu seinem Bekanntenkreis gehörten, verhaftet und vom Volksgericht zum Tode verurteilt wurde. Das Urteil ist, wie ich nur auf indirektem Wege erfahren habe, am 23. vorigen Monats vollstreckt; damit bin ich meines nächsten und besten Freundes beraubt worden. Ich ringe um die Kraft, mein zukünftiges Leben durch gewissenhafte Arbeit sinnvoll zu gestalten." So ist auch diesem sonst so harmonischen Gelehrtendasein der tiefste Vaterschmerz nicht erspart geblieben.

Im letzten Jahrzehnt hat Planck sich den Dank einer großen Gemeinde durch schöne Vorträge allgemeinen Inhalts erworben, über die Methoden der Naturerkenntnis, über Kausalität und Willensfreiheit, über ethische und religiöse Fragen. Hier zeigt er sich nicht nur als großer Gelehrter, sondern auch als wahrer Weiser und gütiger Menschenfreund.

6.10.1947 – Die Neue Zeitung (IX. Abt., Rep. 1, Max Planck).

Obituary

PROFESSOR MAX PLANCK

THE QUANTUM THEORY

Our Berlin Correspondent reports that Professor Max Planck, who shares with Professor Einstein the main credit for having inaugurated the fundamental revision of physical concepts which has been proceeding during this century, died at Göttingen on Saturday. In many ways his work has been more revolutionary and far-reaching even than that of the originator of the theory of relativity.

There is a nice balance in the respective theories which they put forward. Whereas Professor Einstein taught the relativity of physical measurements which formerly had been thought to have absolute significance, Planck discovered in nature an absolute unit where previously relativity had held sway. The unit is known as the quantum of action. It has the dimensions of energy multiplied by time, and is exceedingly minute, being about 6.55×10^{-27} erg-seconds. Nevertheless it is the most fundamental constant in nature. Planck first put forward his theory to account for certain phenomena in the study of heat radiation, but it has subsequently been found applicable to all phenomena on an atomic scale where observation is sufficiently close to make a test possible. His theory may

now be put forward as a general law of nature, that energy is not liberated continuously by atoms or molecules, but discretely, in quanta or "packets." The theory can be expressed in a simple formula—and Planck firmly believed throughout his life that the more general the law the simpler its expression. If ε is the energy transmitted as a vibration of frequency ν there is a constant h (Planck's constant) such that ε/ν is h, or $2h$, or some other small integral multiple of h. This discovery of a fundamental discontinuity in the processes of nature can hardly be underestimated. It is parallel to the discontinuity in matter revealed by the discovery of the electron and proton. Since the introduction of the infinitesimal calculus by Leibniz and Newton, physics had been built on the assumption of the continuity of all causal chains of events. The discovery of a universal quantum of action has upset this basis; and for the discovery Planck bears the undivided glory.

Max Planck was born at Kiel on April 23, 1858. His father, who was Professor of Constitutional Law at Kiel University and later at Göttingen, was joint author of the Prussian Civil Code. Planck's faculty for sifting experimental evidence has sometimes been attributed to his parentage, but as this faculty has been a *sine qua non* of all great men of science, irrespective of parents, it need not be ascribed to heredity. At the age of 17 he entered Munich University, where his main subject was physics. Three years later he attended courses at Berlin University, and sat at the feet of that great triumvirate, Helmholtz, Kirchhoff, and Weierstrass. It was Kirchhoff who directed his attention to thermodynamics. His thesis for the doctorate, which he received from the University of Munich *summa cum laude* in 1879, was on the Second Law of Thermodynamics. After five years as a *Privatdozent* at Munich, Planck was appointed Professor of Physics at the University of his native town. In 1889 he left Kiel for Berlin as Professor Extraordinarius, and in 1892 succeeded Kirchhoff in the chair of Experimental Physics. There he remained for the rest of his teaching life.

Planck's great discovery was announced in a paper "On the Distribution of Energy in a Normal Spectrum" communicated to the German Physical Society on December 14, 1900; it symbolized the end not only of a century but of an age. All the previous 20 years of his academic life had led in one way or another to this result, but Planck himself, on looking back at the "long and tortuous road," was forcibly reminded of Goethe's saying, *Es irrt der Mensch so lang' er strebt.* Kirchhoff had shown that the distribution in wave-length of the heat radiation produced in an enclosure surrounded by any emitting or absorbing bodies, all at the same temperature, was independent of the nature of such bodies. This pointed to the existence of a universal function expressing the distribution of radiant energy in an enclosure in terms of temperature and wave-length, and Planck spent many years searching for this function. He met with many setbacks, but in 1899, when he attacked the problem from the standpoint of thermodynamics, success drew nearer. He was helped by the law enunciated in 1896 by Wien. His eventual discovery was the result of theoretical considerations based on the work of Boltzmann, and of a detailed study of the experimental results, particularly the then recent ones of Lummer and Pringsheim, on the distribution of energy in the spectrum of heat radiation from an enclosure. What he found was that the experimental results could only be expressed by assuming that the emission of radiant energy took place in discrete units, or quanta, the magnitude of which depended upon the frequency in question. To develop the subsequent history of the theory would be to re-tell one half of modern physics. It must suffice to indicate the main steps by which Planck's discovery was elevated into a universal law of Nature. They are Einstein's law of the photoelectric effect (1905), which extended the principle to cover the transfer of energy from light to electrons; the close agreement of Planck's deduction of the electronic charge with the measurements of Rutherford and Geiger (1908), which brought wide conviction of its truth; Bohr's quantum theory of spectra (1913), with its derivation of Balmer's formula and Rydberg's constant; and Sommerfeld's spectroscopic theories. In still more recent years the mathematical theories developed by de Broglie, Schrödinger, Heisenberg, and Dirac have crowned the work begun by Planck.

In 1907 Planck received an invitation to succeed Boltzmann as Professor of Physics at Vienna, but, while he felt honoured by the invitation, he decided to stay in Berlin. In 1912 he was appointed Permanent Secretary to the Prussian Academy for Science, and in the year 1913-14 was Rector of Berlin University. The Nobel Prize for Physics was awarded to him in 1918. In 1926 he became Professor Emeritus, Dr. Schrödinger succeeding him in the chair. He was elected a Foreign Member of the Royal Society in 1926, and in 1929 was awarded the society's most coveted distinction, the Copley Medal. When Adolf Harnack died in 1930 it was almost inevitable that Planck should succeed him as president of the Kaiser Wilhelm Society, the highest academic post in Germany. Planck remained active long after the allotted span—he climbed the Jungfrau to celebrate his seventy-second birthday—and his position as the *doyen* of international science was undisputed. His house in the Grunewald colony was a Mecca for physicists the world over. His scientific writings, beginning as far back as 1879, dealt mainly with the subject of heat, but included lucid expositions of general physics, and showed that apart from his discovery of the quantum of action he would have been in the front rank of men of science.

Planck was drawn into some discussion of the more philosophical aspects of science. Some years ago, in a discussion with Mach, he controverted the positivist theory which would reduce science to mere description. More recently he felt obliged to take notice of the sweeping philosophical deductions which were drawn from the quantum theory. It was commonly asserted that the old determinism of science had been banished and something approaching free will established in natural processes. Planck protested that for his part he believed the causal principle would be rehabilitated, though its traditional formulation might have to be revised. He even appeared to suggest that man's consciousness of free will was an illusion, which would disappear on a fuller view, thus seemingly reversing Kant's dictum about man's empirical determinism and transcendental freedom.

Planck was held by his colleagues in a respect amounting to reverence. This was the result of extraordinary personal qualities no less than admiration for his scientific eminence. He united two seemingly opposed sets of characteristics, applying himself to routine questions with the most thorough patience and discipline and yet approaching major scientific problems in a profoundly original way. He showed in a supreme degree that greatest of scientific gifts, the disciplined imagination. He was an artist no less than a man of science, and it is worth recalling that at one time a musical career was seriously considered for him. In his work there was also something approaching a religious spirit. He decried scepticism, and insisted on the need for faith in the man of science. Professor Einstein once likened him to the devotee or lover, whose inspiration rose from a hunger of the soul.

Planck married twice—in 1887 and 1911. By his first wife, Marie Merck, he had two sons and twin daughters, and by his second wife, Margaret von Hoesslin, another son. His domestic life was afflicted by sorrows which undoubtedly left their mark in his brooding countenance. His two daughters died soon after marriage, while a talented son lost his life in the war. Another son was wounded, but lived to become Secretary of State to the Chancellor in the von Papen Government.

Planck and his wife were able to visit England in 1946, on the occasion of the Royal Society Newton celebrations, and were obviously much gratified by the respectful attention shown to them by England's leading men of science. Although physically feeble, the great man showed on that occasion a lively interest in all that was going on, and spoke with clear memory and affection of his former visits to England.

6.10.1947 – The Times, London (IX. Abt., Rep. 1, Max Planck).

Literatur von und über Max Planck in Auswahl

zusammengestellt von Nadja Echewitsch

Veröffentlichungen von Max Planck

Werke

Über den zweiten Hauptsatz der mechanischen Wärmetheorie. München 1879, 61 S. – München, Univ., Phil. Fak., Diss., 1879.

Über Gleichgewichtszustände isotroper Körper in verschiedenen Temperaturen. München 1880, 63 S. – München, Univ., Habil.-Schr., 1880.

Das Princip der Erhaltung der Energie. Leipzig 1887, XII, 247 S. (= Preisaufgabe der Philosoph. Fak. der Universität Göttingen).

Grundriß der allgemeinen Thermochemie. Mit einem Anhang: Der Kern des zweiten Hauptsatzes der Wärmetheorie. Breslau 1893, IV, 161 S.

Antrittsrede: gehalten am 28. Juni 1894 zur Aufnahme in die Akademie. In: Sitzungsberichte der Preußischen Akademie der Wissenschaften (1894), S. 641-644.

Über irreversible Strahlungsvorgänge, 1.-5. Mitteilung. In: Sitzungsberichte der Preußischen Akademie der Wissenschaften (1897-1899).
1. Mitteilung (1897), S. 57-68. – 2. Mitteilung (1897), S. 715-717 – 3. Mitteilung (1897), S. 1122-1145. – 4. Mitteilung (1898), S. 449-476. – 5. Mitteilung (1899), S. 440-480.

Vorlesungen über Thermodynamik. Leipzig 1897, VI, 248 S., graph. Darst.

Über eine Verbesserung der Wienschen Spektralgleichung. In: Deutsche Physikalische Gesellschaft: Verhandlungen. Reihe 2, 2 (1900), S. 202-204.

Zur Theorie des Gesetzes der Energieverteilung im Normalspectrum. In: Deutsche Physikalische Gesellschaft: Verhandlungen. Reihe 2, 2 (1900), S. 237-245.

Das Prinzip der Relativität und die Grundgleichungen der Mechanik. In: Deutsche Physikalische Gesellschaft: Verhandlungen. Reihe 2, 8 (1906), S. 136-141.

Vorlesungen über die Theorie der Wärmestrahlung. Leipzig 1906, VIII, 222 S.

Die Einheit des physikalischen Weltbildes. Vortrag, gehalten am 9. Dez. 1908 in der Naturwissenschaftl. Fakultät des Studentenkorps an der Universität Leiden. Leipzig 1909, 38 S.

Acht Vorlesungen über theoretische Physik, gehalten an der Columbia University in the City of New York im Frühjahr 1909. Leipzig 1910, 127 S., graph Darst.

Die Stellung der neueren Physik zur mechanischen Naturanschauung. Vortrag, gehalten am 23. Sept. 1910 auf der 82. Versammlung Dt. Naturforscher u. Ärzte in Königsberg i. Pr. Leipzig 1910, 33 S.

Neue Bahnen der physikalischen Erkenntnis. Rede des antretenden Rektors. In: Rektorwechsel an der Friedrichs Wilhelms-Universität zu Berlin, am 15. Oktober 1913, S. 25-45.

Bericht über die Feier zum Gedächtnis des Stifters der Berliner Universität König Friedrich Wilhelms III am Jahrestage seiner Geburt, dem 3. August 1914, erstattet von dem derzeitigen Rektor. Berlin 1914, 41 S.

Einführung in die theoretische Physik. Leipzig.
1. Einführung in die allgemeine Mechanik. – [1. Aufl.] 1916 – 5. Aufl. 1937.
2. Einführung in die Mechanik deformierbarer Körper. – [1. Aufl.] 1919 – 3. Aufl. 1931.
3. Einführung in die Theorie der Elektrizität und des Magnetismus. – [1. Aufl.] 1922 – 3. Aufl. 1937.
4. Einführung in die theoretische Optik. – [1. Aufl.] 1927 – 2. Aufl. 1931.
5. Einführung in die Theorie der Wärme. – [1. Aufl.] 1930.
Verschiedene Übersetzungen, u. a. ins Englische, Spanische, Japanische.

Die Entstehung und bisherige Entwicklung der Quantentheorie. Nobel-Vortrag, gehalten vor der Königlich Schwedischen Akademie der Wissenschaften zu Stockholm am 2. Juni 1920. Leipzig 1920, 32 S.

Physikalische Rundblicke. Gesammelte Reden u. Aufsätze. Leipzig 1922, 168 S.

Kausalgesetz und Willensfreiheit. Öffentlicher Vortrag, gehalten in der Preußischen Akademie der Wissenschaften am 17. Februar 1923. Berlin 1923, 52 S.

Vom Relativen zum Absoluten. Gastvorlesung, gehalten in der Universität München am 1. Dezember 1924. Leipzig 1925, 24 S.

Physikalische Gesetzlichkeit im Lichte neuerer Forschung. Vortrag, gehalten am 14. Februar 1926 in den akademischen Kursen von Düsseldorf. Leipzig 1926, 48 S.

Das Weltbild der neuen Physik. Leipzig 1929, 52 S.

Wissenschaft und Glaube. In: Berliner Tageblatt (1930) 607, Donnerstag, 25. Dezember.

Positivismus und reale Außenwelt. Leipzig 1931, 35 S. Vortrag, gehalten am 12. November 1930 im Harnack-Haus der Kaiser-Wilhelm-Gesellschaft zur Förderung der Wissenschaften.

Der Kausalbegriff in der Physik. Leipzig 1932, 26 S.

Ursprung und Auswirkung wissenschaftlicher Ideen. In: Verein Deutscher Ingenieure. Zeitschrift 77 (1933) 8, S. 185-190.

Wege zur physikalischen Erkenntnis. Reden und Vorträge. Leipzig 1933, IX, 280 S.

Die Physik im Kampf um die Weltanschauung. Vortrag, gehalten am 6. März 1935 im Harnack-Haus, Berlin-Dahlem. [1. Aufl.] Leipzig 1935, 32 S.

Vom Wesen der Willensfreiheit. Vortrag, gehalten zuerst in der Deutschen Philosophischen Gesellschaft zu Berlin am 21. Februar 1936. Leipzig 1936, 30 S.

Determinismus oder Indeterminismus? Vortrag. Leipzig 1938, 32 S.

Religion und Naturwissenschaft. Vortrag gehalten im Baltikum (Mai 1937). Leipzig 1938, 32 S.

Sinn und Grenzen der exakten Wissenschaft. Vortrag, gehalten zuerst im November 1941 im Goethe-Saal des Harnack-Hauses der Kaiser-Wilhelm-Gesellschaft zur Förderung der Wissenschaften zu Berlin. Leipzig 1942, 33 S.

Zur Geschichte der Auffindung des physikalischen Wirkungsquantums. In: Die Naturwissenschaften 31 (1943), S. 153-159.

Scheinprobleme der Wissenschaft. Max Planck vor den Göttinger Naturwissenschaftlern. In: Göttinger Universitäts-Zeitung (1946) 15, S. 9-11.

Max Planck in seinen Akademie-Ansprachen. Erinnerungsschrift der Deutschen Akademie der Wissenschaften zu Berlin. Berlin 1948, 204 S.

Vorträge und Erinnerungen. 5., [erw.] Aufl. der „Wege zur physikalischen Erkenntnis", Volksausg. Stuttgart 1949, VI, 380 S. – 6. bis 12. Aufl., unveränd. Reprograf. Nachdr. d. 5. Aufl., 1949–1983.

Physikalische Abhandlungen und Vorträge. Aus Anlaß seines 100. Geburtstages (23. April 1958) hrsg. von d. Verband Deutscher Physikalischer Gesellschaften u. der Max-Planck-Gesellschaft zur Förderung der Wissenschaften e. V. Braunschweig 1958, Bd. 1–3. Bd. 1. XV, 776 S. – Bd. 2. XI, 716 S., 1 Faks. – Bd. 3. XII, 426 S. [inhaltsgleich mit „Vorträge und Reden", 1958].

Vorträge und Reden. Aus Anlaß seines 100. Geburtstages (23. April 1958) hrsg. von der Max-Planck-Gesellschaft zur Förderung der Wissenschaften in Gemeinschaft mit d. Verband Deutscher Physikalischer Gesellschaften. Braunschweig 1958, VIII, 426 S.

Scienza filosofia e religione. A cura di Filippo Selvaggio. Milano 1965, 284 S. (Filosofi contemporanei, 5). – 2. ed. 1973, XIV, 192 S. [Nota introd. di Albert Einstein].

Vorlesungen über Thermodynamik. 11. Aufl., erw. um eine Biographie von Max Planck und ein Kapitel über einige Grundbegriffe aus der Thermodynamik irreversibler Prozesse von Max Päsler. Berlin [u. a.] 1964, XXXVI, 343 S.

Vom Wesen der Willensfreiheit und andere Vorträge. Mit einer Einl. von Armin Hermann. Frankfurt am Main 1991, 251 S. (Fischer Taschenbuch, 10472: Philosophie). – Neuaufl.: Frankfurt am Main 1997 [fälschlich angegeben: 1990!], 251 S.

Selbstzeugnisse

[Notices biographiques]. In: Les prix nobel 1919/20 (1922), S. 118-119, Portr.

Persönliche Erinnerungen. In: Deutsche Physikalische Gesellschaft: Verhandlungen. Reihe 3, 16 (1935) 1, S. 11-16.

Persönliche Erinnerungen aus alten Zeiten. In: Die Naturwissenschaften 33 (1946) 8, S. 230-235.

Mein Besuch bei Adolf Hitler. In: Physikalische Blätter 3 (1947) 5, S. 143. – Nachdr. in: Max Planck. Ein Leben für die Wissenschaft, 1858 – 1947. Mit einer Ausw. der allgemeinverständlichen Schriften von Max Planck. Von John L. Heilbron. Stuttgart 1988, S. 253. – 2., korrigierte u. erg. Aufl. Stuttgart 2006, S. 375f.

Erinnerungen. [Der Max-Planck-Gesellschaft zum 90. Geburtstag ihres Namensträgers gewidmet vom Hrsg.] W. Keiper. Als Ms. gedr. Berlin 1948, 287 Sp. (Alfred-Nobel-Reihe, 1), (Das Dokument).

Wissenschaftliche Selbstbiographie, mit einem Bildnis und der von Max von Laue gehaltenen Traueransprache. [1. Aufl.]. Leipzig 1948, 33 S. – 2. Aufl.: Leipzig 1948. – 3. Aufl.: Leipzig 1955. – 4. Aufl.: Leipzig 1967. – 5. Aufl.: Leipzig 1970, 24 S. – Nachdr. in: Max Planck. Ein Leben für die Wissenschaft, 1858–1947. Mit einer Ausw. der allgemeinverständlichen Schriften von Max Planck. Von John L. Heilbron. Stuttgart 1988, S. 225-252. – 2., korrigierte und erg. Aufl. Stuttgart 2006, S. 348-374.

Scientific autobiography and other papers. With a memorial address on Max Planck. By Max von Laue. Transl. from German by Frank Gaynor. New York 1949, 192 S., 1 Portr. [Originaltitel: Wissenschaftliche Selbstbiographie <engl.>. Zusammenstellung von 5 Aufsätzen aus den Jahren 1947 u. 1948].

Persönliche Erinnerungen aus alten Zeiten. In: Max Planck: Vorträge und Erinnerungen. 5., [erw.] Aufl. der „Wege zur physikalischen Erkenntnis“, Volksausg. Stuttgart 1949, S. 1-4. – 6. bis 12. Aufl., unveränd. reprograf. Nachdr. d. 5. Aufl., 1949–1983.

Autobiographie scientifique et derniers écrits. Introd., trad. et notes d'André George. Paris 1960, 220 S. (Les savants et le monde).

Selbstdarstellung, 1942. Berlin 1983, 16 S. (Aus der Arbeit von Plenum und Klassen der AdW der DDR, 8,4). [Kommentar von Christa Kirsten. Erstmals publiziertes Filmporträt Plancks von 1942].

Autobiografia scientifica. In: La conoscenza del mondo fisico (1993), S. 11-32 [Originaltitel: Wissenschaftliche Selbstbiographie <ital.>].

Brieftagebuch zwischen Max Planck, Carl Runge, Bernhard Karsten und Adolf Leopold, mit den Promotions- und Habilitationsakten Max Plancks und Carl Runges im Anhang. Eingel. und annotiert von Klaus Hentschel und Renate Tobies. Berlin 1999, 273 S., Ill. (Berliner Beiträge zur Geschichte der Naturwissenschaften und der Technik, 24).

(Bio-) Bibliographien

Arnold Sommerfeld: Max Planck zum sechzigsten Geburtstage. In: Die Naturwissenschaften 6 (1918) 17, [Publikations-Verzeichnis: S. 199-202].

Walther Meißner: Max Planck zum Gedächtnis. Verzeichnis der Veröffentlichungen Max Plancks. In: Zeitschrift für Naturforschung 2a (1947), S. 587-595.

Max Born: Max Karl Ernst Ludwig Planck, 1858–1947. In: Obituary notices of fellows of the Royal Society <London> 6 (1948), Veröffentlichungen: S. 181-188.

Walther Gerlach: Die Quantentheorie. Max Planck, sein Werk und seine Wirkung, mit einer Bibliographie der Werke Plancks. Bonn 1948, 36 S. (Wissenschaft der Zeit). – Bibliographie: S. 31-36.

Max Planck in seinen Akademie-Ansprachen. Erinnerungsschrift der Deutschen Akademie der Wissenschaften zu Berlin. Berlin 1948, 204 S. – Verzeichnis seiner gedruckten Schriften: S. 184-199.

Guido Zappa: Ultimi scritti di Max Planck. In: Studium 53 (1957) 1, S. 284-293.

Max Planck. A bibliography of his nontechnical writings. Office for History of Science and Technology, Univ. of California, Berkeley. [... compiled by Henry Lowood]. Berkeley 1977, V, 69 S. (Berkeley papers in history of science, 1).

J. L. Heilbron: Bibliography. In: Heilbron: The dilemmas of an upright man. Max Planck as spokesman for German science. Berkeley [u. a.] 1986, S. 205-223.– Desgl. 1st. paperpack ed. Cambridge 2000, 221-241.
Französ. Ausgabe: Planck – une conscience déchirée, 1858–1947. Paris 1988 (Un savant, une époque), S. 230-251.

Petra Hauke: Planck-Bibliographie, zum Gedenken an seinen 50. Todestag am 4. Oktober 1997. München 1997, 88 S., Ill. (Berichte und Mitteilungen. Max-Planck-Gesellschaft zur Förderung der Wissenschaften (1997) 4.

Petra Hauke: Literatur über Max Planck. Bestandsverzeichnis. Anlässl. des Jubiläums 100 Jahre Quantentheorie bearb. und hrsg. von Petra Hauke. Unter Mitarb. von Maren Dißmann. Berlin 2001, 99 S., Ill. (Veröffentlichungen aus dem Archiv zur Geschichte der Max-Planck-Gesellschaft, 14).

Literatur über Max Planck

Biographien

Hans Hartmann: Max Planck als Mensch und Denker. Berlin 1938, 189 S., Ill. – Neuaufl.: Berlin 1943, 200 S. – 2., neubearb. Aufl.: Leipzig 1948, 126 S. – 3. Aufl.: Basel [u.a.] 1953, 255 S. – Ungekürzte Taschenbuchausg.: Berlin 1964, 173 S. (Ullstein Buch, 490).

Armin Hermann: Max Planck in Selbstzeugnissen und Bilddokumenten. Reinbek bei Hamburg 1973, 148 S., zahlr. Ill. (Rowohlts Monographien, 198).
Französ. Ausgabe.: Max Planck. Monographie. Traduit de l'allemand par Claire Wagner. Paris 1977, 156 S., Ill.; Japan. Übers., 1977, 214 S.

Mohamed Y. Haschmi: Max Planck, der große Physiker. Mit Anhang über [die] Max-Planck-Gesellschaft zur Förderung der Wissenschaften. Aleppo, Syrien 1977, 223 S., Portr. [Text in arab. Schrift].

John L. Heilbron: The dilemmas of an upright man. Max Planck as spokesman for German science. Berkeley [u.a.] 1986, XIII, 238 S., Ill.
1st. paperpack ed. u. d. T.: The dilemmas of an upright man. Max Planck and the fortunes of German science. With a new afterword. Cambridge 2000, XIII, 254 S. : Ill.
Französ. Ausgabe: Planck – une conscience déchirée, 1858–1947. Trad. par Nicole Dhombres. Préf. de Pierre Gilles de Gennes. Paris 1988, 255 S., zahlr. Ill., Portr. (Un savant, une époque).
Deutsche Ausgabe: Max Planck: ein Leben für die Wissenschaft, 1858–1947. Mit einer Auswahl der allgemeinverständlichen Schriften von Max Planck. Von John L. Heilbron. [Übers. aus dem Amerikan.: Norma von Ragenfeld-Feldman]. Stuttgart 1988, 474 S., Ill. – 2., korrigierte und erg. Aufl. Stuttgart 2006, XIII, 647 S.

Igor Jex: Max Planck, hledac absolutna. 1. vydání. Praha 2000, 56 S. (Edice velké postavy vedeckého nebe, svazek, 8).

Astrid von Pufendorf: Die Plancks. Eine Familie zwischen Patriotismus und Widerstand. Berlin 2006, 512 S., Ill. – Erw. Ausg. Berlin 2006, 526 S., Ill. (List Taschenbuch, 60750).

Ernst Peter Fischer: Der Physiker. Max Planck und das Zerfallen der Welt. München 2007, 351 S., Ill.

Dieter Hoffmann: Max Planck. Die Entstehung der modernen Physik. München 2008 [im Druck].

Würdigungen

Albert Einstein: Max Planck als Forscher. In: Die Naturwissenschaften 1 (1913) 45, S. 1077-1079. – Nachdr. in: Berichte u. Mitteilungen, Max-Planck-Gesellschaft, (1997) 3, S. 17-21.

Max Planck zur Feier seines 60. Geburtstages. In: Die Naturwissenschaften 6 (1918) 17, S. [193]-263 [mit Publikations-Verzeichnis Planck].

Zu Max Plancks sechzigstem Geburtstag. Ansprachen, gehalten am 26. April 1918 in der Deutschen Physikalischen Gesellschaft von E. Warburg, M. v. Laue, A. Sommerfeld und A. Einstein, nebst einer Erwiderung von M. Planck. Karlsruhe 1918, 36 S.
Enth.: Emil Warburg: Planck und die Deutsche Physikalische Gesellschaft, S. 3-5, graph. Darst. – Max von Laue: Plancks thermodynamische Arbeiten, S. 6-15. – Arnold Sommerfeld: Über die Entdeckung der Quanten, S. 16-28. – Albert Einstein: Motive des Forschens, S. 29-32.

Hendrik A. Lorentz: Max Planck und die Quantentheorie. In: Die Naturwissenschaften 13 (1925) 51, S. 1077-1082.

Max Planck zur Feier seines goldenen Doktorjubiläums. In: Die Naturwissenschaften 17 (1929) 26. – Enth.: A. Sommerfeld: Über die Anfänge der Quantentheorie von mehreren Freiheitsgraden, S. 481-483. – Note by Professor Sir E. Rutherford, S. 483. – N. Bohr: Wirkungsquantum und Naturbeschreibung, S. 483-486. – E. Schrödinger: Die Erfassung der Quantengesetze durch kontinuierliche Funktionen, S. 486-490. – W. Heisenberg: Die Entwicklung der Quantentheorie 1918–1928, S. 490-496. – G. Hertz: Die Bedeutung der Planckschen Quantentheorie für die Experimentalphysik, S. 496-498. – P. Jordan: Die Erfahrungsgrundlagen der Quantentheorie, S. 498-507. – Arthur H. Compton: The corpuscular properties of light, S. 507-515. – F. London: Die Bedeutung der Quantentheorie für die Chemie, S. 516-529, graph. Darst.

Preußische Akademie der Wissenschaften <Berlin>, Physikalisch-Mathematische Klasse: Adresse an Hrn. Max Planck zum fünfzigjährigen Doktorjubiläum am 28. Juni 1929. In: Sitzungsberichte der Preußischen Akademie der Wissenschaften, Physikalisch-mathematische Klasse (1929), S. 341-342.

Allan Ferguson: Prof. Planck and the principle of causality in physics. In: Nature 130 (1932), S. 45-48.

Deutsche Physikalische Gesellschaft: Feier des 80. Geburtstages des Ehrenmitgliedes der Deutschen Physikalischen Gesellschaft, Herrn Geheimrat Professor Dr. Max Planck am Sonnabend, dem 23. April 1938 im Harnack-Haus in Berlin-Dahlem. Vorsitz: C. Ramsauer. In: Verhandlungen der Deutschen Physikalischen Gesellschaft, 3. Reihe Jg. 19 (1938) Nr. 2, S. 57-76, Ill. [Mit weiteren Beitr. von E. Grüneisen, P. Debye, A. François-Poncet, M. v. Laue, A. Sommerfeld, A. D. Fokker, A. Kopff, M. Planck].

Hugo Dingler: Max Planck und die Begründung der sogenannten modernen theoretischen Physik. Berlin 1939, 32 S. [Zuerst ersch. u. d. T.: Zur Entstehung der sogen. modernen theoretischen Physik. Determinismus oder Indeterminismus. In: Zeitschrift für die gesamte Naturwissenschaft Jan. u. Mai 1939].

Werner Heisenberg: Das Plancksche Wirkungsquantum. Berlin 1945, 19 S. (Vorträge und Schriften. Preußische Akademie der Wissenschaften <Berlin>, 21).

James Franck: Max Planck 1858–1947. In: Yearbook. American Philosophical Society (1947), S. 284-292. – Desgl. in: Science 107 (1948) 2786, S. 534-537.

Max von Laue: Max Planck. [Nachruf.] In: Physikalische Blätter 3 (1947) 8, S. 249-252.

Alfred Bertholet: Erinnerungen an Max Planck. In: Physikalische Blätter 4 (1948) 4, S. 161-162.

Einstein über Planck. [In Memory of Max Planck]. In: Pädagogische Rundschau 2 (1948), S. 373-374.

Heinrich Ficker: Erinnerungen an Max Planck. In: Physikalische Blätter 4 (1948) 4, S. 162-165.

Axel von Harnack: Erinnerungen an Max Planck. In: Physikalische Blätter 4 (1948) 4, S. 170-171.

Ernst Lamla: Erinnerungen an Max Planck. In: Physikalische Blätter 4 (1948) 4, S. 172-174.

Lise Meitner: Max Planck. In: Die neue Rundschau [59] (1948), S. 106-108.

Wilhelm Westphal: Erinnerungen an Max Planck. In: Physikalische Blätter 4 (1948) 4, S. 167-169.

Albert Einstein: Dem Gedächtnis Max Plancks. The National Academy of Sciences of the United States of America. In: Angewandte Chemie <Weinheim> 61 (1949) 4, S. 131.

A. Kwassow: Max Plancks Weg zu philosophischer Erkenntnis. Über die Bedeutung des von Max Planck hinterlassenen philosophischen Erbes für die heutige Zeit. In: Neue Welt 4 (1949) 13, S. 72-93.

Ernst Wölfflin: Persönliche Erinnerungen an Max Planck. In: Neue Schweizer Rundschau 16 (1949) 10, S. 617-627.

Pascual Jordan: Das Plancksche Wirkungsquantum. Vortrag im Naturwissenschaftlichen Verein Hamburg. In: Beiträge zum neuzeitlichen Weltbild der Physik. Berlin 1950, S. 7-18.

Louis de Broglie: Max Planck. In: Louis de Broglie: Savants et découvertes. Paris 1951, S. 270-279.
Ders.: Max Planck et le quantum d'action. Ebenda, S. 280-290.

Werner Heisenberg: 50 Jahre Quantentheorie. In: Die Naturwissenschaften 38 (1951) 3, S. 49-55, Ill. [Vortrag am 23.10.1950 auf der Versammlung Deutscher Naturforscher und Ärzte in München].

Walther Meißner: Max Planck, the man and his work. In: Science 113 (1951) 2926, S. 75-81.

Max von Laue: Max Planck, 23.4.1858 – 4.10.1947. In: Mitteilungen. Max-Planck-Gesellschaft zur Förderung der Wissenschaften (1952/1953) 3, S. 1-6, Portr.

Heinrich Vogel: Die Stellung Max Plancks und Albert Einsteins zur Religion. In: Deutsche Zeitschrift für Philosophie 4 (1956) 5/6, S. 584-604.

Otto Hahn: Einige persönliche Erinnerungen an Max Planck. In: Mitteilungen. Max-Planck-Gesellschaft zur Förderung der Wissenschaften (1957) 5, S. 242-246, Portr. [Ansprache zum 10. Todestage von Max Planck am 4. Oktober 1957].

Planck-Konferenz am 23. April 1958. In: Wissenschaftliche Zeitschrift der Friedrich-Schiller-Universität Jena, mathematisch-naturwissenschaftliche Reihe 7 (1957/58) 2/3. Enth: Gustav Puchner: Einführung, S. 129-130. – Helmut Korch: Max Planck und seine erkenntnistheoretischen Auffassungen, S. 131-140. – Ludwig Hess: Max Plancks Stellung zur Willensfreiheit, S. 141-144. – Georg Mende: Max Planck und die Religion, S. 145-148.

Otto Hahn: Einige persönliche Erinnerungen an Max Planck. Rundfunkansprache anläßl. des 10. Todestages von Max Planck. In: Max Planck. Physikalische Abhandlungen und Vorträge. Braunschweig 1958, Bd. 3, S. 421-423.

[Max Planck zum 100. Geburtstag]. In: Die Naturwissenschaften 45 (1958) 10.
Enth.: Max von Laue: Zu Max Plancks 100. Geburtstage, S. [221]-226. – Werner Heisenberg: Die Plancksche Entdeckung und die philosophischen Grundfragen der Atomlehre, S. 227-234. – Wilhelm H. Westphal: Max Planck als Mensch, S. 234-236.

Max von Laue: Zu Max Plancks 100. Geburtstag. In: Jahrbuch. Max-Planck-Gesellschaft zur Förderung der Wissenschaften (1958), S. 5-25, Portr. [Vortrag in der Festsitzung anläßl. der Hauptversammlung der MPG, Hannover, 30. Mai 1958].

Lise Meitner: Max Planck als Mensch. In: Die Naturwissenschaften 45 (1958) 17, S. 406-408.

Erich Dinkler: Max Planck und die Religion. Hans-Joachim Iwand zum 60. Geburtstag. In: Zeitschrift für Theologie und Kirche 56 (1959), S. 201-223.

Max Planck zum Gedenken. Hrsg. von der Deutschen Akademie der Wissenschaften zu Berlin. [Verantwortl. Red.: Armin Beck]. Berlin 1959, 64 S., 18 Bl., zahlr. Ill., graph. Darst., Portr.
Enth.: H. Frühauf: Max Planck als beständiger Sekretar, S. 1-12. – Max von Laue: Zu Max Plancks 100. Geburtstage, S. 13-27. – Gustav Hertz: Die Bedeutung der Planckschen Quantentheorie für die experimentelle Physik, S. 29-41. – Werner Heisenberg: Die Plancksche Entdeckung und die philosophischen Grundfragen der Atomlehre, S. 43-61.

Max-Planck-Festschrift, 1958. Mit Beitr. von H. Falkenhagen, N. Bohr, L. de Broglie, L. Rosenfeld, L. Jánossy. Hrsg.von B[ernhard] Kockel u. a. Red. u. bearb. von W. Frank. Berlin 1959, 412 S., 1 Titelportr.

Naturwissenschaft und Philosophie. Beiträge aus dem Institut für Gesellschaftswissenschaften und dem Institut für Philosophie der Friedrich-Schiller-Universität Jena, zum 100. Geburtstag von Max Planck. 1. Aufl. Leipzig [u. a.] 1959, 81 S.
Enth. u. a.: Helmut Korch: Max Planck und seine erkenntnistheoretischen Auffassungen, S. 11-41. – Gustav Puchner: Max Plancks Stellung zum Kausalproblem in der Physik, S. 42-60. – Ludwig Hess: Max Plancks Stellung zur Willensfreiheit, S. 61-71. – Georg Mende: Max Planck und die Religion, S. 72-82.

James C. O'Flaherty: A humanist looks at Max Planck. In: American scientist 47 (1959), S. 68-79.

Heinrich Vogel: Zum philosophischen Wirken Max Plancks. Seine Kritik am Positivismus. Berlin 1961, 255 S.

Hans Kangro: Vorgeschichte des Planckschen Strahlungsgesetzes. Messungen u. Theorien der spektralen Energieverteilung bis zur Begründung der Quantenhypothese. Wiesbaden 1970, XV, 271 S., 2 Portr., graph. Darst. (Boethius, 11). – Zugl.: Hamburg, Univ., Mathemat.-Naturwiss. Fak., Habil.-Schr., 1970.

Günther Grassmann: Max Planck. In: Mitteilungen. Max-Planck-Gesellschaft zur Förderung der Wissenschaften (1973) 2, S. 91-104, Ill. [Vortrag aus persönlichen Erinnerungen und Erzählungen].

Wolfgang Schlicker: Zu Max Plancks Bedeutung für die Leitung der Wissenschaft und Organisation der Forschung, unter besonderer Berücksichtigung seines Wirkens in der Weimarer Republik. In: Jahrbuch für Wirtschaftsgeschichte. Akademie der Wissenschaften der DDR <Berlin, Ost>, Institut für Wirtschaftsgeschichte (1975) Teil 2, S. 161-185.

Reimar Lüst: Max Planck und die Max-Planck-Gesellschaft. In: Geschichte in Wissenschaft und Unterricht 30 (1979) 9, S. 527-537. [Vortrag des Präsidenten der MPG am 14.12.1978 in Kiel anläßl. der Einweihung des Neubaus der Landesbank Schleswig-Holstein an der Stelle, an der 100 Jahre zuvor Max Planck geboren wurde].

Bengt Nagel: The discussion concerning the Nobel Prize for Max Planck. In: Science, technology and society in the time of Alfred Nobel. Ed. Carl Gustav Bernhard u. a. Oxford (1982), S. 352-376.

Thomas S. Kuhn: Revisiting Planck. In: Historical studies in the physical sciences 14 (1983) 2, S. 231-252.

Lewis Pyenson: Physical sense in reality. Max Planck edits the Annalen der Physik, 1906-1918. In: Proceedings of the 9th International Conference on General Relativity and Gravitation, Jena, 14-19 July 1980. Ed. by E. Schmutzer. London [u. a.] 1983, S. [285]-302.

Friedrich Künzel: Max Plancks Wirken an der Berliner Akademie der Wissenschaften als Ordentliches Mitglied und Sekretar zwischen 1894 und 1947. Berlin, 1984. T. 1–3. – Zugl.: Berlin <Ost>, Univ., Diss., 1984.
1. 1984, XII, 144, 8 S. – 2. 1984, 89 S. – 3. 1984, 235 S.

Armin Hermann: Max Planck. In: Berlinische Lebensbilder, Bd. 1 Naturwissenschaftler. Berlin 1987, S. [115]-131, Ill. (Einzelveröffentlichungen der Historischen Kommission zu Berlin, 60).

Cornelia Liesenfeld: Die Gottesvorstellungen der Physiker des 20. Jahrhunderts. Max Planck und Werner Heisenberg. Konstanz 1988, 345 S. – Zugl.: Konstanz, Univ., Diss.

Ilse Rosenthal-Schneider: Begegnungen mit Einstein, von Laue und Planck: Realität u. wiss. Wahrheit. Mit e. Vorw. von Arthur I. Miller. Aus d. Engl. übers. von Helmut Kühnelt. Braunschweig [u. a.] 1988, 125 S., Ill., Portr. (Facetten der Physik, [25]) [Originaltitel: Reality and scientific truth <dt.>].

Helmuth Albrecht: „Max Planck: Mein Besuch bei Adolf Hitler". Anmerkungen zum Wert einer historischen Quelle. In: Naturwissenschaft und Technik in der Geschichte. Helmuth Albrecht (Hrsg.). Stuttgart 1993, S. 41-63.

Physiker-Anekdoten, 246 Anekdoten von 91 bekannten Physikern. [Birgit] Exner u. a. Mit Ill. von Jörg Ehtreiber. 1. Aufl. Wien 1996, 144 S. (Hpthek-Unterrichtsthemen, 7). [Darin Max Planck S. 109 ff.].

Max Planck. Vorträge und Ausstellung zum 50. Todestag. Hrsg.: Max-Planck-Gesellschaft zur Förderung der Wissenschaften. München 1997, 94 S., zahlr. Ill.
Enth.: Hubert Markl: Unverlierbarer geistiger Besitz der Menschheit, S. 7-9. – Eberhard Diepgen: Leistung von epochemachender Wirkung, S. 10-11. – Benno Parthier: Paradebeispiel für Genialität und Menschlichkeit, S. 12-13. – Dieter Simon: Köstlicher Preis treuer wissenschaftlicher Arbeit, S. 16-17. – Hans Meyer: Zweite Goldgräberzeit der Naturwissenschaften, S. 18-19. – Hans A. Weidenmüller: Die Geburtsstunde der Quantentheorie, S. 22-33, Ill. – Fritz Stern: Max Planck: Größe des Menschen und Gewalt der Geschichte, S. 34-51, Ill. – Dieter Hoffmann: Max Planck „in weite Kreise hinaus zu popularisieren", S. 54-55.

Max Planck (1858–1947). Zum Gedenken an seinen 50. Todestag am 4. Oktober 1997. Geleitw. Hubert Markl. Bearb. Eckart Henning. Hrsg. von der Max-Planck-Gesellschaft. München 1997, 200 S., Ill. (Berichte und Mitteilungen. Max-Planck-Gesellschaft zur Förderung der Wissenschaften, 1997, 3).
Enth.: Walther Gerlach: Max Planck, 23. April 1858 – 4. Oktober 1947. Repr. aus: Stahl und Eisen 66/67 (1947) 25/26, S. 409-410, Portr. – Edward Neville DaCosta Andrade: Max Planck memorial ceremony at Göttingen. Repr. aus: Nature 161 (1948),

S. 751-752. – James Franck: Max Planck 1858–1947. Repr. aus: Science 107 (1948), S. 534-537.

Zum 50. [fünfzigsten] Todestag von Max Planck. In: Physikalische Blätter 53 (1997) 10, S. 999-1022, Ill.
Enth.: Lebenslauf, Ill., sowie: Max Plancks wissenschaftliches Werk, Teil I: Karl von Meyenn: Frühe Arbeiten zur Wärme- und Strahlungstheorie, S. 1003-1008. – Max Plancks wissenschaftliches Werk, Teil II: Helmut Rechenberg: Dynamische und statistische Gesetzmäßigkeit – nach 1900, S. 1009-1011. – N. G. van Kampen: Die Fokker-Planck-Gleichung, S. 1012-1013. – Michael Eckert: Max Planck und Arnold Sommerfeld, ein halbes Jahrhundert Physikgeschichte in Briefen, S. 1014-1016. – Dirk Ullmann: Max Planck als Wissenschaftsorganisator im Spiegel der archivalischen Überlieferung, S. 1017-1018. – Dieter Hoffmann und Thomas Stange: „Das zu wissen wäre mir von hohem Werte" – Über das Schicksal der Bibliothek von Max Planck, S. 1019-1021. – Albert Einstein: Dem Gedächtnis Max Plancks. The National Academy of Sciences of the United States of America, S. 1022.

Hans Roos: Persönliche Erinnerungen an Max Planck (1942–1947). In: Dahlemer Archivgespräche 3 (1998), S. 144-153, Ill.

Dieter Hoffmann: Das Verhältnis der Akademie zu Republik und Diktatur. Max Planck als Sekretar. In: Die Preußische Akademie der Wissenschaften zu Berlin 1914–1945. Interdisziplinäre Arbeitsgruppe Berliner Akademie Geschichte im 19. und 20. Jahrhundert. Hrsg. von Wolfram Fischer unter Mitarb. von Rainer Hohlfeld und Peter Nötzoldt. Berlin 2000, S. [53]-85. (Interdisziplinäre Arbeitsgruppen, 8).

Dieter Hoffmann: On the experimental context of Planck's foundation of Quantum Theory. In: Centaurus 43 (2001) 3/4, S. 240-259, Ill.

Ulrike Kohl: Die Präsidenten der Kaiser-Wilhelm-Gesellschaft im Nationalsozialismus. Max Planck, Carl Bosch und Albert Vögler zwischen Wissenschaft und Macht. Stuttgart 2002, 281 S.

Nadia Robotti: Max Planck and the „constants of nature". In: Annals of science 58 (2002) 2, S. 137-162.

Interview mit Elfriede Gornig, der letzten Haushälterin der Familie Planck (seit 1925) in Berlin (Auszüge)

geführt von Mechtild Seidel[1] im März 1989
Transkription: Simone Pelzer

[Einstellung]

Elfriede, wann sind Sie denn zu Plancks nach Berlin gekommen, in welchem Jahr?
1925. Das war ein Sonntag. Da bin ich hingegangen und hab' mich vorgestellt bei Plancks. Die Frau Planck war krank und lag im Bett, da bin ich noch ins Schlafzimmer gegangen. Sie haben mich angenommen. Das war am 1. April 1925, da hab' ich angefangen. Ja, und dann bin ich knapp 25 Jahre geblieben.

[Gesellschaften im Hause Planck]

Elfriede, darf ich Sie fragen: Als sie 1925 zu Plancks kamen, wer ging da im Planck-Haus hauptsächlich aus und ein?
Die hab ich ja noch nicht gekannt. Die erste Gesellschaft, da waren, glaube ich, fünfzehn Personen. Aber wer das war, weiß ich nicht.

Das war die erste Gesellschaft, die Sie ausrichten mussten?
Ja, kann man so sagen. Fünfzehn Personen – und da hat die Frau Planck ja auch ein bisschen gezittert, dass es nicht klappt und so. Die Marie war auch neu. Aber es war wunderbar. Sie war sehr zufrieden und es war wunderschön. Ich glaub', es gab Rehrücken; aber ich hab's geschafft.

Sie haben gestern erzählt, dass Dietrich Bonhoeffer[2] zum Beispiel abends beim Musizieren oder beim Zuhören eingeladen war.

---

1 Tochter von Hildegard Seidel, einer Nichte Max Plancks.

2 Theologe der Bekennenden Kirche (Sohn des Psychiaters Karl B. und Bruder von Karl Friedrich B., Auswärtiges Mitglied und später Direktor des Kaiser-Wilhelm-Institut für physikalische Chemie und Elektrochemie bzw. des Max-Planck-Instituts für physikalische Chemie), ermordet im Widerstand am 9. April 1945, Vetter des ebenfalls im Widerstand ermordeten Arvid Harnack (Neffe des ersten Präsidenten der KWG). Die Bonhoeffers wohnten seit 1916 benachbart in der Wangenheimstraße 14.

Ja, das waren die Hauptgäste, so der intime Kreis: Professor Grüneisen[3] und Professor Lüders[4]. Die Frau Lüders[5] war eine bestimmte Freundin von Frau Planck; und dann war Petersen[6]. Das sind auch so die Kränzchendamen gewesen. Das waren die Hauptpersonen, die ich zuerst dort hab' kennen gelernt; nach und nach hat man sie kennen gelernt, so dem Namen nach. Da waren so viele ältere Herrschaften.

Die Harnacks sind aber auch dort gewesen?
Ja, bei Gesellschaften mit den Delbrücks[7]. Das waren Verwandte, Delbrücks und Harnacks, die beiden Frauen waren Schwestern. Die mussten immer so eingeladen werden, dass sie auch passten.

Waren denn auch manchmal sehr offizielle Einladungen?
Oh ja, da haben wir mal einen Koch gehabt.

War das oft?
Einmal, zweimal war der Koch da. Einmal war es Rollenhagen[8]. Der war ganz gut. Der hat Puten gemacht. Beim zweiten Mal wollte Frau Planck was extra haben, da hat sie Prager Schinken bestellt. Das war von einem anderen Restaurant, von einem großen Hotel. Der Koch war nicht so gut, da war alles so salzig und die Tunke so pappig.

Das hätten Sie besser gemacht?
Ja, das war nicht gut. Na, und Rollenhagen ... Ich finde, die Köche machen das alles nicht weich genug, sonst hätte man das besser schneiden können. Herr Planck wollte immer alles schön weich haben. Die Kastanien: Der Koch, der macht die so glasiert, dass sie nicht auseinander fallen, da kann man's nicht beißen, sind zu hart. Da hat der Planck gesagt, er möchte sie lieber zerkocht haben wie glasiert. Und ich hab' sie dann ... na ja, man musste aufpassen, die waren nicht so glasiert, sie waren aber ganz schön. Es gab ja noch andere Gemüse dazu.
Da waren dann der Wühlingshaus, das waren sehr reiche Leute. Die waren aber von auswärts, aus einem Vorort von Berlin, ein älteres Ehepaar schon. Und da war noch ein

---

3 Eduard Grüneisen (1877–1949), Physiker (Schallgeschwindigkeit und Festkörperphysik).

4 Wohl Heinrich Lüders (1869–1943), Orientalist und Akademie-Sekretar.

5 Else Lüders (1880–1945), Indologin.

6 Alfred Petersen (?).

7 Adolf v. Harnack (1851–1930) und Amalie v. H. (1858–1937) geb. Thiersch sowie Hans Delbrück (1848–1929), Historiker und Politiker, und Carolina/Lina D. geb. Thiersch. Beide Frauen waren Töchter des Chirurgen Carl Thiersch (1822–1890) und Enkelinnen von Justus Liebig (1803–1873).

8 Delikatessengeschäft in Berlin.

Bruder von Herrn Wühlingshaus und Mendelssohns[9], die wohnten da im Grunewald und ich weiß nicht, wer noch war. Ja, es mussten auch drei zum Servieren sein, extra eine zum Wein Eingießen ...

[Musizieren]

Wer ist denn dann eigentlich zum Musizieren gekommen?
Das waren dann immer so intimere Gesellschaften. Da waren die Grüneisens. Frau Grüneisen hat doch gesungen und die Frau Ministerialdirektor war wohl dann Richter. Die hat auch gesungen. Und dann waren Plancks, die jungen Leute – Erwin Planck[10] hat Cello gespielt und der Herr Grüneisen hat Bratsche, glaub' ich, und Herr Planck am Flügel[11]. Wer war denn noch: Einstein? War der musikalisch?[12]

Der hat, glaube ich, gegeigt.
Ich weiß nicht, wer noch war. Ja, das war ein bisschen lockerer, ein bisschen intimer. Da gab es auch einen Gang weniger zu essen, damit es nicht so spät wurde mit dem Musizieren.

War denn der Karl Klingler, der Geiger, auch dabei?
Das Klingler-Quartett[13]. Die haben bei Herrn Plancks 80. Geburtstag gespielt zum Frühstück. Da hab' ich einen extra Napfkuchen gebacken für die Musiker. Die waren schon früh um acht zum Frühstück da.

---

[9] Wohl Franz von Mendelssohn (1865–1935), Mitinhaber des gleichnamigen Bankhauses und Schatzmeister der KWG, und seine Frau Marie.

[10] Erwin Planck (1893–1945), viertes Kind aus Plancks erster Ehe, Staatssekretär in den letzten Regierungen der Weimarer Republik, ermordet im Widerstand, erhielt eine anspruchsvolle musikalische Ausbildung und seit 1905 Cello-Unterricht.

[11] Die Musik spielte in Max Plancks Leben eine wichtige Rolle. Er verfügte über das perfekte Gehör, hatte Harmonielehre und Kontrapunkt studiert, dirigierte, sang, spielte Klavier und Orgel, war mit dem Geiger Joseph Joachim befreundet und komponierte Gelegenheitsmusik (u. a. Lieder und Operetten).

[12] Albert Einstein (1879–1955) hatte als Schüler in München 1884 das Violinspiel begonnen, erhielt später Privatunterricht und galt als ernsthafter wie gleichwohl genialer („nicht besonders gut, aber sehr gerne") Violinist: „Ich weiß, dass mir die meiste Lebensfreude aus der Geige kommt." In den späten Jahren gab er das Geigespiel auf und phantasierte auf dem Klavier. Er wirkte gelegentlich in Plancks Trio mit.

[13] Das Klingler-Quartett wurde von dem Geiger Karl Klingler (1879–1971), Schüler von Joseph Joachim und Max Bruch, verheiratet mit Margarethe von Gwinner, 1905 gegründet und in wechselnder Besetzung bis 1936 zum Auftrittsverbot, weil er den jüdischen Cellisten nicht ersetzen wollte, fortgeführt.

[Lorentz-Medaille]

Und wusste er das oder war es eine Überraschung?
Das weiß ich nicht mehr. Aber das eine hat er nicht gewusst: Als er die goldene Lorentz-Medaille[14] in Holland gekriegt hat ... [... hatte Max von Laue mit Studenten eine Überraschung für Max Planck veranstaltet] ... das hat er nicht gewusst, da gab es einen Fackelzug. Da war die Wangenheimstraße abgesperrt. Viele Studenten unten und Planck hat dann eine Rede gehalten von seinem Fenster aus. Frau von Laue[15] war auch immer im Kränzchen und beim Englischlesen. Das war immer jede Woche abwechselnd. Und der Laue hat telefoniert mit Frau Planck und hat ihr Bescheid gesagt. Und war doch nichts vorbereitet. Ich hatte noch Plätzchen übrig und Kekse gebacken und dann hat sie noch etwas bestellt. Dann hat sie Sekt bestellen müssen, weil der Herr Planck das nicht wissen sollte. Wie die Studenten mit ihren Fackeln ankamen, haben sie dann von unten großen Terz gemacht und dann ist doch die Abordnung gekommen. Die anderen wären neidisch gewesen. Sie kriegten dann Sekt und – das weiß ich – da war der Hermann, der war damals noch krank.[16] Er hat mit dem Bein wohl was gehabt. Im Liegestuhl haben sie ihn noch an's Fenster geschoben, bei Herrn Planck an das breite Fenster, damit er auch was sieht. ... Ja, und da war Terz bis abends dann so spät. Aber nach Holland mussten sie dann selber fahren. Da hat er die Medaille bekommen. Als erster Gelehrter hat der Herr Planck diese Medaille gekriegt.

[Tagesablauf Plancks]

Wie war denn der Tagesablauf von Plancks?
Wenn Herr Planck gesagt hat, ich muss heute fünf Minuten früher essen, musste ich das so einrichten, genauso wenn es später geworden wäre.

Hat es an jedem Tag einen gleichen Tagesablauf gegeben?
Dreiviertel acht hat der Wecker geklingelt, dann ist er 'raus und ins Bad – und jeden Tag geduscht. Um acht war dann Frühstück. Da hat er immer seinen Teller Buchweizengrütze gekriegt und dann eine Tasse Kaffee und ein Brötchen, immer mit Honig oder höchstens die bittere Marmelade. Sonst, glaub' ich, hat er nicht viel von der süßen Marmelade gegessen. Dann ist er zum Arbeiten gegangen. Zuerst hat er ja noch Vor-

---

[14] der Kgl. Akademie der Wissenschaften in Amsterdam (1927).

[15] Magdalene geb. Degen (1891–1961).

[16] Hermann Planck (1911–1954), jüngster Sohn Max Plancks, aus zweiter Ehe mit Marga von Hoeßlin, litt und starb an Kinderlähmung.

lesungen gehabt, da ging er jeden Tag zur Vorlesung. Und da hat er immer Grahambrot – gab's doch damals, dieses schöne – eine Scheibe Grahambrot mit Butter und Käse hab' ich ihm eingepackt, aber nicht mehr. Ich hab immer zwei Scheiben genommen, aber bloß so viel, damit er ein bisschen was zu essen hat. Ist es doch ein Streifen mehr gewesen, hat er es mitgenommen. Wenn Zeit war zu Hause, das war so um halb elf ungefähr, da hat er noch zu Hause gegessen und eine Tasse Brühe – aber Maggiwürfel! – aber bloß eine Tasse, da hat er zu Hause gefrühstückt. Und die Frau Planck hat Obst gegessen.

Zum zweiten Frühstück?
Ja. Entweder er hat dann noch zu arbeiten gehabt oder an Vorträgen gebastelt – da hat er scharf zu arbeiten gehabt. Aber auch seine Zeit zum Spazierengehen hat er eingehalten.

Wann war das?
Je nachdem, wie er zu tun hatte, ist er manchmal vormittags gegangen, auch in die Stadt. Dann war Mittagessen um zwei. Das war ein bisschen spät, aber die Zeit musste stimmen. Donnerstags und sonn- und feiertags war um halb zwei Mittagessen. Eine halbe Stunde hat das Essen gedauert. Dann hat er sich hingelegt eine halbe Stunde bis um drei. Dann hat er Klavier gespielt, eine halbe Stunde Fingerübungen, und dann ist er Spazieren gegangen. Um fünf gab's Tee, da war er wieder da. Und dann hat er wieder gearbeitet bis zum Abend. Außerdem war noch mittwochs und donnerstags immer Sitzung in der Physikalischen Reichsanstalt[17] – da weiß ich nicht, ob immer mittwochs oder donnerstags. Donnerstag war auch etwas in der Universität.
Mittwochs kam er pünktlich zum Essen, donnerstags war es immer unbestimmt, wie lange es gedauert hat. Manchmal kam er um halb zehn abends. Sonst gab's Viertel nach acht Abendbrot und dann haben Plancks am Tisch gesessen und die Post vom Tag durchgesehen und nachher hat er meistens gelesen und die Frau Planck hat Handarbeit gemacht. Dann hat er seine Flasche Bier – aber erst nach dem Essen – getrunken. Frau Planck trank ja Tee. Und dann um zehn ging er meistens nach oben. Bei Frau Planck kam es vor, dass sie erst nach zwölf raufgegangen ist.

Konnte sie schlecht schlafen?
Ich weiß nicht, ob sie nicht immer was zu tun hatte. Aber Herrn Planck hörte ich immer. Er war über mir und ist immer erst im Zimmer hin und hergelaufen. Das habe ich gehört.

---

[17] Planck war von 1908 bis 1935 Mitglied des Kuratoriums der Physikalisch-Technischen Reichsanstalt. Da das Kuratorium nicht wöchentlich tagte, ist für den Mittwoch an das Kolloquium an der Universität und für den Donnerstag an Sitzungen in der Akademie der Wissenschaften zu denken (freundliche Auskunft von Dr. h. c. Jost Lemmerich, Berlin).

[Arbeitsweise Plancks]

Konnte er denn gut schlafen?
Die erste Zeit nicht. Aber dann – ich weiß nicht, wie er es 'rausgefunden hat, dass er nach einer heißen Zitrone gut schlafen kann. Da hab' ich jeden Tag eine Zitrone ausgepresst in ein Glas mit einem Löffel Zucker. Frau Planck hat oben am Schlafzimmer einen Gaskocher im Bad gehabt und hat da heißes Wasser gemacht und er hat so jeden Abend die Zitrone getrunken. Frau Planck kam dann wieder runter. Was sie zu tun hatte? Vielleicht hat sie die Vorträge, die Herr Planck ausgearbeitet hat, abgeschrieben. Die hat sie ja stenographiert. Da hat sie dann die ganze Zeit bei ihm im Zimmer gesessen und hat stenographiert, damit es schnell geht. Dann hat sie die ganzen Vorträge übertragen müssen. Dann kontrolliert, na das hat Herr Planck gemacht, und dann wurden sie in Druck gegeben.

Aber was hat sie denn stenographiert? Er wird doch die Hauptsache selbst aufgeschrieben haben?
Nein, er hat ihr das diktiert. Da wollten sie nicht gestört sein.

Ist das so gewesen, dass er gar nichts selber geschrieben, sondern es überlegt und ihr dann diktiert hat?
Ja, sie hat stenographiert und übersetzt in Schrift. Dann haben sie es kontrolliert, und dann wurde es erst gedruckt. „Religion und Naturwissenschaft“[18], den Vortrag hat er sehr oft gehalten. Da waren sie auch im Baltikum. Wegen der Vorträge war er viel unterwegs.

[Kirche und Weihnachtsfeste]

Sind Plancks eigentlich viel zur Kirche gegangen?
Oh ja, Frau Planck eigentlich weniger. Aber an Heiligabend zur Christmette alle. Wenn die Kinder da waren, die Enkelkinder, der Hermann und der Helmuth[19], da wurde um vier schon Tee getrunken. Dann sind die nach Berlin in den Dom und wir sind in die Grunewaldkirche. Ich musste, obwohl ich immer so viel Arbeit gehabt hab'. Ich hab immer Seitenstechen gehabt, so bin ich gerannt, dass ich noch mit in die Kirche kam, und Frau Planck sagte immer: „Nein, nein“ und ich muss mit, und es ging nicht. Da bin ich einmal zum Schluss mit der Frau von Hoeßlin[20] gegangen, der Mutter von Frau

---

[18] gehalten im Mai 1937 im Baltikum, noch 1937 und danach mehrfach gehalten und gedruckt.

[19] Helmuth Rhenius (1893–1979), Schulfreund von Erwin Planck.

[20] Elisabeth von Hoeßlin (1858–1945).

Planck, da war Glatteis und da haben wir gesagt, wenn jetzt einer fällt, dann fallen wir beide. Aber dann in die Kirche. Am ersten Weihnachtsfeiertag ging Herr Planck immer in die Kirche. Aber Frau Planck, das weiß ich, ist nie gegangen.

Ist er denn auch während des Jahres an Sonntagen in die Kirche gegangen oder nur zu Weihnachten?
Nein, jeden Feiertag, das weiß ich. Aber unter der Zeit – das hab' ich ja nicht so mitgekriegt. Wenn er weg war, konnte er ja auch woanders hingegangen sein. Aber immer ersten Feiertag ist er gegangen. Er konnte wohl singen. In der Grunewaldkirche zur Christmette hat man immer keinen Platz gekriegt. Die Kirche wurde erst um halb fünf aufgemacht, und da standen die Leute immer schon in Schlangen da draußen. Na ja, und dann nach Hause gekommen, dann war erst Bescherung und dann gab's Essen.

Wurde denn vor der Bescherung auch noch irgendwas gesungen oder gespielt?
Nein, wir haben hinter der Tür gestanden, hinter der Schiebetür, und Herr Planck hat dann den Christbaum angesteckt und dann, wenn er anfing zu spielen, dann klingelten sie. Nach dem Spiel hat er geklingelt und dann ging die Tür auf.

Was hat er denn gespielt?
„Vom Himmel hoch, da komm ich her". Das hat er Weihnachten immer gespielt und Silvester hat er auch dann um zwölf „Nun danket alle Gott" auf dem Klavier gespielt. Bis der Punsch und Pfannekuchen – das hab' ich aber nicht gemacht Silvester, das war bei Cron & Lanz[21], nein, in Berlin war es bei Telschow bestellt.
Am ersten Feiertag gab's immer großes Essen mit der ganzen Verwandtschaft, da waren doch Boeckhs[22] – der alte Herr Boeckh und die Frau – und ich weiß nicht, wie viele Verwandte immer da waren, wenn ein so großes Essen war. Schinken, gekochten Schinken, den hab' ich aber selber gekocht, Sauerkraut und Erbsen und Reis. ... Was es dann hinterher gab, weiß ich nicht mehr. Aber dann gab's zum Ersten Feiertag schon mal Punsch nach dem Essen. Und Silvester gab's noch mal Punsch, das weiß ich. Und der war gut, der Punsch.

---

21 „Die" Konditorei in Göttingen.

22 Walther Boeckh (1870–1953), Reichswirtschaftsgerichtsrat, wohnhaft in der Nachbarschaft, Vetter Max Plancks, der bereits zu dessen Vater Richard Boeckh (1824–1907), dem Nestor der preußischen Statistik, wohnhaft in der Wangenheimstraße, guten Kontakt unterhielt, und Gisela Boeckh-von Tzschoppe (1887–1981), die Mitte der zwanziger Jahre die bekannte Planck-Büste schuf, die Planck selber für die gelungenste hielt.

Selbstporträt „Geheimrat Max Planck“ (1942) Tonaufnahme (CD)

Das hier vorliegende Tondokument ist ein Selbstporträt von Max Planck aus dem Jahre 1942. Grundlage für diese Aufnahme bildete ein Beitrag für das im Aufbau befindliche „Filmarchiv der Persönlichkeiten“, das im Auftrage des Reichsministeriums für Volksaufklärung und Propaganda entstehen sollte. Der Film wurde in der Jägerstraße 26 in Berlin gedreht, wo mehrere Dienststellen des Goebbelschen Propagandaministeriums, u. a. auch das Büro des „Filmarchivs der Persönlichkeiten“, untergebracht waren.
Anlass zu dieser Aufzeichnung mit Max Planck am 5. Dezember 1942 war sein bevorstehender 85. Geburtstag am 23. April 1943. Außer ihm wurden u. a. der Biochemiker und Direktor des Kaiser-Wilhelm-Instituts für Biochemie Adolf Butenandt, der Arzt Ferdinand Sauerbruch, die Schriftsteller Hans Carossa und Gerhart Hauptmann, der Komponist Richard Strauß sowie der Bildhauer Arno Breker porträtiert.
Plancks frei vorgetragene Sätze, die hier ungekürzt als Tonaufnahme festgehalten sind, enden mit folgenden Worten:
„Wer sich genau über meine Persönlichkeit orientieren will, den bitte ich, sich an das zu halten, was ich geschrieben und was ich gedruckt habe. Für das kann ich halt einstehen. Je älter man wird, umso mehr fühlt man die Verantwortung für das, was man spricht. Und deshalb bin ich in den letzten Jahren gewöhnt, was ich von mir gebe, alles vorher genau zu überlegen und mich vorzubereiten für jeden Schritt, den ich tue. Das ist heute nicht geschehen, infolge dessen muß ich also ein Fragezeichen machen hinter dem, was ich hier gesagt habe, und bitte, das wohlwollend zu beurteilen.“
Sämtliche noch vorhandenen Original-Tonaufnahmen des Physik-Nobelpreisträgers sind in der 2003 erschienenen Audiopublikation „Max Planck – Wissenschaft und Leben“ des Berliner supposé-Verlages erschienen. Die Doppel-CD enthält sowohl philosophische als auch autobiographische Beiträge aus den 30er und 40er Jahren. Ergänzt wird sie durch ein 24 Seiten umfassendes Booklet. Das Archiv der Max-Planck-Gesellschaft dankt dem Herausgeber Klaus Sander für die Auskopplung dieser Tonspur.

Dahlemer Archivgespräche

herausgegeben vom Archiv der Max Planck-Gesellschaft

1 (1996): M. Kazemi: Das Archiv zur Geschichte der Max-Planck-Gesellschaft, Bestände und Beispiele, S. 9 – M. Engel: „Ein deutsches Oxford" – Bemerkungen zu einer Metapher, S. 22 – C. Grau: „... daß die beiden Gesellschaften in Frieden nebeneinander stehen und zusammenarbeiten", S. 34 – R. Winau: Johann Goercke und die Gründung der Pépinière, S. 47 – H. Laitko: Johann Jacob Baeyer, die internationale Stellung des Preußischen Vermessungswesens und die Mitteldeutsche Gradmessung, S. 58 – R. Zott: Alfred Nobels Testament von 1895 – Motive und Wirkungen, S. 79 – A. Neubauer: 100 Jahre Chemiegeschichte im Spiegelbild der Nobelpreise für Chemie, S. 98 – P. Nötzoldt: Wissenschaft in Berlin – Anmerkungen zum ersten Nachkriegsjahr 1945/46, S. 115 – B. Weiss: Heiße Zellen, Kalter Krieg: Die Planungen der USA, das erste kommerzielle Kernkraftwerk der Welt im Westteil Berlins zu errichten, S. 131 – D. Goetz: Albert Einstein mahnte nach dem II. Weltkrieg: Die Welt muß neu denken lernen, S. 142.
2 (1997): D. B. Herrmann: Hundert Jahre Archenhold-Sternwarte, S. 7 – E. Höxtermann: Gottlieb Haberlandt (1854–1945) und die evolutionistische Morphologie der Pflanzen – Über eine „gefährliche Entgleisung" und ihre Folgen, S. 21 – J. Irmscher: Die klassische Altertumswissenschaft in Berlin in der Zeit von 1810 bis 1914, S. 40 – Dietrich Ehlers: Kanalisation und Wissenschaft. August Leopold Crelle und die Berliner Stadtentwässerung im 19. Jahrhundert, S. 55 – H. Kant: Emil Warburg und die Physik in Berlin, S. 64 – Hans-Werner Schütt: Eilhard Mitscherlich als ‚Erster Chemiker Preußens', S. 101 – A. Vogt: Vom Hintereingang zum Hauptportal – Wissenschaftlerinnen in der Kaiser-Wilhelm-Gesellschaft, S. 115 – P. Werner: Vitamine als kollektiver Mythos, S. 140.
3 (1998): H. G. Bartel: Über den Physikochemiker Hans Jahn, S. 7 – H. Bernhardt: Hans Reichenbach in seinen Berliner Jahren im Lichte seines Briefwechsels und anderer Dokumente, S. 31 – R. Hahn: Fritz Habers Forschungen zur Gewinnung von Gold aus Meerwasser, S. 50 – M. Engel/H. Conrads: Paul Mayer (1872–1949), vergessenes Mitglied des Kaiser-Wilhelm-Instituts für Biochemie, und sein Vater Jacques Mayer, eine Spurensuche, S. 71 – L. Mertens: Die Institute der Kaiser-Wilhelm-Gesellschaft und die Deutsche Forschungsgemeinschaft in den Jahren 1933–1937, S. 93 – B. Weiss: Werkzeug oder Waffe? Walter Dällenbach, die Kaiser-Wilhelm-Gesellschaft und die Entwicklung von Elektronenbeschleunigern im „Dritten Reich", S. 116 – H. Roos: Persönliche Erinnerungen an Max Planck (1942–1947), S. 144 – J. Büttner: Neue Wege in der Physiologie: Hans Hermann Webers Arbeiten über Muskelproteine, S. 154 – „Beiträge zur Geschichte der Humboldt-Universität zu Berlin", S. 185.
4 (1999): M. Stürzbecher: War Andreas Gundelsheim, Leibarzt Friedrich Wilhelms I., ein Feind der Wissenschaft?, S. 7 – Michael E n g e l : Naturwissenschaften, Medizin und Technik in Berlin zwischen 1795 und 1805, S. 16 – U. Sucker: Die Phytomedizin kommt nach Dahlem. Zur Gründungsgeschichte der Kaiserlichen Biologischen Anstalt für Land- und Forstwirtschaft, S. 48 – H.-J. Rheinberger: Ephestia: Alfred Kühns experimenteller Entwurf einer entwicklungsphysiologischen Genetik, S. 81 – O. Kopatz: Ein zähes, unverzichtbares Ringen. Zum Gründungskontext der Deutschen Meteorologischen Gesellschaft, S. 119 – C. Schuster-Spiekenheier: Das Zusammenwirken von Handwerk und Wissenschaft bei der Entwicklung des Aspirationspsychrometers, S. 150.
5 (1999): R. v. Bruch: Wissenschaftsfördernde Institutionen im Deutschland des 20. Jahrhunderts. Zum Konzept der Tagung in der Willstätter-Villa des Fritz-Haber-Instituts der Max-Planck-Gesellschaft, S. 7 – H. Laitko: Zentrum, Magistrale und Fluchtpunkt. Der Wissenschaftsstandort Berlin im 20. Jahrhundert, S. 11 – W. Neugebauer: Das Ende der alten Acta Borussica, S. 40 – U. Marsch: Die Kaiser-Wilhelm-Gesellschaft in der Weimarer Republik und im Dritten Reich, S. 57 – J. Kirchhoff: Die forschungspolitischen Schwer-

punktlegungen der Notgemeinschaft der Deutschen Wissenschaft 1925–1929 im transatlantischen Kontext, S. 70 – L. Mertens: Konflikte bei der Unterstützung der Kaiser-Wilhelm-Gesellschaft durch die Notgemeinschaft/DFG im Dritten Reich, S. 87 – E. Henning: Auslandsbeziehungen der Kaiser-Wilhelm-/Max-Planck-Gesellschaft im Überblick (1911–1998), S. 95 – R.-U. Kunze: Wissenschafts- und „Hochbegabten"-Förderung? Die Studienstiftung des deutschen Volkes zwischen sozial- und individualemanzipatorischer Begabtenförderung von 1925 bis heute, S. 119 – W. Schulze: Zwischen Interessenpolitik und Mäzenatentum. Zur Gründung und frühen Entwicklung des Stifterverbandes für die Deutsche Wissenschaft nach dem Ersten Weltkrieg, S. 135 – H.-R. Spiegel: Der Stifterverband für die Deutsche Wissenschaft – Versuch eines Nachkriegsportraits, S. 155 – R. Nicolaysen: Zur Entstehungs- und Frühgeschichte der Volkswagenstiftung. Ein erster Projektbericht, S. 167 – R. v . Bruc h: Vom „Lumpensammler" zur „dritten Säule". Zur Förderung angewandter Forschung in der Fraunhofer-Gesellschaft, S. 184 – H. Trischler: Hoffnungsträger oder Sorgenkind der Forschungspolitik? Die bundesdeutsche Großforschung in den „langen" siebziger Jahren, S. 200.
6 (2000): R. Bellmann/M. Guntau: Von der Wissenschaftsphilosophie zur Wissenschaftsgeschichte. Hubert Laitkos Wege des Erkennens, S. 9 – H. Laitko: Wissenschaftliche Jahrhundertwenden in Berlin. Nachdenken an der Schwelle zum Jahr 2000, S. 20 – K.-H. Bernhardt: Zur Erforschung der Atmosphäre mit dem Freiballon – die Berliner wissenschaftlichen Luftfahrten (1888–1899), S. 52 – J. Renn: Mentale Modelle in der Geschichte des Wissens: Auf dem Wege zu einer Paläontologie des mechanischen Denkens, S. 83 – M. Herrmann: Das Reichsarchiv – Archiv des Reiches? Anmerkungen zu Wirken und Wirkung des Reichsarchivs (1919–1945), S. 101 – R. Strecke: Die Anfänge der Bauakademie, ihre Protagonisten und deren Widersacher, S. 140 – J. Lemmerich: Der Nachlaß Lise Meitners in ‚Churchill Archives Centre Cambridge', S. 158 – A. Vogt: Zwei Briefe an Otto Hahn – Dokumente erzählen eine deutsche Geschichte, S. 168 – H. Kant/R. Zott: Der Bereich Wissenschaftsgeschichte des Instituts für Theorie, Geschichte und Organisation der Wissenschaft (Leitung: Prof. Dr. sc. phil. Hubert Laitko) von seinen Anfängen bis zu seiner Auflösung und zur weiteren Entwicklung seiner früheren Mitarbeiter, S. 178.
7 (2001): L. Daston: Objektivität unter den Historikern, S. 7 – R. v. Bruch: Berliner Universitätsgeschichte – Erreichtes und Erstrebtes, S. 31 – S. Köstering: „Eine Musteranstalt naturkundlicher Belehrung". Die zoologische Schausammlung des Berliner Museums für Naturkunde, 1889, S. 46 – H.-W. Lack: Berlins grüne Schatzkammer. Botanischer Garten und Botanisches Museum Berlin-Dahlem, S. 72 – M. Dorrmann: „Wilhelminisches Mäzenatentum": Das Beispiel Eduard Arnholds (1849–1925), S. 88 – H. Olbrich: Über die Resonanz auf Franz Carl Achards Verfahren in Frankreich, S. 108 – H.-G. Bartel: Der Beitrag Berlins zur Herausbildung der Ägyptologie als Wissenschaft, S. 125 – I. Baer: Das Historische Archiv der Staatlichen Porzellan-Manufaktur seit seiner Rückgabe durch die DDR (1981), S. 167.
8 (2002): S. Wittwer: Aus Berlin in die Welt – die Königliche Porzellanmanufaktur KPM auf den Weltausstellungen im 19. Jahrhundert, S. 7 – P. T. Walther: Adolf von Harnack als Wissenschaftsorganisator: Konzepte und Improvisationen, S. 24 – H.-W. Schütt: Van't Hoff, ein Niederländer in Berlin. Leistungen im Rahmen der physikalischen Chemie, S. 33 – R. Zott: Ein Niederländer in Berlin. Jacobus Henricus van't Hoff zum 150. Geburtstag, S. 37 – H. Kant: Vom KWI für Chemie zum KWI für Radioaktivität. Die Abteilung(en)Hahn/Meitner am Kaiser-Wilhelm-Institut für Chemie, S. 57 – A. Vogt: Vertreibung und Verdrängung. Erfahrungen von Wissenschaftlerinnen mit Exil und „Wiedergutmachung" in der Kaiser-Wilhelm-/Max-Planck-Gesellschaft (1933–1955), S. 93 – M. Kazemi: Das Kaiser-Wilhelm-Institut für Tierzuchtforschung in Rostock und Dummerstorf 1939–1945, S. 137 – U. Kohl: Albert Vögler – ein Stahlindustrieller als Präsident der Kaiser-Wilhelm-Gesellschaft (1941–1945), S. 164 – H. Bernhardt: Jubiläum im Schatten des Kalten Krieges – der Beitrag der Mathematischen Institute zur 150-Jahrfeier der Humboldt-Universität im Jahre 1960, S. 186.
9 (2003): V. Klemm: Albrecht Daniel Thaer. Landbauwissenschaften zwischen Historie und Aktualität, S. 7 – D. Stoltzenberg: Emil Fischer und die chemische Industrie. Sein Verhältnis zu Carl Duisberg, S. 24 – H.

Teichmann: Wissenschaft in Adlershof, S. 43 – Hans C o p p i : Mildred Harnack – eine Amerikanerin in Berlin, S. 77 – R. Ukrow: Wissenschaftliche Politikberatung in der DDR zur Vorbereitung von Investitionen, S. 102 – E. Marsch: Adolf Butenandt als Präsident der Max-Planck-Gesellschaft 1960–1972. Zum 100. Geburtstag am 24. März 2003, S. 134 – Dokumente und Erinnerungen: O. Freiherr v. Verschuer: Mein wissenschaftlicher Weg, hrsg. von Helmut Freiherr v. Verschuer, S. 149 – D. Florek geb. Thiessen: Erinnerungen an die Jahre 1944–1945 im Kaiser-Wilhelm-Institut für physikalische Chemie und Elektrochemie, S. 174.
10 (2004): E. Henning: „Heiße Magister, heiße Doktor gar …" Aktuelle hilfwissenschaftliche Anmerkungen zu akademischen Titeln, S. 22 – J. L. Rischbieter: Henriette Hertz (1846–1913): Die Liebe zur Kunst und Wissenschaft als Motiv für die Gründung eines Instituts, S. 45 – K. Krause: Die Kaiser-Wilhelm-Gesellschaft, ihre Berliner Institute und die Universität Leipzig – ausgewählte Wechselwirkungen und Verbindungen, S. 65 – K.-H. Bernhardt: Die Berliner wissenschaftlichen Luftfahrten und der Beginn der internationalen Zusammenarbeit zur Erforschung der freien Atmosphäre, S. 105 – J. Lemmerich: Aus den Archiven – Spuren einiger Auslandsreisen von Otto Hahn 1938, 1939 und 1943, S. 124 – N. Hilschmann und H. U. Barnikol: Butenandt und die „Ein Gen – Ein Enzym – Regel", S. 150 – R. Reinboth: Reflexe der Jahre 1933–1948 im brieflichen Nachlass von Max Hartmann, S. 178 – Autorenregister der Bände 1–10, S. 209.
11 (2005): R. Tobies: Max Planck und Carl Runge. Grundlagen einer Freundschaft zwischen einem Konservativen und einem Liberalen, S. 7 – H. Bernhardt: „Die heilige Flamme der Wissenschaft bewahren". Über Rektoratsantrittsreden an der Berliner Universität Unter den Linden, S. 32 – W. König: Der Kaiser und sein Ingenieur. Wilhelm II. und Adolf Slaby, S. 53 – K. Mauersberger: Franz Reuleaux und die Kinematik – ein kühner heuristischer Entwurf der Maschinenwissenschaften im 19. Jahrhundert, S. 73 – H. Laitko: Wissenschaftsgeschichte – ein prekäres Metier. Beitrag auf dem Potsdamer Kolloquium am 15. 3. 2005 anlässlich des 80. Geburtstages von Dorothea Goetz, S. 97 – H.-G. Bartel: Hundert Jahre III. Hauptsatz der Thermodynamik. Zur Geschichte einer fundamentalen Berliner Entdeckung und zu ihren Nachwirkungen, S. 108 – A.-H. Fruc ht: Fritz Haber und die Schädlingsbekämpfung während des 1. Weltkrieges und in der Inflationszeit, S. 141 – T. Pünder: Die Weiterführung des Berliner Kaiser-Wilhelm-Instituts für Arbeitsphysiologie in Münster (1926–1941), S. 159 – Grußworte zum 55. Dahlemer Archivgespräch im „Turm der Blitze" anlässlich des 65. Geburtstages von Eckart Henning am 27. Januar 2005, S. 175 – Dokumente und Erinnerungen zum Einstein-Jahr 2005, S.193.
12 (2006): E. Henning: Gottfried Wentz – „ein Stiefkind des Glücks"? Zu den Brandenburg-Bänden der Germania sacra, ihrem Bearbeiter und dem Kaiser-Wilhelm-Institut für Deutsche Geschichte, S. 11 – E. Knobloch: Naturgenuss und Weltgemälde. Gedanken zu Humboldts Kosmos, S. 24 – H. Laitko: „Weltbetrieb der Wissenschaft". Reflexionen und Streiflichter vom Beginn des deutsch-amerikanischen Professorenaustausches 1905/06, S. 44 – A. v . Pufendorf: „Als Dank für meine Lebensarbeit erbitte ich das Leben meines Sohnes!" Max Planck – der Vater und sein Sohn Erwin, S. 131 – B. v . Brocke: Friedrich Schmidt-Ott. Wissenschaft als Machtersatz. Preußisch-deutsche Wissenschaftspolitik zwischen Kaiserreich und Diktatur, S. 153 – Dokumente und Erinnerungen: A. Merkel: Zum 100. Geburtstag von Helmuth James Graf von Moltke. Ansprache beim Festkonzert im Konzerthaus Am Gendarmenmarkt am 11. März 2007, S. 191 – J. Baumert: Grußwort anläßlich der Enthüllung des Max-Planck-Denkmals von Bernhard Heiliger in der Humboldt-Universität zu Berlin am 16. Oktober 2006, S. 195 – A. Vogt: Sergej Tschachotin an Albert Einstein im Dezember 1933 – ein Zeitdokument, S. 198 – S. Grundmann: Zum Umgang der DDR mit von den Nazis konfisziertem Eigentum: das Einstein-Haus in Caputh, S. 221 – W. Boeckh: Erinnerungen an Max Planck (1858–1947), S. 255 – L. F. Beck: Neue Quellen zu Max Planck im Archiv der Max-Planck-Gesellschaft, S. 261 – K. Doehring: Chronik des Max-Planck-Instituts für ausländisches öffentliches Recht und Völkerrecht, S. 273 – S. Gerstengarbe: Die wissenschaftshistorischen Seminare der Deutschen Akademie der Naturforscher Leopoldina, S. 278 – Amtswechsel im Archiv der Max-Planck-Gesellschaft, S. 291.

Veröffentlichungen aus dem Archiv der Max-Planck-Gesellschaft

Berlin

1: Henning, Eckart, u. Marion Kazemi: Chronik der Kaiser-Wilhelm-Gesellschaft zur Förderung der Wissenschaften. 1988, 152 S., 41 Abb.

2: Ellwanger, Jutta: Forscher im Bild. Teil I: Wissenschaftliche Mitglieder der Kaiser-Wilhelm-Gesellschaft zur Förderung der Wissenschaften. 1989, 176 S., 154 Abb.

3: Bergemann, Claudia: Mitgliederverzeichnis der Kaiser-Wilhelm-Gesellschaft zur Förderung der Wissenschaften. Teil I: A-K, 1990, 144 S., 10 Abb. -Teil II: L-Z, 1991, 144 S., 12 Abb.

4: Henning, Eckart, u. Marion Kazemi: Chronik der Max-Planck-Gesellschaft zur Förderung der Wissenschaften unter der Präsidentschaft Otto Hahns (1946-1960). 1992, 160 S., 78 Abb. (vergriffen, wird nicht neu aufgelegt!)

5: Gill, Glenys, u. Dagmar Klenke: Institute im Bild. Teil I: Bauten der Kaiser-Wilhelm-Gesellschaft zur Förderung der Wissenschaften. 1993, 143 S., 204 Abb.

6: Hauke, Petra: Bibliographie zur Geschichte der Kaiser-Wilhelm-/Max-Planck-Gesellschaft zur Förderung der Wissenschaften (1911-1994). Teilbände I-III, 1994, XIV, 507 S.

7: Parthey, Heinrich: Bibliometrische Profile von Instituten der Kaiser-Wilhelm-Gesellschaft zur Förderung der Wissenschaften (1923-1943). 1995, 218 S.

8: Ullmann, Dirk: Quelleninventar Max Planck. 1996, 176 S., 8 Abb.

9: Wegeleben, Christel: Beständeübersicht des Archivs zur Geschichte der Max-Planck-Gesellschaft in Berlin-Dahlem. 1997, 332 S.

10: Kohl, Ulrike: Die Kaiser-Wilhelm-Gesellschaft zur Förderung der Wissenschaften im Nationalsozialismus. Quelleninventar. 1997, 253 S., 3 Abb. (vergriffen)

11: Uebele, Susanne: Institute im Bild. Teil II: Bauten der Max-Planck-Gesellschaft zur Förderung der Wissenschaften. 1998, 292 S., 440 Abb.

12: Vogt, Annette: Wissenschaftlerinnen in Kaiser-Wilhelm-Instituten. A-Z. 1999, 192 S., 31 Abb.– 2., erw. Aufl. 2008 [im Druck].

13: Henning, Eckart: Beiträge zur Wissenschaftsgeschichte Dahlems. 2000, 192 S., 44 Abb. – 2., erw. Aufl. 2004, 256 S., 54 Abb.

14: Hauke, Petra: Literatur über Max Planck. Bestandsverzeichnis. 2001, 99 S., 14 Abb.

15: Kazemi, Marion: Nobelpreisträger in der Kaiser-Wilhelm-/ Max-Planck-Gesellschaft zur Förderung der Wissenschaften. 2002, 324 S., 82 Abb.– 2., erw. Aufl. 2006, 336 S., 86 Abb. [Neubearb. in Vorbereitung].

16: Henning, Eckart, u. Marion Kazemi: Dahlem – Domäne der Wissenschaft. Dahlem – Domain of Science. Ein Spaziergang zu den Berliner Instituten der Kaiser-Wilhelm-/Max-Planck-Gesellschaft im ‚deutschen Oxford'. Deutsch u. englisch. 2002, 256 S., 157 Abb. [Neubearb. in Vorbereitung.]

17: Henning, Eckart: 25 Jahre Archiv zur Geschichte der Max-Planck-Gesellschaft. Anlässlich des 25jährigen Jubiläums 1978-2003 unter Beteiligung aller Mitarbeiter neu bearbeitet. 2003, 184 S., 54 Abb. – 2., durchgesehene Aufl. 2005.

18: Kinas, Sven: Adolf Butenandt (1903-1995) und seine Schule. 2004, 260 S., 245 Abb.

19: Henning, Eckart, u. Marion Kazemi: Die Harnack-Medaille der Kaiser-Wilhelm-/Max-Planck-Gesellschaft zur Förderung der Wissenschaften, 1924-2004. 2005, 174 S., 46 Abb.

20: Max Planck und die Max-Planck-Gesellschaft. Zum 150. Geburtstag am 23. April 2008 aus den Quellen zsgest. vom Archiv der Max-Planck-Gesellschaft, hrsg. von Lorenz Friedrich Beck. 2008, 360 S., 109 Abb.